KB264605

노벨상이 만든 세상

생리 · 의학

노벨상이
만든 세상

과학국가박사 이종호 지음

생리 · 의학

나무의 꿈

노벨상이 만든 세상

생리·의학 CONTENTS

The world made by
NOBEL PRIZE

　매년 10월 중순이 되면 어김없이 언론에 대서특필되는 기사가 있다. 바로 스웨덴과 노르웨이에서 발표되는 5개 분야[1]의 노벨상 수상자에 관한 기사이다.

　그러나 거의 대부분의 사람들은 자신과는 전혀 관련 없는 특별한 사람이 노벨상을 수상했다고 생각하여 노벨상 수상에 대한 기사를 거들떠보지도 않는다. 특히 물리, 화학, 생리·의학상인 경우는 더욱 그러하다. 노벨상 수상 논문의 제목만 읽고는 그가 무슨 내용을 연구해서 수상했는지를 더더욱 알 수 없다. 그러므로 일반인들은 자신들이 상상할 수도 없는 골머리 아프고 난해한 문제를 태어날 때부터 똑똑한 천재 과학자가 연구를 한 것으로 생각한다. 노벨상 수상자들에 대해 부러움을 느끼기는 하지만 자신은 다시 태어나도 노벨상을 받을 수는 없다고 생각하는 것은 물론 노벨상이 자신의 생활에 아무런 영향도 미치지 않는다고 생각한다.

　이러한 일반적인 생각은 절반은 옳고 절반은 옳지 않다. 우선 1999년까지 과학 분야에서 노벨상을 수상한 약 450명의 수상자들의 면모를 보면 대다수가 전문 연구 분야에서 탁월한 업적을 쌓은 학자들이다. 아인슈타인은 어려서는 공부를 잘 못했다는 이야기가 있기도 하고, 평범한 사람들도 노벨상을 많이 받았다고 하지만 노벨상 수상자 전체를 두고 볼 때 그런 사람은 일부분에 지나지

---

1) 문학상, 평화상, 물리학상, 화학상, 생리·의학상. 노벨 경제학상은 엄밀한 의미에서 노벨상위원회에서 수여하는 것이 아니다.

않는다. 대부분의 노벨상 수상자들, 특히 현대로 내려올수록 노벨상 수상자의 선정기준은 엄격해지고 경쟁률도 더욱 높아진다.

노벨상을 수상한 사람들은 평생을 통하여 같은 분야에 종사한 사람이 대부분이다. 그러므로 노벨상이 제정된 초창기나 혹은 특별한 경우가 아니라면 한두 개의 유용한 발명이나 발견으로 노벨상을 수상하는 경우는 거의 없다. 노벨상을 수상할 만한 업적을 이루었음에도 계속하여 같은 분야에 종사하지 않았기 때문에 수상에서 탈락한 경우도 있기 때문이다.

그러나 결과만 따진다면 노벨상은 일반인들이 전혀 모르는 분야를 연구한 사람에게 수여된 적은 거의 없다. 비록 수상 논문 자체는 난해할 수도 있지만 그들의 연구 결과는 거의 전부 우리들의 생활에 직결되어 있다. 단지 일반인들은 노벨상의 연구가 얼마나 실생활에 접근되어 있는지를 알지 못하고 있을 뿐이다.

알프레드 노벨은 노벨상 제정에 관해 다음과 같은 유언을 남겼다.

"이자는 5등분하여 물리학 분야에서 가장 중요한 발견이나 발명을 한 사람, 화학 분야에서 가장 중요한 발견 또는 개발을 한 사람, 생리학 또는 의학 분야에서 가장 중요한 발견을 한 사람, 문학 분야에서 이상주의적인 가장 뛰어난 작품을 쓴 사람, 국가간의 우호와 군대의 폐지 또는 삭감과 평화회의의 개최 혹은 추진을 위해 가장 헌신한 사람에게 준다."

이러한 노벨의 유지를 받들어 과학의 세 가지 분야는 인류의 지식을 높이는 것뿐만 아니라 일상 생활에서 많이 사용되는 여러 가지 필수품을 개발하거나 개발하는 데 기초를 닦아 놓은 연구들이 노벨상을 수상하는 경우가 대부분이다.

대기업에서 근무하고 있는 39세의 홍명호 부장의 예를 들어 노벨상이 얼마나 우리 생활에 가까이 접근해 있는 살펴보자.

대학을 졸업하자마자 공채로 입사한 후 뒤도 돌아보지 않고 오로지 회사만을 위해 일한 그는 아직까지도 주말에 회사에 출근하여 자료들을 챙긴다. 직장 후배들을 잘 다독거리고 경조사에는 어떠한 일이 있더라도 참석하여 소위 슈퍼맨이라는 소리를 듣고 있지만, 아무래도 집안일에는 소홀한 편이다. 그 흔한 가족과의 외식도 1년에 한두 번이 고작이지만 그래도 가족들은 홍부장이 직장을 위해 헌신하는 것을 이해해 준다.

그러한 그에게 요즈음 예기치 못한 고민거리가 생겼다. 얼마 전 회사에서 실시하는 정기 신체 검사에서 무언가 이상한 점이 발견됐는지 정밀 검사를 다시 해야 한다는 연락이 온 것이다. 정밀 검사를 다시 하자는 것을 보면 뭔가 큰 병이 있는 것이 틀림없었다.

1주일 전에 모든 검진을 다시 했다. 혈액을 다시 뽑았고 X선 촬영을 했으며 심전도 검사도 다시 했다. 신체 내의 각 부분을 초음파 검사인 컴퓨터 단층 촬영으로 검사한 것은 물론이고 최신식 기자재인 MRI-CT로 머리까지 촬영했다.

혹시 암일지도 모르겠다고 생각하니 만감이 교차했다. 큰 아이라야 초등학교 5학년, 작은아이가 초등학교 2학년에 불과했다. 자신이 쓰러진다면 처가 그 아이들을 데리고 어떻게 생활할지 앞이 캄캄했다. 회사일만 열심히 하느라고 재산을 모아둔 것도 없었다. 10년만 더 살았으면 좋겠다는 생각뿐이었다.

토요일 오전. 홍부장은 평소와 같이 6시에 자명종이 울리자 조용히 일어나서 나일론 칫솔에 치약을 발라 양치질과 세면을 하고, 거실로 나가 TV를 켠 후 컴퓨터를 작동시켰다. E-mail과 팩시밀리를 확인하였더니 미국 지사에서 보내온 계약서 초안에 대한 최종 보고서가 있었다. 레이저프린터로 프린트하여 중요 대목에 줄을 치면서 꼼꼼히 검토하고 있는데, 처가 전자 레인지로 덮인 우유 한 잔을 갖고와 마셨다.

7시 30분이 되자 핸드폰과 쓰레기가 담겨 있는 비닐 봉투를 들고 아파트 현관을 나섰다. 경비원이 아파트 현관에 설치된 방범 카메라를 조정하면서 작동 상황을 확인하고 있었다. 주차장 옆에 있는 쓰레기통에 비닐 봉투를 넣은 후 자동차를 몰고 재검의 결과를 알기 위해 병원으로 향했다. 라디오에서는 모차르트의 음악이 나오고 있었다. 그는 예상한 것보다 빠른 8시 30분에 병원에 도착했다.

병원의 현관에 도착하자 자동문을 통하여 곧바로 검진 센터로 향했는데 기다리는 사람이 많았다. 예약된 9시까지 기다리는 동안 서가에 비치된 월간지를 훑어보는데 1993년도에 간행된 잡지가 있었다. EXPO ’93 대전 박람회에서 자기부상열차, 홀로그래피 등 첨단 기법 등이 선보인다고 기사가 실려 있었다. 다른 주간지에는 복제 인간에 대한 내용과 유전자 감식에 의해 범인이 잡혔다는 기사가 특집으로 나와 있었다.

간호사의 호출로 담당 의사의 방으로 들어가니 의사가 모니터로 진료 카드를 보고 있었다. 가슴이 약간 떨리기 시작했다. 의사는 혈당치가 당뇨병의 기준인 140mg/dl에는 약간 못 미치는 135mg/dl이므로 인슐린으로 치료할 단계는 아니지만 경계치에 가까우므로 조심하라고 주의를 줬다. 지방간이 약간 있다며 필름으로 지방이 낀 하얀 부분을 보여줬다. 전반적으로 건강이 나빠지는 않지만 곧 40대로 들어서니 정규적인 운동을 게을리 하지 말고 스트레스를 받지 않도록 조심하라는 것이다. 스트레스가 암을 유발하는 가장 큰 공신(功臣)이라면서 과음하지 말라는 소리도 빠트리지 않았다.

홍부장이 볼멘 소리로 아무 이상이 없는데도 재검한 이유를 묻자 의사는 회사의 고위층에서 실적이 좋은 부서의 책임자들에 대한 특별 검진을 요청했다고 재검 이유를 설명해 주었다. 재검 때문에 공연히 1주일씩이나 설친 것을 생각하면 아쉽기는 하지만 몸에 별 이상이 없다니 기분이 그렇게 상쾌할 수 없었다. 회사에 출근하여 즐거운 마음으로 업무를 처리한 후 오후 1시에 퇴근하자마자 처와 아이들을 데리고 민속촌으로 갔다. 모처럼의 가족외출이라 아이들이 매우 좋아했다. 아이들이 사진 찍자는 장소마다 셔터를 눌렀더니 필름이 다 떨어져 컬러필름을 두 통이나 샀다.

돌아오는 길에 대형 할인 매장을 들려 여러 가지 생활 필수품을 골랐다. 셀로판으로 된 음식 랩, 비닐로 된 테이블 크로스, 플렉시글라스 컵 세트, 테프렌으로 된 타지 않는 프라이팬, 폴리에틸렌으로 된 쓰레기 통, VIDEO 공테이프, 베토벤의 CD, 식료품 코너에서는 맥주 한 박스와 포도주 두 병을 샀다. 의류 매장에서는 유명 브랜드 회사 제품에 대한 파격 바겐 세일을 하고 있었으므로 폴리에스터 등으로 된 골프용 바지와 티셔츠, 양말 등을 샀다. 모든 물건을 갖고 계산대로 나가자 종업원은 그들이 산 상품이 많은데도 물건들에 있는 바코드를 능숙하게 확인하면서 계산을 했고 그는 신용카드로 결재했다.

할인 매장에서 나와 젊은 사람들이 많이 가는 음식체인점에 들렀다. 종업원은 핸드폰보다 조금 큰 휴대용 단말기(PDA; Personal Digital Assistants)를 사용해 주문을 받았다. 홍부장은 새로 개발되어 시판되자마자 선풍적인 인기를 끌고 있는 과일 맛의 청량 음료수를 시켰다. 도로 가에 있는 각 상점의 네온사인이 집으로 돌아오는 길을 밝게 비추고 있었다.

　정밀 검사에 암과 같은 특별한 질병이 나오지 않은 것이 고마웠고 모처럼 가족과 함께 주말을 보내는 것이 기뻤다. 아이들이 PC로 컴퓨터게임을 하는 동안 그는 처와 함께 TV를 보았다. 한 프로에서는 원자폭탄 개발에 대한 특집 프로그램, 다른 채널에서는 프레온 가스, DDT가 공해의 원인이라며 사용을 중지해야 한다는 프로그램이 나오고 있었다. 두 프로그램을 번갈아 보다가 침실로 들어갔다.

　곧바로 잠이 오지 않아 침대 곁의 사이드 테이블 위에 있는 백열등을 켜고 누워서 새로 나온 과학 잡지를 보다가 졸려 오자 불을 끄고 오래간만에 푹 잠을 청했다.

　홍명호 부장 가족의 하루는 평범한 가정에서 자주 겪는 매우 평범한 하루 일정이다. 독자들은 그렇다면 홍부장 가족의 일을 왜 그렇게 장구하게 썼느냐고 의아해할 지도 모르겠다.

　그러나 필자가 의도하는 점은 바로 독자들이 아무런 특징이 없는 한 가정의 이야기를 들었다고 느끼게 하는 것, 바로 그것이다. 홍부장 가족은, 그리고 독자들은 평상시에 자신들이 아무 생각 없이 사용하고 있는 거의 모든 일상용품이 노벨상의 수상작이거나 노벨상의 연구 업적에 의해 개발되었다는 것을 전혀 느끼지 못하고 있는 것이다.

　홍명호 부장 가족이 토요일 단 하루 동안 사용한 것 중에서 노벨상과 밀접한 연관을 맺고 있는 것들을 적어 보자. TV, 라디오, 전화기, 컴퓨터, X선, 심전도 검사, 컴퓨터 단층 촬영, MRI-CT, 칫솔, 치약, 레이저프린터, 팩시밀리, 전자 레인지, 핸드폰, 쓰레기 비닐봉투, 방범 카메라, 자동문, 자기부상열차, 홀로그래피, 유전자 감식, 인슐린, 컬러필름, 음식 랲, 비닐 테이블 크로스, 플렉시

글라스 컵, 테프렌, 폴리에틸렌, 비디오 테이프, 콤팩트디스크, 맥주, 포도주, 폴리에스터, 바코드, 청량음료, 휴대용 단말기, 원자폭탄, 프레온가스, DDT, 백열등, 네온사인 등등이다.

이상과 같이 수많은 제품들이 노벨상의 수상 대상 작품이거나 수상 연구에 의해 파생된 것이다. 한 마디로 노벨상은 탄생한 지 100년밖에 되지 않았음에도 인류 생활을 혁신적으로 바꾸었다.

이러한 제품이 나오기 위해서는 과학자들의 공이 전적으로 크다. 일부 제품의 경우 과학과는 전혀 관련이 없는 문외한이 발명, 발견한 경우도 있으나 그들의 경우도 과학적인 기초 지식이 없이 과학기술에 관련되는 제품을 개발할 수는 없는 일이다. 그만큼 우리들의 주위에 과학이 자리 잡고 있으며, 노벨상은 우리들에게 친근한 것이다.

그러나 과학이라는 것을 골머리 아프게 생각하는 사람들은 자신들이 과학에 무지하더라도 과학자들이 모든 문제점을 해결해 줄 것이므로 자신은 과학을 공부할 필요가 없다고 공공연하게 말한다. 그들 중에는 자신은 과학자가 될 생각이 없으므로 과학을 배워야 할 이유가 없다는 사람들도 있다.

그러나 과학이 중요한 것은 우리들의 일상에 사용하는 자동차, TV, 전축, 컴퓨터, 로봇 등 문명의 이기가 과학 원리에 의해 발명되었다는 점 때문이 아니다. 과학이 중요한 것은 과학적 원리에 의해 개발된 지식들이 인간들로 하여금 보다 더 풍요로운 삶을 살 수 있게 해 주기 때문이다. 게다가 일부 독재자나 과학자가 과학적 지식을 그릇되게 사용하는 것을 막을 수 있는 사람들은 일반 대중들이다. 그러나 일반 대중이 과학을 모른다면 어떻게 독재자를 제어할 수 있는 현명한 판단을 내릴 수 있겠는가.

물론 모든 인간이 전문 과학자가 되어야 한다는 것은 아니다.

대부분의 일반인들은 과학적인 사고를 하기 위한 지식을 갖추는 정도이면 충분할 것이다. 그리고 현대 문명의 토대를 이루고 있는 과학의 발전을 관심을 갖고 지켜본다면 더 바랄 것이 없을 것이다. 필자가 이 글을 쓴 목적도 현대 물질문명이 과학기술을 토대로 하여 이루어졌다는 것을 독자들에게 알려주려는 것이다.

그러므로 이 책에서는 과학을 무조건 어렵다고 생각하는 사람이나 수학공식만 보면 골머리가 아프다고 하소연하는 사람들도 충분히 이해할 수 있도록 부득이한 경우를 제외하고는 수식을 사용하지 않았다. 첨단 과학기술의 묘미는 그것이 갖고 있는 어려움과 복잡성이 아니라 기본 원리의 독창성이나 새로움에 있기 때문이다.

마지막으로 이 책의 각 장은 하나 하나가 완결되어 있다. 많은 부분에서 상호 연관성을 지니고 있지만 독자들이 취향에 따라서 어디서부터 읽어도 무방할 것이다. 노벨상의 수상 내역을 보면 일관성 있는 연구로 수상한 것도 있지만 대체로 독창적인 분야에서 수상한 것이 많기 때문이다.

다윈의 진화론

다윈의 진화론

어린아이가 부모에게 하는 질문 중에서 가장 대답하기 곤란한 것은 '자신이 어떻게 태어났느냐'라는 질문일 것이다. 많은 부모들이 처음에는 다리 밑에서 주어 왔다던가 기러기가 날아왔다고 말하다가 아이들이 수긍하지 않으면 부모가 서로 사랑했기 때문에 태어났다고 말한다. 그럼에도 불구하고 질문이 계속되면 대부분의 부모들은 대답이 궁색해져 짜증을 내기 마련이다.

어린아이의 호기심 시기를 지나 어느 정도 지각을 갖게 되면 인간이란 도대체 무엇인가를 질문한다. 좀더 높은 단계로 올라가면 인간에게 삶의 의미는 무엇이며 무엇을 위해 존재하는가 고민한다. 이것은 지구에서 인간이 특수한 위치를 차지하고 있다는 것을 의미한다. 인간만이 그런 질문을 할 수 있기 때문이다.

지구에 있는 수많은 생명체 중에서 인간만이 왜 특별한 존재일까? 이런 질문에 대한 답을 미신이나 종교에서 찾지 않고, 여러 가지 방법으로 현명하게 답할 수 있을 만큼 과학은 발전하고 있다.

학자들의 공통된 견해에 의하면 지구는 약 45억 년 전에 태어났으며 약 35~36억 년 전에 최초의 생명체가 바다에 나타났다. 그 후 이들 생명체들은 30억 년 동안 바다, 강, 호수 등에서만 존재했다. 육상에는 어떤 생명체도 살고 있지 않았다.

이것은 결코 놀랄 만한 일이 아니다. 바다나 강물과 비교해 볼 때 마른 땅은 결코 생명체에 우호적이 아니기 때문이다. 바다나 강에 사는 생명체는 최소한 말라죽을 염려는 없다. 반면에 육지에서는 물을 구하기 쉽지 않고 항상 말라죽을 위험을 감수해야 한다. 실제로 인간조차 사막에서 길을 잃고 탈수로 사망하는 경우가 있다.

그러나 물이 있는 환경이라고 해서 항상 안전한 것은 아니다. 바다에서는 소금기가 늘어나 생명을 위협할 수 있고, 강이나 호수의 물은 말라버릴 수 있다. 그래서 일부 물고기들은 소금기가 늘어나 살기 힘들어진 바다나 자주 물이 마르는 환경에서 다른 물을 찾아 육지를 가로질러 갈 수 있도록 지느러미를 발달시켰다. 이들 물고기들은 공기를 들여 마실 수 있는 원시적인 폐를 지니고 있었다. 지느러미는 서서히 다리로 바뀌었다. 이들의 후손이 현재의 개구리나 두꺼비 같은 양서류들이다. 이들이 태어나기 전에 동물보다 간단한 형태의 식물이 먼저 육상에 등장했다. 적어도 4억 5천만 년 전에서 5억 년 전의 일이다.

양서류의 출현 이후에도 동·식물의 진화는 계속되었고, 마침내 현재의 인류가 출현하게 되었다. 바로 이 진화의 과정을 처음으로 조리 있게 설명한 사람이 다윈(Charles Robert Darwin)이다.

진화론은 한 마디로 자연계의 수많은 생명체가 다같이 영양, 생식, 환경 조건에 제약되며 상호연관되어 변하고 진화한다는 이론이다. 더구나 생명체가 자연선택을 통해 진화한다는 진화론은 우리들에게 단순함이 어떻게 복잡함으로 바뀔 수 있는지, 어떻게 무질서한 원자들이 서로 결합하여 더욱 복잡한 형태로

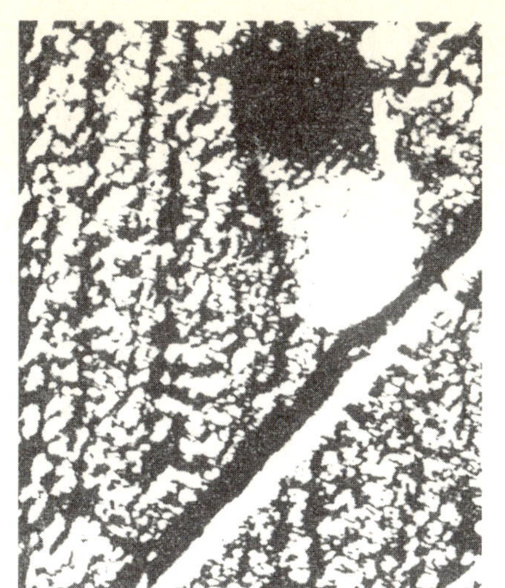

남아프리카에서 나온 34억 년된 침적암석에서 발견된 원생생명체의 하나로 길이는 약 0.5μm 정도이다.

바뀌고 결국은 인간까지 만들어 내게 되었는지를 매우 만족스럽게 설명해 주고 있다. 다윈이야말로 우리의 존재에 관련된 질문에 대해 이제까지 제시된 답들 중에서 유일하게 그럴듯한 답을 제공했다.

그러므로 필자는 서슴지 않고 다윈의 진화론이 우리 인간에게 지대한 영향을 끼친 이론 중의 하나라고 생각한다. 그런 의미에서 19세기 초에 태어났기 때문에 노벨상을 수상하지 못한 다윈을 이 책에서 다루는 것이다.

과학과 산업이 낳은 인간과 자연의 새로운 관계는 다윈의 등장으로 극적이고 세속적인 논쟁에 휘말리게 된다. 진화론은 생물학은 물론 종교, 윤리, 도덕의 문제에까지 심각한 반향을 불러 일으켰다. 과학혁명 이후 자연을 물질로만 이해하려는 기계론적 자연관이 팽배해 있어 자연에 신이 개입할 자리가 점점 줄어들고 있던 추세였는데, 진화론은 바로 인간에 대한 신의 영향을 배제하는 강편치를 종교계에 터트린 셈이다. 기독교를 위주로 한 종교계가 진화론에 대해 강력하게 반발하는 것은 당연한 일이었다.

한 가지 예를 들어보자.

1925년, 미국의 테네시 주 데이튼 마을에서 재판사상 유례없는 공판이 열렸다. 피고는 존 스코프스라는 고등학교 교사로 성서의 천지창조설을 가르치도록 한 주의 법률을 어기고 다윈의 진화론을 가르쳤다는 혐의로 고소를 당한 것이다. 이 사건은 '원숭이 재판'이라고 하여 전 세계적으로 관심을 끌었는데 스코프스는 100불의 벌금형을 선고받았다.

한편 1969년에 캘리포니아 주 교육국에서는 다음과 같은 교육 지침을 일선 학교에 내렸다.

"새 교과서에는 성서의 창세기를 포함한 온갖 인류의 기원설을 실어야 한다. 또한 아동들에게 아리스토텔레스의 '자연 발생의 원리', 스테판 아레니우스의 '판스페르미야'설 등을 가르치는 것을 허용한다."

이것은 다윈의 진화론이, 발표된 지 100여 년이 지났지만 아직도 의문의 여지가 있는 학설이라는 것을 보여 준다. 적어도 다윈의 진화론을 수정 혹은 발전시켜야 한다는 것이다.

다윈의 진화론이란 무엇을 뜻하는지 간략하게 알아보자.

찰스 다윈은 1809년에 영국에서 태어났다. 그의 집안은 5대에 걸쳐 왕립과학자협회 회원을 배출했으며 아버지는 의사였다. 다윈도 아버지와 같이 의사가 되기 위해 의과대학에 들어갔으나 흥미를 잃고 케임브리지 신학부로 들어가 성직자가 될 생각을 한다. 그러나 성직자의 길도 여의치 않게 되자 우연한 연유에 의해 22살 때인 1831년에 해군 측량선 비글호의 박물학자로 동승해 달라는 제안을 받고 탐험여행을 떠나게 된다. 사실 다윈은 일정한 직업이 없었으므로 집안이 부유하지 않았다면 이 배에 탈수도 없었을 것이다. 다윈은 5년간 무보수 박물학자로서 항해하는 동안 방대한 화석과 곤충의 자료를 모았고, 일지 형식의 기록을 남겼다. 그가 여행한 곳은 브라질의 케이프 베르데 섬에서 뉴질랜드에 이르기까지 지구의 오지 중의 오지였다.

마침 토머스 맬더스의 『인구론』을 읽은 다윈은 생활 환경에 적응함으로써 특질을 보존한다는 종의 변이에 대한 힌트를 얻게 된다.

맬더스는 인구론에서 생물 개체의 수가 식량의 양보다 빠른 속도로 증가하므로, 개체와 종 사이에는 먹이를 확보하려는 생존경쟁이 일어나서 생존경쟁에 잘 적응할 수 있는 개체나 종만 살아 남게 된다고 주장했다. 다윈은 이 생각을 종의 변이에 관련시켜 어떤 생태학적, 생리학적 형질을 가진 개체가 생존경쟁에 유리할 때 그 형질을 소유한 개체는 살아 남게 되고 이 형질은 후대로 유전된다고 생각했다. 다윈은 자신이 생각한 이론을 책으로 내지 않았지만 자료는 계속해서 모았다.

다윈의 진화론의 요점은 다음과 같다.

인간에 이르기까지 많은 생물군이 먹이와 생식을 바탕으로 변이를 하는데 생명체가 존속하려면 이 변이형질은 주어진 환경에 잘 적응하는, 소위 적자생존된 것에 국한된다는 것이다. 다산(多産)하는 생명체도 결국 일정한 개체수만을 자연에 남기는 것도 이들이 환경에 알맞게 자연 선택되었기 때문이다.

예를 들면 먼 옛날에 기린의 목길이는 원래 말과 비슷한 정도였다. 기린의 조상은 갑자기 키 작은 나무의 먹이가 없어지자 키 큰 나무에 있는 먹이를 따먹기 위해 목을 그렇게 길게 발달시켰다. 한편 카멜레온은 적으로부터 생명을 보호하기 위해 피부색을 바꾸는 생체조직을 개발했다.

생존경쟁에서 살아남은 종은 계속 생체조직을 발전시켰고 수세대에 걸쳐 이런 변화가 지속되면 낡은 형태는 소멸되고 새로운 형질이 나타나서 새로운 종을 이룬다. 생물이 지구에 태어났을 때부터 현재까지 원형 그대로 존재하는 것은 극히 드물다. 현존하는 종들은 원형에서 수많은 방법으로 형질이 변하여 생존에 유리하도록 바뀐 것이다. 인간도 이 같은 자연 법칙에 따라 진화되어 오늘의 모습에 이르렀다. 즉 인간은 원숭이로부터 환경에 맞게 서서히 진화 발달한 것이다.

동물분류상 인간은 척추동물문 사족동물 포유강 진포유아강 단자궁족 영장목 진원아목 협비류 인상과 인속 인종(호모 사피언스)에 속하며 호모 사피엔스는 '지혜있는 인간'이라는 뜻이다. 정통적인 학설에 의하면 인간과 침팬지의 공통 조상은 원숭이다. 그럼 원숭이에서 어떻게 인간으로 진화하였을까?

진화의 제1보는 직립보행이었다. 본래 원숭이는 나무에서 생활하고 있었는데 빙하기가 닥쳐 기후가 급변하자 원시림이 사라지고 초원이 생겨났다. 삶의 터전이었던 산림이 사라지자, 원숭이들 중 일부가 땅으로 내려와 살게 되었다. 땅은 나무 위와는 삶의 조건이 매우 달랐다. 우선 먹을 것을 얻기 위해 끊임없이 노력해야 했고 맹수들의 공격에 견뎌야 했다. 살아 남기 위해 새로운 환경에 적응하지 않으면 안 되었다.

그러던 중 일부 원숭이들이 나무 가지나 돌멩이 같은 도구를 이용하면 과실을 따거나 고기를 잡거나 맹수로부터 자신을 지키는 데 유리하다는 것을 터득한다. 도구를 사용하는 데는 물론 앞발이 주로 활용되었다. 앞발로는 도구를 사용하고 뒷발은 몸을 지탱하는 데 이용하면서 원숭이들은 직립하게 되었다. 상체가 자유로워지자 시야도 넓어졌다. 이로써 원숭이와 인류는 결정적으로 분리되어 각자 다른 삶을 살아가게 된다.

그러나 직립할 경우 위험도 뒤따랐다. 눈에 잘 띄기 때문에 오히려 맹수들의 좋은 사냥감이 된 것이다. 그러자 이들은 집단 생활을 하기 시작했고 자연이 의사 소통을 위한 언어가 필요해졌다. 처음에는 간단히 손짓 발짓으로 의사를 전달하던 것이 점차 복잡하고 풍부한 음성언어로 발달한다. 손과 언어의 사용은 두뇌 발달을 촉진시키고 종국에는 인간이 모든 생물 중에서 왕자의 자리를 차지하게 되는 중요한 요건이 된다.

그러던 중 인류는 또 한번 비약적인 발전을 한다. 바로 불을 사용할 줄 알게 된 것이다. 불의 사용은 인간과 다른 동물을 확연히 구분할 수 있는 계기가 된다. 불은 음식을 익혀 먹는데 유용할 뿐만 아니라 추위로부터 몸을 지켜주고 맹수로부터의 공격도 막아준다.

아마도 처음에는 화산이 폭발하거나 번개로 인해 산림에 불이 붙는 자연 현상을 보고 불붙은 나무 가지 등을 동굴로 가져왔을 것이다. 곧이어 인류는 천연의 불을 이용하는 데서 한발 더 나아가 인공적으로 불을 피우는 방법을 터득하였다. 불을 자유자재로 사용할 수 있게 되자 인간은 여타 동물들을 제치고 지구상에서 가장 무서운 동물로 자리 잡는다.

현대인들이 보기에 다윈이 발간한 『종의 기원』에서 야기된 스캔들은 이해하기 어렵다. 대부분의 현대인들은 진화의 개념을 커다란 거부감 없이 받아들이기 때문이다.

어셔 대주교와 찰스 다윈
아일랜드의 대주교였던 어셔는 1650년에 지구가 기원전 4004년 10월 26일 오전 9시에 창조되었다고 계산하였다. 그러나 찰스 다윈은 비글호의 항해를 토대로 진화론을 발표하여 그때까지의 기독교적 세계관에 충격을 주었다.

그러나 1859년에 발표된 다윈의 진화론은 기독교를 바탕으로 하는 종교계는 물론 서구 문명 자체를 뒤흔드는 것이었다. 다윈의 진화론이 특별히 세인의 비난을 받은 것은 인간이 만물의 영장이 아니며 원숭이로부터 진화한 존재에 불과하다는 내용 때문이다.

특히 성경의 말씀대로 신에 의해 만물이 창조되었다고 믿고 있는 기독교에서는 성경의 권위를 침해하는 다윈의 진화론을 도저히 용납할 수 없었다. 다윈은 이내 무신론자이며 극악무도한 인물로 비난을 받는다. 당시 대부분의 영국인들은 창세기에 서술된 신의 우주 창조에 관한 내용은 전적으로 사실에 입각했다고 생각하고 있었다. 특히 1650년에 아일랜드의 대주교 어셔가 성경에 대한 그의 해석을 토대로 지구가 기원전 4004년 10월 26일 아침 9시에 창조되었다고 계산한 것을 사실이라고 믿어 의심치 않았다. 그러므로 교회가 진리 수호를 위해

다윈의 책을 읽거나 가르치는 것을 일절 금지시킨 것에 대해 거부반응을 일으키지 않았다. 미국의 테네시 주에서 일어났던 소송도 그와 같은 맥락에서 생긴 것이다.

진화론에 관한 논쟁으로 가장 유명한 것은 1860년 6월 30일에 옥스포드에서 벌어졌다. 진화론을 옹호하는 편에서는 생물학자 헉슬리가, 반대파에서는 말주변이 좋은 월버포스 주교가 나왔다. 월버포스 주교는 진화론에 대해 익살스럽고 비꼬는 말투로 헉슬리에게 공손하게 물었다.

"원숭이의 자손이라고 주장한다면 당신 할아버지와 할머니 중 어느 쪽을 말하는 건가요?"

폭소와 박수갈채 속에서 월버포스 주교가 자리

에 앉자 헉슬리는 무릎을 치며 '신은 그를 내 손에 넘겨주셨다'
고 옆 사람에게 속삭이고 일어섰다. 그는 다윈의 이론을 간단
명료하게 설명하고 다음과 같이 말을 마무리했다.

> "나는 조상으로 원숭이를 갖는 것을 창피하게 여기진 않지만, 진실을
> 흐리게 하기 위해 자기의 위대한 재능을 겸손한 탐구자의 명예를 더럽
> 히고 말살하는 데 이용하는 사람과 관계를 맺는 것을 창피하게 여깁니
> 다."

그가 받은 박수는 윌버포스가 받은 박수만큼 요란하였고 한
여인은 기절까지 하였다. 윌버포스는 그에 대한 헉슬리의 공격
에 놀라 마지막 발언마저 사양했다. 진화론이 판정승하였음은
물론이다.

그러나 다윈의 진화론이 폭발적인 지지를 받은 것은 엉뚱하
게도 마침 전 세계를 휩쓸고 있던 제국주의의 이론적 지주가 되
었기 때문이다. 제국주의 옹호자들의 주장은 간단하다. 치열한
생존경쟁을 뚫고 이룬 성공이야말로 자연의 법칙에 충실한 것
이며 정당한 것이다. 진화가 단기간에 급속히 이루어지지 않았
듯, 사회의 진화도 급격하게 진행되지 않는다. 현실에 가장 잘
적응하는 생명체만이 생존할 자격이 있고 한 생명체의 번성을
위해 다른 생명이 말살되는 것이 당연한 일이듯이 우수한 인종
이 열등한 인종을 착취하는 것도 당연한 일이라는 것이 제국주
의 옹호자들의 생각이었다.

특히 유럽인들이 신체는 물론 지적·도덕적 자질에서 다른
인종보다 우월하며, 유럽인들이 오늘의 문화와 진보를 이끌어
낸 힘을 보다 공고히 하기 위해 야만인을 정복하고 자신들의 숫

자를 늘려 나가는 것은 우수한 인종의 당연한 권리라고 여겼다. 유럽 열강들이 전 세계를 식민지화하려고 열을 내고 있을 때 다윈의 진화론은 그들의 구미에 가장 알맞은 논리였다. 즉 다윈의 진화론은 종족간의 인종차별과 서구 중심의 민족주의를 정당화해주는 더 없이 좋은 자료였던 것이다.

코페르니쿠스의 혁명처럼 다윈의 이론도 워낙 강력해서 다윈은 당시의 사회 현상을 감안하여 『종의 기원』을 출간하려 하지 않았다. 유전의 메커니즘은커녕 유전의 규칙조차도 확실하지 않았던 사정을 고려하면 이해할 만하다. 그는 자신의 과학적 의견에 대해 우선권을 확보하는 것보다 혁명적인 이론을 표명하려면 방대한 사실들로 뒷받침해야 한다고 믿었다.

그러나 1858년에 다윈은 자신의 생각을 세상에 발표하지 않을 수 없었다. 그와 마찬가지로 남미를 여행한 아마추어 박물학자인 앨프레드 월러스(Alfred Russel Wallace)가 종의 형성에 관한 시론(試論)을 적어 다윈에게 보냈기 때문이다. 월러스의 시론은 놀랍게도 다윈의 것과 똑같았으며 논문의 각 장에 붙인 제목까지도 일치하였다. 결국 린네 학회의 주선으로 1859년에 다윈과 월러스의 공동 명의로 『자연 선택에 의한 종의 기원, 즉 생존경쟁에서 유리한 종족의 존속(종의 기원)』이 발표되었다. 다윈과 월러스는 각각 서로의 업적을 칭찬하였으며 우선권을 다투지 않았다.

다윈과 월러스가 공동으로 진화론에 대한 논문을 발표했음에도 다윈이 진화론의 시조로 거론되는 이유는 다윈이 『종의 기원』을 발표하기 거의 15년 전인 1844년에 당시 유명한 학자였던 후커(Sir Joseph Dalton Hooker)가 다윈의 소논문을 낭독한 적이 있었고 또한 다윈이 한 미국 교수에게 자신이 연구하는 내용을 보낸 적이 있었기 때문이다. 물론 그가 논문이 발표되기 20년 전에 비글호의 항해를 마친 후 1839년에『비글호의 항해기』를 발간한 것도 영향을 주었다.

『종의 기원』은 즉시 과학자들과 일반 독자, 신학자들에게 영향을 주었고 논쟁을 불러 일으켰다. 처음 찍은 1,250부가 출판된 첫날 다 팔렸고 다윈이 걱정한 대로 정말로 폭풍이 몰아쳤다. 사실 말썽이 벌어지는 것을 반기지 않았으므로 다윈은『종의 기원』에서 인류에 관한 내용은 쓰지 않았다. 그러나 일단 말썽이 벌어지자 다윈은 두려워하지 않았다. 그는 1871년에 인간의 진화에 대해 그가 모을 수 있었던 증거를 모두 기록한『인간의 족보*The descent of man*』를 발간했다.

다윈의 논문이 발표된 지 10년도 채 안 되어 또 한 번 획기적인 논문이 발표된다. 그것은 수도사인 멘델(Gregor Johann Mendel)이 1856년부터 1863년까지 8년에 걸쳐 식용 완두를 가지고 실시한 실험 결과를 토대로 발표한 45페이지 밖에 되지 않는『식물 잡종에 관한 연구』이다.

멘델은 이 논문에서 부모가 같은 식물이라 해도 다음 대에서는 부모와 똑같은 것이 3 대 1로 나타난다는 분리의 법칙, 두 쌍 이상의 대립 형질에 관계없이 우성과 열성이 나타나며, 각각 3 대 1의 비율로 갈라진다는 독립의 법칙, 또한 우성인 형질만이 다음대에 나타난다는 우성의 법칙을 발표했다. 다시 말하면 색깔과 모양의 유전에서 색깔과 모양은 서로 무관하게 유전되는 것이 독립의 법칙이고 색깔의 유전에서는 두 색깔의 융합에 의해 제3의 색깔이 후대에 나타나는 것이 아니라 두 색깔 중 우성인 형질의 색깔만이 후대에 나타난다는 것이 분리의 법칙과 우성의 법칙이다. 이 세 가지 법칙은 '멘델의 유전 법칙'이라고 불린다.

멘델의 법칙은 형질의 유전은 절대로 변형되거나 사라지지 않는 유전 요소에 의하며 이것은 일정한 수로 표현할 수 있는 규칙에 따라 자손에게 유전된다는 것이다. 그 당시까지는 부모의 형질이 자식의 몸 안에서 완전히 융합되는 것으로 알고 있었다. 그러므로 빨간 꽃에서 얻은 씨로 흰 꽃을 피우는 현상을 설명할 수 없었는데 멘델이 이 고민을 해결해 준 것이다.

그러나 멘델의 발견이 생물학 사상을 형성하는 데 중요한 공헌을 한 획기적인 것임에도 불구하고 1865년에 발표한 논문은 거부당하기도 했으며 1866년에 브륀 자연사 학회에 발표된 후 출간되었지만 곧 잊혀졌다. 또한 1868년 멘델은 그가 있던 수도원장에 임명되자 더 이상 연구에 종사할 수도 없었다.

한편 1901년에 드 브리스가 『돌연변이설』이라는 책에서 달맞이꽃에서 갑작스러운 돌연변이가 생긴다는 사실을 발표하여 다윈주의는 새로운 활력을 받는다. 드 브리스의 발견은 돌연변이가 바로 새로운 종의 형성 기원이며 돌연변이에 의해 형성된 새로운 종이 살아 남는 것은 생존경쟁과 자연도태에 의해 결정된다고 하여 다윈의 진화론과 결합되는 것이다.

그러나 진화론이 보다 견고한 학설로 인정받게 된 가장 근본적인 요인은 새로운 분야의 학문이 뒷받침됐기 때문이다. 화학과 현미경 사용의 진전으로 세포에 대한 이해가 더욱 명료해져 세포를 생물의 기본 단위로 이해할 수 있게 된 것이다.

독일인 바이스만(August Friedrich Leopold Weismann)은 『생식질의 연속』이라는 논문에서 정자와 난자가 결합하여 새로운 개체가 생기는 동시에 생식 세포가 한 세대에서 다음 세대로 계승된다고 주장하였다. 또한 그는 생식 세포는 어떤 일정한 화학

성분을 가진 특별한 물질이며 이것이 유전인자라고 말했다.

한편 생물학자들은 세포의 많은 부분을 차지하고 있는 세포질은 그대로 두고 핵만 염색할 수 있는 염색법을 개발했다. 이 염색된 부분을 염색체라고 부르는데 염색체에 유전정보를 전달하는 유전자가 들어있다는 것이 모건(Thomas Hunt Morgan)에 의해 밝혀졌다. 모건은 이른바 염색체 유전 이론의 주요 창시자로,『종의 기원』이 출간된 지 반세기가 지나 유전형질을 설명한 것이다.

그는 자신의 가설을 증명하기 위해 과실파리인 초파리를 갖고 실험을 시작했다. 바나나 조각이나 다른 음식물을 주면 과실파리는 신속하게 번식하여 2년 안에 남자와 여자가 200만 년 동안 낳는 후손만큼의 숫자에 도달할 수 있다. 더구나 초파리는 특이할 정도로 큰 염색체를 단 네 개만 가지고 있어서 현미경으로 연구하기가 비교적 쉽다.

그는 초파리를 통하여 어미에서 새끼로 이어지는 여러 가지 형질의 유전인자는 염색체 위에 한 줄로 배열되어 있다는 사실을 발견했다. 그는 '멘델의 유전 메커니즘'을 인정하고 유전자는 물질적 실체로서 염색체 상에 있음을 보여 주었다. 또한 그는 초파리의 유전인자인 염색체 지도를 그렸으며, 재조합과 분배, 그리고 분리를 비롯한 다양한 메커니즘을 밝혔다.

모건은 돌연변이의 의미를 수정하여 그것을 새로운 동물의 출현이 아닌 특수한 특질에 적용했다. 지배적인 위치를 차지하게 된 특질은 환경이 적응 능력에 대한 도태 압력을 행사하는 중에도 소규모의 변종들, 대립 형질(대립 유전자)로서 개체군에 등장한다. 그리하여 종은 광범위한 개별적인 변종을 획득하면서도 단일하게 움직이는데 그것은 염색체에 있는 유전인자가 전달되기 때문이다. 그는 1933년 유전학 연구로 노벨 생리·의학상을 수상했다.

멀러(Hermann Joseph Muller)도 모건과 함께 초파리의 염색체 지도를 만들었고 X선에 의한 초파리의 인공 돌연변이에 성공했다. 이후 방사능으로도 돌연변이를 일으킬 수 있는 것이 발견되는 등 유전자는 항상 안정되어 있는 것이 아니라 외부 환경에 의해 돌연변이가 일어날 수 있다는 것이 사실로 판명되었고 멀러는 1946년에 노벨 생리·의학상을 수상했다. 다윈의 진화론이 부분적으로 비평을 받기는 하지만 의심할 여지가 없다는 것은 이들이 노벨상을 받음으로써 공인되기 시작한 것이다.

이후 발견된 각종 과학적 연구 결과에 따른 진화론을 뒷받침하는 증거를 강영선 교수 등은 다음과 같이 분류하였다.

① 고생물학적인 증거

생물의 종이 변이된 사실은 화석을 통해 알 수 있다. 오래 전에 서식하고 있던 고생물(또는 현존생물)의 화석을 통하여 현존하는 생물 종의 중간형을 짐작할 수 있으며, 생물이 진화한다는 사실을 알 수 있다.

예를 들면 원시 파충류로부터 진화한 시조새는 이빨과 긴 꼬리를 갖고 있다는 점에서는 파충류이지만 새와 같은 날개와 다리를 갖고 있다는 점에서는 조류이므로 파충류와 조류의 중간형의 동물로 볼 수 있다.

살아 있는 화석의 예로서 실러캔스가 있다. 이 물고기는 총기류(總鰭類)의 아목 관추류에 속한다. 실러캔스는 지금으로부터 3억 7천5백만 년 전인 고생대 데본기 후기에 지상에 나타났다가 중생대 백악기 후기인 7천5백만 년 전에 사라진 원시 물고기로 현재 아프리카 코모로 섬 등 일부 지역에서만 서식하고 있

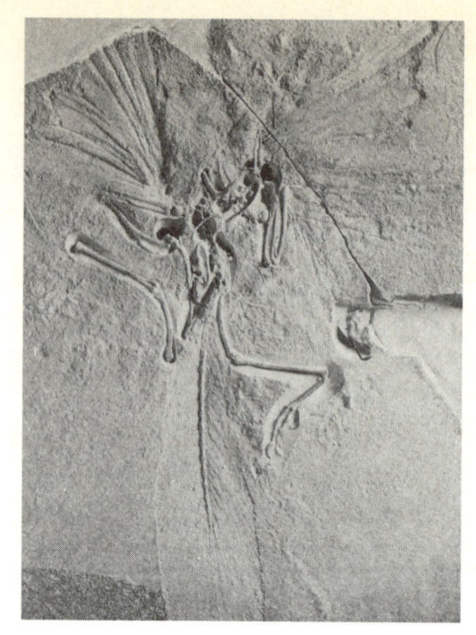

다.

　실러캔스는 경골어류이면서 등뼈는 속이 빈 관상연골로 되어 있고 양서류와 비슷한 두꺼운 근육질의 지느러미 상하로 크게 벌어지는 턱뼈가 있다. 이 턱뼈 밑에 단단한 2매후판(현존 어류는 1매후판), 항문 뒤쪽의 복강복면에는 회갈색의 신장이 있고 뇌 무게는 체중의 0.01%로 보통의 어류가 0.1%임에 비해 극히 작다. 특히 부레 속에는 공기 대신에 지방질이 꽉 차 있는 등 양서류로 진화되는 과정의 징후를 보여주고 있으므로 이런 여러 가지 특징을 고려하여 어류와 파충류의 중간형 동물로 인정하는 것이다.

　수중생활에서 뭍으로 올라오기 위해서는 폐와 폐호흡(肺呼吸)이 가장 중요하다. 실러캔스는 바다와 물의 길목에서 아직 아가미를 폐로 대치하지는 못했지만 일반 물고기와는 달리 아가미의 공기호흡면을 증가시키는 구조를 갖고 있다. 실러캔스의 미비된 점을 완전히 해결하는 방향으로 진화된 것이 양서류 다음에 등장하는 파충류이다. 실러캔스는 이와 같은 진화의 특징을 갖고 있는 데다가 아직도 실존하고 있는 생명체이므로 학계에서 매우 중요한 위치를 차지하고 있는 것이다.

② 유전학적 증거

원시형의 생물에서 다양한 생물로 진화되어 온 과정은 종의 분화이다.

일반적으로 생물 종은 서로 교잡이 가능한 번식 사회를 이루는 개체군인 '멘델 집단'을 이룬다. 그런데 이 집단은 유전적 구성으로 보면 결코 균일하지 않고 여러 가지 유전자의 조합으로 이루어진 개체들이 거의 평형 상태를 이루고 있다. 이러한 '멘델 집단'의 평형 상태는 장구한 세월이 경과하는 동안 집단 내에 유전적 변이가 축적되거나 일부 유전자가 소실됨에 따라 새로운 유전적 집단이 형성될 수 있다. 그러므로 유전적으로 수많은 유사 집단이 있다는 유전적인 진화를 보여주는 것이다.

③ 비교해부학적 증거

생물의 형태와 구조를 자세히 비교해 보면 서로 유기적인 관련성이 있다는 것을 발견할 수 있다.

사람의 손, 말이나 개의 앞다리, 박쥐의 날개와 조류의 날개, 어류의 가슴지느러미는 발생학적으로 모두 같은 부위로부터 유래되는 기관이지만 기능적으로 다르게 변했다. 이와 같이 구조적으로는 동일한 기관이 기능적으로는 다른 기관으로 변형되었다고 하는 것은, 변형시킨 요인이 무엇이든 간에 진화의 형태적인 증거가 될 수 있다.

또 하나의 중요한 증거는 흔적기관이 많이 발견된다는 것이다. 예를 들면 파충류인 뱀의 요골과 하지골, 타조의 흔적만 있는 날개, 동굴 동물의 안구, 사람의 이각근(耳殼筋) 등이 그것이다.

④ 비교발생학적 증거

동물의 대부분은 유성생식을 하며 그 발생 초기의 분화 과정은 거의 똑같다. 특히 척추동물의 경우 수정란에서부터 시작하여 배아, 태아로 발생되는 과정이 거의 유사하며 어떤 시기에는 얼굴의 모양이 거의 비슷비슷하다. 생쥐의 어떤 시기의 얼굴을 그대로 확대시키면 성장한 해마의 얼굴과 닮은 것이 발견되며, 사람의 경우도 쥐나 고래와 별로 다르지 않은 시기가 있는데 이 때는 얼굴뿐만 아니라 배아 전체가 다른 포유류와 공통된 형태를 취하고 있다. 이 순간만을 갖고 어떤 동물의 배아인가를 질문 받았다면 거의 모든 전문학자들이 구별할 수 없다고 답할 정도이다.

또한 사람의 경우 임신 5주된 배아에서 아가미 틈이 나타나는데 이것은 물고기의 배아에서도 나타나는 구조이다. 그러나 물고기에서는 이 아가미 틈이 계속 발달되어 아가미호흡이 가능한 구조로 되지만, 도롱뇽, 거북이, 새, 돼지, 사람 등은 아가미 틈이 소실되고 대신 폐가 발생한다.

이와 같은 사실에서 동물은 원래 같은 조상으로부터 기원되었으나 차차 다른 방향으로 발생되어 왔음을 확인할 수 있다. 이러한 발생 과정의 변화는 진화 과정에서 나타난 유전자의 변화 때문이라고 추측된다.

⑤ 비교생리학적 증거

거의 모든 생물의 화학적 성분이나 생리적 기능은 기본적으로 공통적이다. 유전물질인 DNA와 염기성 단백질은 모든 생물 세포핵의 공통적인 구성 성분이며 분류상 서로 가까운 분류군의 염색체 수는 일정한 기준으로 증가하고 있다.

비교혈청학도 생물이 진화하고 있음을 보여 준다. 사람의 혈청을 토끼에 주사하면 이 혈청이 항원으로 작용하여 토끼 혈액 속에 항체가 형성된다. 다시 이 토끼 혈액을 사람, 침팬지, 성성이, 개의 혈액에 넣으면 개를 제외하고 모두 침전물이 생긴다. 또한 사람과 침팬지의 경우 침전물의 양이 거의 비슷하지만 성성이의 경우는 양이 반감된다. 이것을 볼 때 개의 혈청 단백질은 사람의 그것과 전혀 다르고 침팬지는 사람과 거의 비슷하며, 성성이는 다르다는 것을 알 수 있다.

⑥ 생물지리학적 증거

동일한 종이라도 지리적으로 오랫동안 격리되면 종 분화가 새롭게 형성될 수 있다. 지리적인 격리에 의하여 서로 다른 방향으로 진화된 예로 낙타류를 들 수 있다.

화석으로 볼 때 낙타류의 조상은 북아메리카에 살았던 토끼만한 크기의 프로틸로푸스인데 이 동물은 시신세(始新世)와 선신세(鮮新世) 사이에 번성했다가 선신세 말에 대이동이 일어나 한 무리는 남아메리카에 도달하고 또 한 무리는 아시아 지역으로 이동했다. 그 중에서 북아메리카와 아시아 동남부 지역의 낙타류는 멸종했지만 지금의 아라비아와 중앙아시아에서는 현재 보이는 낙타, 남아메리카 안데스 지역에서는 라마, 알파파 등으로 종이 분화되었다.

⑦ 유전정보량의 증가에 의한 증거

진화 요인은 하등생물에서 고등생물로 진화되어 갈수록 유전물질이 양적으로 증가하는 것을 보여주는데 이것은 곧 생물이 진화한다는 증거를 보여주는 것이다.

생물 중에서 가장 단순한 바이러스와 세균의 일종인 대장균(Escherichiacoil)의 DNA량을 비교하면 대장균은 바이러스보다 2,000배의 핵량을 가지고 있다. 또한 고등생물의 진핵 세포는 바이러스에 비해 100만 배의 핵량을 갖고 있다. 현존하는 하등생물의 DNA의 함량과 과거에 살았던 같은 종류의 DNA 함량이 똑같다는 직접적인 증거는 없지만 유전정보량의 증가가 진화에 중요한 요인이라는 사실은 미루어 추측할 수 있다.

1975년에 미국의 마리 킹과 앨런 윌슨이 인간과 침팬지 사이의 DNA와 단백질의 유사성은 포유류의 동기종(同氣種), 예를 들어 고양이과나 여우과 등과 비교하여 놀라우리 만큼 가깝다는 것을 발표했다. 킹과 윌슨은 평균적으로 사람의 단백질이 침팬지의 그것과 99% 이상 동일하다는 것이다.

또한 여러 동물들이 갖고 있는 헤모글로빈의 한 사슬, 즉 베타 사슬의 분석을 통해서도 고릴라와 인간은 매우 유사한 것을 알 수 있다. 인간과 고릴라의 베타 사슬은 단 1개의 아미노산만이 다르고 긴팔원숭이와는 2개, 개와는 15개, 병아리와는 45개, 개구리와는 67개가 서로 다르게 배열되어 있다. 이것은 인간과 고릴라가 다른 포유동물보다 관계가 가장 가깝다는 뜻이고 또 포유동물보다 조류나 양서류와 더 멀다는 것을 알 수 있다.

이제 학자들은 진화가 단 한 가지의 원인이 아니라 돌연변이, 유전자 단위의 작은 변화의 축적, 지역적 격리, 자연도태 등이 복합적으로 작용하여 나타난다고 생각하고 있다. 같은 지역에 살면서도 생활습성이나 울음소리가 달라 오랜 기간 동안 서로 생식적 교잡이 이루어지지 않으면 새로운 종으로 분화해 갈 수 있다고도 생각한다. 여하튼 생물이 주어진 환경에서 멸종되지 않고 살아가기 위해서는 여러 가지 복합적인 요인이 작용한다는 뜻이다.

그럼에도 불구하고 진화론에 대한 이의가 제기되고 반대론자들의 목소리가 높아지는 것은 아이러니한 일이다. 이와 같이 반박이 많은 이유는 엄밀한 의미에서 다윈의 진화론은 검증될 수 있는 성질의 이론이 아니기 때문이다.

진화론에 의하면 어류가 양서류를 낳고, 양서류는 파충류를, 파충류는 조류와 포유류를 낳는다. 이것은 종의 두 개의 강(綱) 또는 두 개의 유(類), 예를 들면 양서류와 조류 사이에는 진화의 연결고리가 있어야 한다. 그러나 현대 과학적인 측면에서 볼 때 아직까지 모든 학자들이 인정할 수 있는 화석은 발견되지 않고 있다. 결정적인 증거가 없다면 결국 이해가 간다는 추론에 의존해야 하는데 추론은 과학적으로 인정할 수 없다는 것이 진화론 반대자들의 주장이다.

사실 인간이 역사의 세계로 들어온 지 겨우 1만 년에 지나지 않는다. 지구에서 생명이 살아온 35억 년에 비하면 정말로 짧은 시대이다. 35억 년 동안의 과정을 인간들이 아직 정확하게 묘사하지 못하는 것은 어떤 면에서 당연한 일일지도 모른다.

진화론처럼 잘 알려진 이론에 아직도 해결되어야 할 문제점이 있다는 것은 학자들에게 매우 다행한 일이다. 이러한 궁금증을 규명하는 사람에게 언제든지 노벨상이라는 포상이 주어질 것이기 때문이다. 실제로 진화론으로부터 파생되는 수많은 분자유전학에서 노벨상을 수상하는 개가를 얻었다. 다음 장부터는 그 과정을 차례로 알아보도록 하겠다.

끝으로 스코프스는 상급법원에서 무죄 판결을 받았다.

손오공

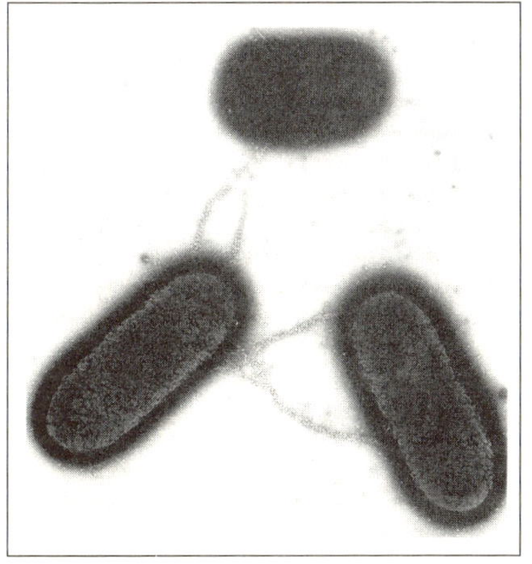

● 손오공

　중국의 4대 고전 소설은 『삼국지』, 『수호지』, 『금병매』 그리고 『서유기』이다. 이 중에서 『서유기』는 삼장법사[1]가 그를 수행하는 손오공, 사오정, 저팔계와 함께 불경을 가지러 천축(인도)으로 여행하면서 겪는 여러 가지 사건을 모은 것이다. 삼장법사는 실존 인물이었고 그가 인도에 가서 불경을 가지고 온 것도 사실이다. 그가 인도에 갔다 와서 쓴 책이 바로 『대당서역기(大唐西域記)』인데 그것을 중심으로 중국인들이 상상하던 모든 것을 혼합하여 오승은(吳承恩)이 이야기로 만든 것이 바로 『서유기』다.

　그 중에서도 가장 흥미를 끄는 것은 손오공이 불리할 때 자기의 머리털을 뽑아 입으로 불면 수없이 많은 손오공이 생겨 멋지게 악당들을 물리친다는 내용이다.

　노벨상 이야기 중에 갑자기 웬 『서유기』냐고 하겠지만 손오공의 복제는 약간의 제한적인 조건이 있기는 하지만 생물학적으로 가능할 수도 있다. 손오공이 뽑은 머리털에는 생물체의 기본 구성 단위인 세포가 붙어 있고 이 세포에는 손오공을 구성하는 데 필요한 유전 정보를 갖고 있는 유전자가 있기 때문이다.

　이 정도 이야기하면 독자들은 곧바로 스티븐 스필버그의 『쥐라기 공원』을 머리에 떠올릴 것이다. 『쥐라기 공원』은 멸종된

---

1) 불교계에서는 현장이라는 이름으로 더 잘 알려져 있다.

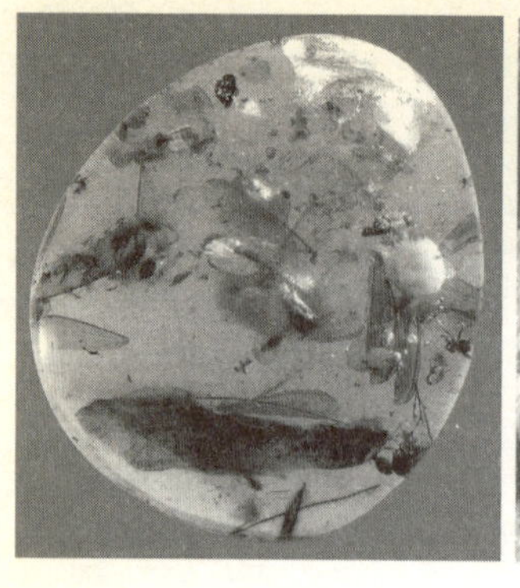

호박 속의 동물원(左)

5목 14과 62마리의 곤충이 들어 있다.(『과학동아』1998년 6월호 에서 인용)

영화『쥐라기 공원』의 한 장면(右)

『쥐라기 공원』은 호박 속에 들어 있는 모기의 피에서 추출한 공룡의 유전자를 이용하여 중생대의 공룡 을 복제하는 것을 소재로 하고 있 다.(『과학동아』1993년 8월호에 서 인용)

공룡을 컴퓨터를 이용한 DNA 합성을 통해 다시 만들어 냈다가 자신들이 첨단 과학을 동원하여 창 조한 피조물인 바로 그 공룡들에 의해 파멸되는 인 간들의 이야기를 다룬 작품이다.

먼저 소설의 줄거리부터 살펴보자.

코스타리카의 한 섬에 6천5백만 년 전에 멸종한 공룡들의 공원이 만들어진다. 컴퓨터 기사와 유전 공학자들이 호박(琥珀) 화석에서 찾아낸 쥐라기 시 대의 모기로부터 추출한 공룡의 피에서 DNA를 분 석하여 새끼 공룡을 부화시키는 데 성공한 것이다. 그들은 야생 그대로의 중생대를 재현하기 위해서 초식 공룡뿐만 아니라 인간에게 해를 끼치는 육식 공룡들도 만들었다.

물론 이들 공룡들은 자체 생식이 불가능한 암컷 들만 만들어졌으며 공원에서 주는 사료를 먹지 않 으면 한달 안에 죽도록 설계되어 있다. 그러나 공 룡들을 통제하는 통제실의 주컴퓨터가 작동하지 않자 모든 것이 순식간에 혼란에 빠지고 결국 쥐라기 공원은 파멸을 맞는다.

SF 영화인 『쥐라기 공원』이 성공한 이유는 인간이 공룡을 복원할 수 있다는 가능성을 보여주었기 때문이다. 그리고 그런 아이디어가 나올 수 있었던 것은 유전자 공학이 획기적으로 발전에 힘입은 바가 크다.

그런데 『쥐라기 공원』의 충격이 가시기도 전인 1997년 2월에 영국의 로스린 연구소에서 윌머트가 세상을 깜짝 놀라게 하는 논문을 발표했다.

원래 인간은 아버지의 정자와 어머니의 난자가 합체된 수정란으로부터 시작된다. 단 한 개의 수정란 세포가 분열에 분열을 거듭하면서 수를 늘려 나가 세포가 60조 개쯤 되었을 때 비로소 성인의 몸이 된다. 그런데 윌머트는 이러한 생명의 탄생 과정을 깨트리는 데 성공하여 복제양 돌리를 만들었다는 것이다.

윌머트는 6살 난 암컷 양의 젖샘 세포를 채취해서 잠시 잠재웠다. 그리고 다른 암컷 양으로부터 미수정란을 채취하여 수정란의 핵을 제거한 후, 미리 채취한 젖샘 세포의 핵을 이 미수정란에 이식시켰다. 이때 전기 쇼크를 주어 미수정란과 핵을 융합시켰는데 전기 쇼크는 핵을 융합시킬 뿐만 아니라 융합한 미수정란의 분열을 일으키는 기폭제 역할도 했다. 분열이 시작된 세포를 6일간 배양한 뒤 대리모가 되는 암컷 양의 자궁에 이식하였고, 그것이 자라 복제양 돌리가 탄생한 것이다. 돌리의 DNA는 젖샘 세포를 제공한 양과 똑 같았다.

돌리의 탄생에는 아버지의 정자가 전혀 관계하지 않았다. 아버지가 없이도 새끼가 태어났기 때문에 전 세계가 경악한 것이다. 그러나 얼마 후에는 더욱 놀랄 만한 사건이 일어났다. 1997년 7월에는 돌리를 탄생시킨 로스린 연구소에서 인간의 유전자를 이식받은 양의 젖샘 세포의 핵에서 복제 양을 탄생시켰다. 이번에는 폴리라고 이름을 붙였다. 1998년 1월에는 미국의 MIT 대학의 연구팀이 세 마리의 복제 소를 탄생시켰다.

『아마조네스』라는 영화는 아마존에 산다는 최강의 여성 군단에 관한 이야기이다. 그곳에는 오로지 여자들만이 전사가 될 수 있었는데 관객들의 의문점은 '그녀들은 어떻게 태어났는가'였다. 아무리 여자들이 남자들보다 강하게 길러졌다고 하지만 남자가 없으면 태어날 수 없기 때문이다. 물론 영화에서는 그 해답을 알려주고 있다. 남자들이 있었던 것이다. 그러나 복제양 돌리의 탄생으로 아버지가 없이도 자식을 태어날 수 있다는 것이 증명된 것을 보면 당시 작가들의 상상력이 미흡했던 것 같다.

여기에서 복제양 돌리가 나오게 된 배경을 살펴보자.

생명의 기본 단위는 세포이다. 동물이나 식물이나 모든 생물은 세포로 되어 있다. 이 속에서 수천 가지의 화학적 반응이 일어나면서 생명이 유지된다. 세포는 대체로 원형 또는 타원 모양으로 생겼고 광학 현미경으로 천 배정도 확대하면 그 구조가 보인다. 세포의 중심부에는 세포 크기의 몇 분의 1정도인 진한 덩어리가 있고 이것을 세포핵이라고 부른다.

프리드리히 미셔(Johann Friedrich Miescher)는 부패한 수술 상처의 고름에서 얻은 백혈구 세포의 단백질을 펩신으로 분해하던 중 펩신이 세포핵을 분해하지 못하는 것을 발견했다. 핵은 약간 작아지기는 했지만 완전한 형태로 남아 있었던 것이다. 세포들은 끈적거렸는데 미셔는 이 점액질이 세포핵을 둘러 싼 세포질이 아니라 세포핵 내에 존재하는 것임을 발견했고 또한 인(P)을 함유하고 있다는 것을 알았다. 미셔는 이를 뉴클레인

(nuclein)이라 불렀고 뉴클레인이 산성과 염기성 복합체임을 밝혔다. 20년 후에 뉴클레인 중에서 강산성을 띠는 것은 '핵산'으로, 염기성 단백질은 프로타민으로 이름이 바뀐다.

독일의 생화학자 코셀(Albrecht Kossel)은 핵산 분자를 분해하여 일련의 질소 함유 혼합물을 얻었다. 그곳에는 4가지 혼합물이 있었는데 각각 '아데닌(A)', '구아닌(G)', '시토신(C)', '티민(T)'이라고 이름을 붙였다. 또한 두 개의 고리를 갖고 있는 '아데닌', '구아닌'을 '퓨린', 한 개의 고리를 갖고 있는 뒤의 두 화합물은 '피리미딘'이라 불렀다. 따라서 아데닌, 구아닌은 퓨린 계열이고 시토신과 티민은 피리미딘 계열이 된다. 이 연구로 코셀은 1910년에 노벨 생리·의학상을 받았다.

코셀은 진실을 존중하는 과학자였다. 제1차 세계대전 중 그는 독일의 관리들로부터 국민들에게 배급되는 식량의 양이 과학적으로 보아 충분하다고 설득해 달라는 부탁을 받았다. 그러나 그는 다음과 같은 말을 하면서 거절했다.

"거짓을 진실이라고 말할 수 없다."

코셀의 용기있는 거절은 국가의 명이라 하여 진리를 왜곡하는 데 서슴지 않는 과학자들이나 정치가들에게 좋은 모범으로 자주 인용된다.

코셀이 노벨상을 수상한 이후부터 유전물질에 대한 연구는 세계적인 주목을 받았고 곧바로 노벨상의 독무대가 된다.

코셀의 제자인 레빈(Phoebus Aaron Theodor Levene)은 핵산에는 수산기가 있는 디옥시리보스와 수소 원자가 붙어 있는 리보스의 두 종류가 있음을 밝혔고 각각 DNA와 RNA라고 이름 붙였다. 또한 그는 핵산이 퓨린이나 피리미딘 염기 중 하나, 리보스나 디옥시리보스 중 하나, 그리고 인산 하나를 포함하는 작은 조각으로 분리될 수 있다는 것을 밝혔다. 이 조합을 '뉴클레오티드'라 하며 단백질이 아미노산으로 구성된 것처럼 DNA 분자는 뉴클레오티드가 연속적으로 결합된 고분자화합물이다.

이제 과학자들은 두 가지 연구 주제를 갖게 되었다. 첫째는 세포에서 이루어지는 에너지와 물질대사를 파악하여 유전의 메커니즘을 알고자 하는 것이었고, 둘째는 '유전자의 화학적 본질'이 무엇인가를 파악하는 것이었다.

부모의 형질이 자손에게 전달되는 유전의 메커니즘은 오랫동안 사람들이 가져 온 궁금증의 하나였다. 사실 우리들은 모두 부모와 어딘가 닮았다. 아주 빼다 박은 얼굴도 있기 때문에 부모와 닮은 점이 많지 않으면 돌연변이라는 말도 한다. 오죽하면 김동인의 『발가락이 닮았다』라는 소설에서 주인공은 자식의 발가락이 자신의 것과 닮았다는 것을 발견하고서 자신의 자식이 틀림없다고 만족하기까지 한다. 그만큼 부모의 형질이 자식에게 유전된다는 것을 잘 보여주는 실예이다.

과거의 학자들은 개인의 유전적 특성이 피나 다른 유체(fluid)에 의해서 부모로부터 자녀에게 전달되어 유전된다고 생각했다. 이것이 바로 혈족(blood relative)같은 용어가 쓰이는 이유이다. 물론 이렇게 믿게 된 요인은 당시에는 유전정보를 전달하는 물질이 무엇인지를 알지 못하고 있었기 때문이다.

이후 학자들은 세포핵에서 염색체를 발견하고 이 염색체가 유전에 관계된다는 생각을 막연히 하게 되었다. 또한 세포핵이 단백질로 이루어져 있기 때문에 유전에 관계되는 물질은 단백질이라고 추측하였다. 더구나 매우 복잡할 것으로 예상되는 유전

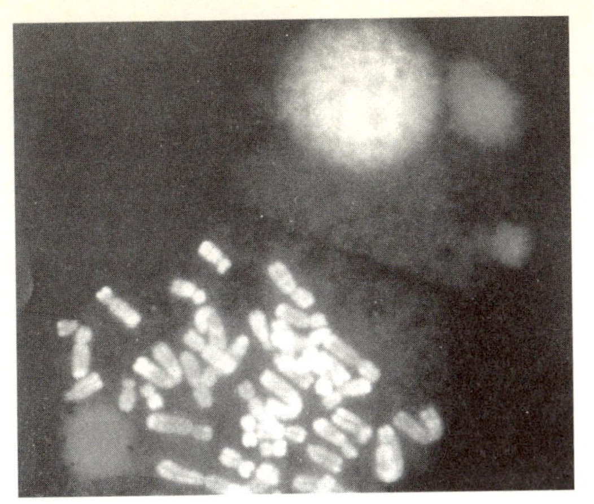

정보를 포함하는 분자라면 분자량이 아주 큰 거대
분자일 것이라는 생각했다.

특히 영국의 생화학자 토드(Alexander Robertus
Todd)는 간단한 물질로부터 여러 종류의 뉴클레오
티드를 합성하는 개가를 얻는다. 곧이어 뉴클레오
티드의 합성을 거쳐 뉴클레오티드에 대한 인산화
에도 성공하였고 마지막으로 인산염이나 다인산염
의 잔유물과 뉴클레오티드와의 중합도 성공했다.
그는 이 연구로 1957년에 노벨 화학상을 받았다.

이때 에브리(Oswald Theodor Avery)가 단백질이
유전자가 아니고 DNA가 유전물질이라는 사실을
확실하게 증명했다. 폐렴균에는 표면이 협막으로
둘러싸여 있는 것과 그렇지 않은 것이 있는데 에브
리는 표면에 협막이 있는 폐렴균에서 DNA를 추출
해서 이것을 협막이 없는 폐렴균에게 주입했다. 그
결과 협막이 없던 폐렴균에 협막이 생기는 것을 발
견했다. 그는 이 현상을 DNA가 협막을 만드는 유

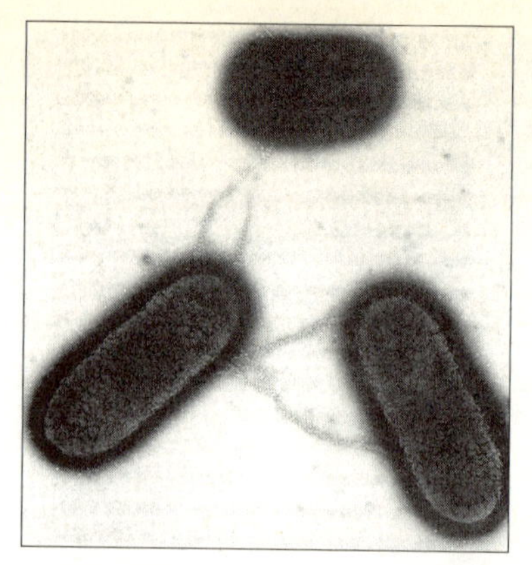

전정보를 협막이 없는 폐렴균에게 전달했기 때문
이라고 주장했다. 그러나 에브리의 엄밀한 실험에
도 불구하고 그의 주장은 유전학자들에게 받아들
여지지 않았다.[2]

그러나 에브리의 발견이 모두 무시된 것은 아니
었다. 학자들은 DNA를 연구하면 적어도 유전에 대
한 기초 지식을 얻을 수 있다고 생각했다. 그러나
과학자들은 DNA에 관한 연구가 단순하지 않다는
것을 발견했다. 유전자들이 생명과 관계가 있다고
는 하지만 이것들을 구성하는 원자들은 모두 활성
이 없는, 즉 죽은 원자들이기 때문이다. 그러나 이
것은 고무적인 사실이기도 했다. 이들 죽은 원자들
이 서로 결합하고 있는 어디인가에 도사리고 있는
생명의 비밀을 연구하는 것은 살아있는 것을 연구
해야 하는 것보다는 훨씬 단순한 작업이기 때문이
다.

---

2) 에브리는 '바이러스의 증식 기구와 유전학적 구조에 관
   한 연구'로 1969년에 노벨 생리·의학상을 받았다.

DNA가 유전물질이라는 것이 받아들여진 것은 허시(Alfred Day Hershey) 등이 다시 DNA가 유전정보를 갖고 있다고 발표한 후이다. 허시는 바이러스를 이용한 실험을 통해 인을 포함한 DNA만이 세포 내로 침입해서 바이러스 증식에 참여한다는 것을 확인했다. 이 사실은 핵산인 DNA가 유전물질임을 입증한 것으로 매우 중요한 발견이었다.

그러나 이처럼 핵산인 DNA가 유전물질이라는 연구 결과가 계속 나오고 있었음에도 많은 과학자들은 여전히 DNA처럼 단순한 물질이 어떻게 복잡한 유전형질을 전할 수 있겠느냐며 반신반의했다.

그러나 에브리의 연구 논문에 깊은 감명을 받은 샤가프(E. Chargaff)는 핵산 연구에 몰두했다. 그는 '생물은 그 종에 따라 각기 독특한 형질을 갖고 있으며, 만약 그 형질의 차이가 DNA의 차이에 의존한다면 DNA 사이에도 화학적으로 증명할 수 있는 차이가 있어야 한다'고 주장했다.

샤가프는 자신의 이론을 증명하기 위해 인간, 닭, 연어, 메뚜기, 효모, 세균, 소, 돼지 등의 DNA를 분석하여 아데닌, 구아닌, 티민, 시토신의 비율을 측정하였다. 그의 측정으로 '모든 생물의 DNA 내 아데닌, 구아닌, 티민, 시토신의 비율은 똑같다'라는 가설이 무너졌다. 그는 또한 같은 종류의 생물, 예를 들어 소는 어떤 조직을 채취해도 DNA 속의 아데닌, 구아닌, 티민, 시토신의 분자수 비율은 일정하다는 것을 증명했다.

그의 발견은 그 후 DNA의 구조를 고찰하는 데 있어서 매우 중요한 의미를 갖는다. DNA를 통한 유전현상을 분자 차원에서 고찰할 수 있는 기반이 구축되었기 때문이다. 그러나 샤가프는 노벨상을 수상하지 못했는데 그 점이 바로 노벨상의 미스터리

중의 하나이다. 일부 학자들은 1962년에 노벨 생리·의학상을 수상한 크릭과 왓슨은 당연한 수상 대상자라고 생각하지만 적어도 샤가프가 윌킨스에 앞서서 수상했어야 한다고 생각했다. 또한 샤가프 자신도 자신의 업적을 노벨상 수상자들에게 이용당했다며 노골적으로 불만을 표시했다.

세계의 전문가들을 놀라게 한 이례적인 수상자 발표에 대한 진상은 알려진 것이 없다. 다만 샤가프의 탈락에 대한 그럴듯한 변명은 그가 미국 컬럼비아 대학에서 혼자 고군분투하고 있었음에 반하여 왓슨과 크릭은 윌킨스와 밀접한 교류를 가지면서 서로 왕래했기 때문에 세 사람이 심사위원들에게 보다 더 알려졌을 것이라는 것 뿐이다.

노벨상 수상자 대열에서 탈락한 샤가프는 처음에 매우 낙담했다. 그러나 노벨상을 수상하지 못했다고 해서 인생이 끝난 것은 아니다. 샤가프는 그 후 자기 지도 하에 모여드는 숱한 연구자를 거느리고 DNA 염기 배열 연구를 추진했다. 또한 그가 노벨상을 받지 못한 것에 대한 동정과 여론의 비판으로 그는 수많은 국제적 과학상을 수상했다.

유전자 사냥에 대한 연구를 보면 과학의 발전에는 일관성이 있고 조직적인 연구가 뒤따라야 한다는 것을 알 수 있다. 학자들의 부단한 노력에 의해 유전자 분야에 대한 몇 가지 중요한 결론을 내릴 수 있었다.

첫째, 핵산은 미생물, 식물, 동물의 어느 세포에도 들어 있다. 둘째, 핵산은 DNA와 RNA로 되어 있으며 셋째, DNA는 주로 핵 부분에, RNA는 주로 세포질 부분에 한정되어 있다. 마지막으로 박테리아의 경우에는 핵과 세포질이 뚜렷이 구별돼 있지 않지만 DNA와 RNA는 반드시 들어 있다는 것이다.

학자들은 핵산의 일반적인 구조가 단백질과 유사하다는 놀라운 사실을 발견했고, 핵산에 유전물질이 존재한다는 것을 알게 되었다. 이제 학자들은 핵산이 어디에 위치하는가를 정확히 파악하고자 했다.

다행히도 이미 개발된 세포 염색 기술을 이용하여 DNA가 핵 속에 있고 특히 염색체에 위치하고 있음을 알아냈다. 이것은 동물 세포뿐만 아니라 식물 세포에서도 동일했다. 말하자면 핵산은 모든 살아 있는 세포에 존재하는 보편적인 물질이라는 뜻이며 RNA와 DNA 중에서 DNA가 유전정보를 갖고 있다는 것이 확인되었다.

최근의 연구로 DNA 일부는 미토콘드리아 또는 엽록체 등 세포질 성분에도 들어 있으며 핵소체(nucleolus) 속에도 RNA가 들어 있다는 것이 발견되었다.

이제 과학자들은 DNA가 유전물질로 확인되자 '생명은 무엇인가', '우리는 어디에서 유래하는가'라는 질문에 초점을 맞추기 시작했다. DNA가 유전물질인 것이 확인된 이상 이를 규명하면 인간의 근원을 찾을 수 있다는 기대를 갖고 전 세계의 학자들은 본격적인 유전자 사냥에 나섰다.

생명의 신비와 연결된 연구는 어렵고 지루한 작업이다. 수많은 연구원들이 경쟁적으로 연구에 착수하였지만 만족할 만한 결과를 얻는다는 것은 하늘의 별 따기나 마찬가지이다. 그러나 유전자에 대한 연구는 항상 세인의 주목을 받고 있으며 이 분야의 새로운 발견은 노벨 생리·의학상 또는 화학상이 기다리고 있으므로 수많은 과학자들이 모래사장에서 바늘을 찾는 연구에 도전하고 있다.

대장균

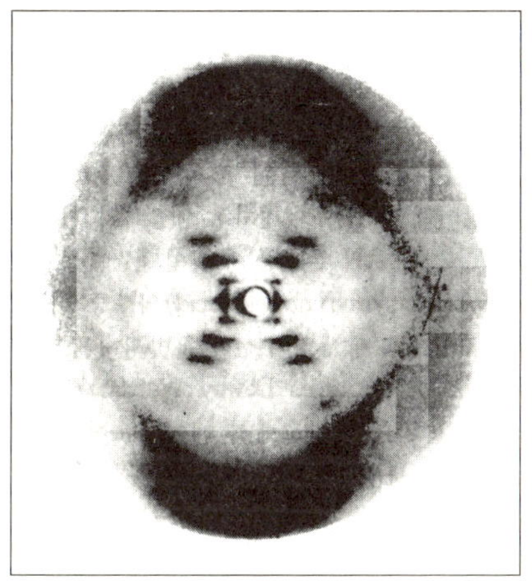

● 대장균

　유전자 분야가 현재와 같이 발전하게 된 요인은 여러 가지가 있을 수 있겠지만 대체로 다음 세 가지로 요약할 수 있다.

　첫 번째는 인간의 호기심과 집념이다. 인간들은 어떤 목표를 세워 놓고 자신들이 정한 비밀이 풀려지기 전에는 후퇴하지 않는 연구자로서의 자세를 갖고 있다는 뜻이다.

　두 번째는 노벨상이라는 과실이 항상 기다리고 있다.

　유전자 분야가 노벨상을 받는 지름길이라는 것이 밝혀지자 모든 학자들이 유전자 분야의 연구에 매달렸다. 이 분야에서 노벨상의 영예를 차지한 사람이 40여 명이나 된다는 것에서도 이것은 증명이 된다.

　세 번째는 엉뚱한 이야기이지만 그런 호기심과 연구를 가능케 할 수 있는 최적의 실험 대상자가 있기 때문이다. 그런데 그 실험 대상자는 일반인들이 별로 좋아하지 않는 대장균이라는 세균이다.

　생물은 원핵(原核) 세포를 갖고 있는 원핵생물과 진핵(眞核) 세포를 갖고 있는 진핵생물로 나뉘어진다. 원핵생물로는 대장균이나 아메바 같은 것이 있으며 인간을 비롯한 포유동물이나 조류, 어류 등은 진핵 세포를 갖고 있는 진핵생물이다. 인간은 진핵생물로서 다세포생물이며 면역계와 신경계를 갖고 있지만 DNA의 특성은 원핵생물과 같다. 이것은 인간이 태초에 하등생

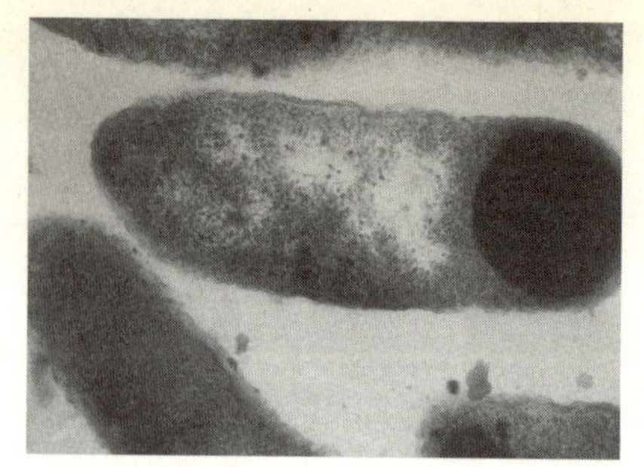

물로부터 진화되어 현재와 같은 고등생물이 되었다는 좋은 증거로서 이용된다. 결국 두 생물체가 같은 원형을 갖고 있다는 것이다.

그러므로 DNA가 전하는 정보의 전달 방식은 대장균이나 고등동물인 인간이나 똑같다. 단지 그 양의 차이가 종의 차이로 나타나는데 이것은 대장균이나 아메바 등을 연구하여도 그 결과가 곧바로 인간을 대상으로 연구하는 것과 마찬가지라는 뜻이다.

그 세균 중에서 발군의 기여를 한 것은 대장균이다. 사실 대장균처럼 인간으로부터 누명을 쓰고 있는 세균도 없다고 볼 수 있는데 그것은 대장균이 대부분 큰창자에 들어 있지만 여간해서는 인체에 해를 주지 않기 때문이다.[1] 그러므로 대장균의 존재 여부를 공해의 판단 기준으로 조사하는 것은 시험 대상물이 사람의 배설물에 의해서 오염되었는가를 알아보아 사람이 마시고 먹기에 적당한가를

---

1) 병원성 대장균과 같이 심한 복통이나 설사를 일으키고
   장에 출혈을 일으키는 경우도 있다.

판단하는 기준으로 삼기 위해서이다. 우리가 마시는 물뿐만 아니라 음식물을 만들어 파는 요식업소에 대한 위생조사로 인간에 의한 오염 여부를 결정할 수 있다는 것 등을 고려할 때 대장균은 혐오 대상으로 인식되어 있다. 게다가 혐오 대상 세균이 인간의 본성을 연구하는 데 가장 큰 공헌을 한다는 것을 생각하면 무조건 대장균을 욕할 것만은 아니다.

대장균은 봉형(棒形)의 길이 약 2미크론, 직경 약 1미크론인 작은 생물로 보통 생물에 대해서 병원성을 지니지 않으며 실험실에서 용이하게 배양할 수 있다는 점 때문에 오늘날 인간을 제외하고는 가장 많이 연구된 생물이라고 할 수 있다. 물론 대장균과 사람의 DNA가 공통의 유전자를 가지고 있지만 사람과 대장균의 유전자의 실상은 전혀 다르다. 사람의 DNA 양은 대장균의 그것에 비해 약 700배이다. 대장균이 만들고 있는 단백질의 종류가 약 3,000가지이므로 사람은 200만~250만 종류의 단백질을 만들고 있다고 볼 수 있다.

대장균 외에 유전자 분야에 기여하는 것으로는 바이러스가 있다. 바이러스는 세포의 유전자를 밀어내고 필요한 세포의 화합물을 취하는 과정에서 종종 그 세포 혹은 숙주를 죽이는 침입자이다. 또한 바이러스는 숙주의 하나의 유전자 혹은 일련의 유전자를 자신의 유전자로 대체하고 딸세포에 전수하여 새로운 형질을 도입하기도 한다. 이 현상을 '형질 도입'이라고 하는데 형질 도입 현상을 발견한 레더버그(Joshua Lederberg)는 1958년에 노벨 생리·의학상을 받았다.

형질 도입이라는 개념을 획기적으로 완성시킨 것은 바로 박테리오파지(Bacteriophage)라는 바이러스에 대한 연구이다. 박테리오파지란 번식을 위해 박테리아에 침투해서 그 숙주의 세포

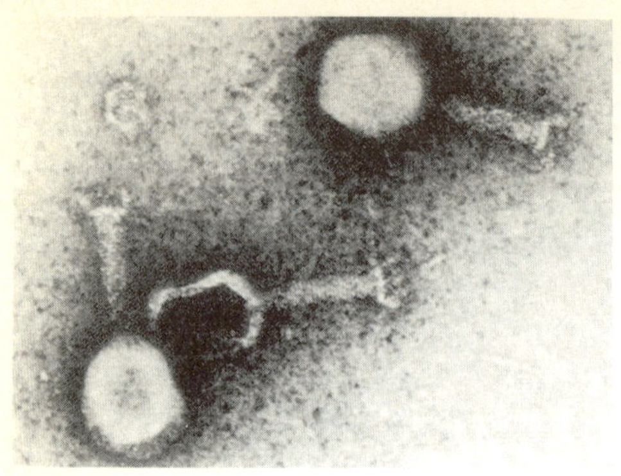
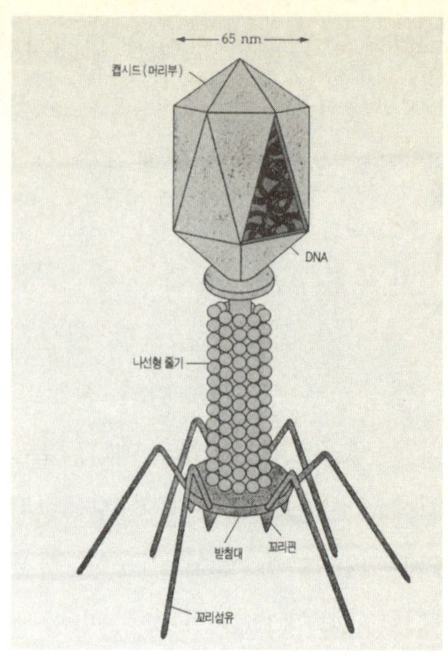

박테리오파지

단백질과 핵산만으로 구성되어 있
는 박테리오파지는 유전정보가 어
떻게 전달되는지를 규명하는 열쇠
가 되었다.(『과학동아』 1994년
2월호에서 인용)

를 이용하는 바이러스이다.

박테리오파지는 1915년에 영국의 트워드, 1917년
에 캐나다의 데렐에 각각 독립적으로 의해 발견되
었는데 처음에는 진기한 생물로 여겨졌다. 그들은
박테리아 배양액 중 일부가 박테리아를 파괴하는
감염성 매체를 갖고 있다는 것을 발견했는데, 이
감염성 매체는 박테리아를 걸러내는 필터를 통과
할 수 있을 정도로 작았다. 데렐은 자신들이 발견
한 것에 '박테리아 포식자'라는 의미로 '박테리오
파지'라는 이름을 붙였다. 박테리오파지는 간단하
게 '파지'라고도 불린다.

현미경의 성능이 크게 개선되자 파지는 단백질
껍질로 쌓인, 이른바 DNA로 알려진 핵산으로 구성
되어 있다는 것이 알려졌다. 이것의 중요성을 간파

한 사람이 델브뤼크(Max Delbruck)이다. 그는 박테리오파지가 단백질과 핵산으로 구성되어 있으므로 유전정보를 어떻게 전달하는지를 규명하는 열쇠가 될 수 있다고 생각했다.

그의 예상은 틀리지 않았다. 올챙이같이 생긴 파지는 단백질로 이루어진 '꼬리'를 이용해 박테리아에 달라붙어서 자신의 DNA를 박테리아에 주입했다. 이때 단백질 머리, 즉 파지의 머리는 박테리아 바깥에 남아 있고 단지 DNA만 박테리아 안으로 들어갔다. 박테리아 안으로 들어간 파지의 DNA는 박테리아에 의해 복제된 후 그 속에서 단백질 머리가 만들어지고 새로운 파지가 되었다.

이것은 따로따로 부품을 만들고 그것들을 조립하는 자동차 생산공장의 양산 과정과 비슷하다. 실제로 파지는 20여 분 사이에 수백 마리 이상의 새끼를 만들기도 한다. 새로운 새끼 바이러스들이 만들어질 때 필요한 모든 구성물질은 숙주 세포 안의 물질로부터 공급되어 바이러스 유전자 안의 설계도면에 따라 만들어진다. 특이한 것은 세포분열에서는 한 개의 세포가 두 개가 되는 식으로 딸세포를 만들지만 파지의 경우는 한꺼번에 많은 바이러스를 쏟아내듯 만들어 낸다. 이렇게 새로 만들어진 파지는 또 다른 박테리아를 찾아간다.

이런 놀라운 결과를 델브뤼크가 갑자기 얻은 것은 아니다. 그는 파지가 박테리아에 침투하고 나서 일정 시간이 지나면 세균이 녹고 많은 양의 파지가 방출되는 것을 발견했다. 이것을 '붕괴'라고 한다. 붕괴가 일어나면 이제까지 흐렸던 시험관이 투명해지며 현미경으로 자세히 보면 세균이 갑자기 소실된 것이 포착된다. 델브뤼크에게는 많은 의문점이 생겼다.

"파지는 어떻게 세균에 침입했으며, 붕괴가 일어나기까지의 수십 분 동안에 도대체 어떤 일이 일어난 것일까? 그리고 세균에 침투한 한 마리의 파지에서 어떻게 100마리 이상의 어린 파지가 생기는 것일까?"

델브뤼크는 이런 의문을 끈질기게 추적하여 파지의 비밀을 파악했고, 유전자 분야 연구에서 새 장을 열어 놓았다. 다시 말하면 인간이나 다른 생물의 유전자를 파지 자신의 DNA에 통합시킨다면 그 유전자를 박테리아를 통하여 재생산시킬 수 있다는 것이다. 즉 인간에 의해 재조합된 파지는 박테리아에 침투하여 외래 DNA를 번식시켜 인간이 원하는 어떤 생물의 유전자를 분리해 내거나 만들어 준다. 이것 때문에 바로 백신, 진단 단백질, 호르몬 같은 의학적으로 유용한 다른 단백질을 박테리아 안에서 생산할 수 있는 길이 열린 것이다.

델브뤼크는 동료인 살바도르 루리아(Salvador E. Luria), 알프레드 허시(Alfred D. Hershey)와 함께 1969년에 노벨 생리·의학상을 받았다.

이뿐이 아니다. 델브뤼크는 파지가 돌연변이를 일으킬 수 있다는 사실도 발견했다. 이를 근거로 유전적 돌연변이의 결과를 설명할 수 있는 원자 모델을 제시할 가능성을 발견한 것도 델브뤼크였다. 이것은 유전물질이 무엇으로 이루어져 있든 돌연변이를 통한 불안정성을 화학적인 측면으로 설명할 수 있다는 것을 뜻한다. 다시 말하면 유전자가 분자와 마찬가지로 움직이므로 유전자를 분자라고 가정하면서 생명 과정을 규명할 수 있다는 것이다.

이제 학자들은 핵산의 정확한 분자 구조를 파악하는 데 몰두했다. 분자 구조를 파악해야만 DNA라는 설계도가 어떻게 유전

정보를 전달하고 스스로 증식할 수 있는지를 알아낼 수 있기 때문이다. 모든 학자들은 DNA가 유전의 열쇠라면 반드시 복잡한 구조를 갖고 있으리라고 생각했다. 왜냐 하면 DNA는 특정한 효소의 합성을 위해 반드시 정교한 유전 암호를 가지고 있어야 하기 때문이다.

학자들의 예상은 틀리지 않았다. 실제로 핵산의 구성이 생각했던 것보다 훨씬 복잡한 것이라는 명확한 증거가 나타났다. 여러 종류의 퓨린과 피리미딘 물질은 같은 양으로 존재하지 않으며 퓨린과 피리미딘의 함량비는 핵산에 따라 달랐다.

핵산 구조를 밝히는 데 도전장을 던진 사람은 1954년에 이미 노벨 화학상을 수상한 라이너스 폴링(Linus pauling)이었다.

그는 우선 자신이 노벨상을 수상한 분야인 X선 회절 연구를 참조하여 분자의 축소 모형을 만들려고 시도했다. 그러나 그는 커다란 분자는 여러 번의 연결로 다양한 대칭을 이룰 것이라는 기존 학자들의 일반적인 관념에 문제가 있음을 발견했다. 폴링은 나선형이 '당량(當量)이지만 비대칭인 두 물체의 일반적 관계'를 표현한다는 것을 깨달았다. 기다란 분자들은 나선형을 취하는 경우가 많았기 때문이다.

그의 예측은 정확했지만 그에게 노벨상이라는 두 번째의 과실은 돌아오지 않았다. 그가 DNA는 3중 나선형을 취한다고 발표했기 때문이다. 그의 모형은 2중 나선형이라는 정답에서 약간 벗어난 것이다. 그는 DNA 구조를 발견할 수 있는 가장 근접한 거리에 있었음에도 이 실수로 인해 두 번째 노벨상 수상 기회를 잃어버리고 단지 다른 연구팀의 DNA 구조 발견을 돕는 보조자로서 만족해야 했다.

그가 이와 같이 다소 틀린 결론을 내리게 된 배경에는 정치적인 이유도 있었다. 폴링은 1952년에 영국의 킹스 칼리지에서 윌킨스(Maurice Huge Frederick Wilkins)가 찍었다는 DNA 분자의 X선 회절 사진을 직접 볼 예정이었다. 그러나 미국 국무성은 의회 반미 활동 위원회의 권고에 따라 폴링의 정치적 견해가 자유주의라는 것을 이유로 여권을 갱신해 주지 않았다. 결국 폴링은 미국에 남았고 DNA 분자를 3중 나선 모형으로 발표한 것이다.

그러나 그는 그 후 많은 정치 활동으로 더욱 바쁘게 지냈다. 그는 제2차 세계대전이 끝난 뒤에 냉전 정책을 신랄하게 비판하고 핵실험 금지 조약을 주창했다. 그의 평화운동은 많은 호응을 얻었고, 결국 1963년에 노벨 평화상을 수상하여 궁극적으로는 두 개의 노벨상을 수상한 사람의 대열에 포함되었다.

한편 케임브리지 대학의 왓슨(James Dewey Watson)과 크릭(Francis Harry Compton Crick)은 DNA가 3중 나선형 구조일 것이라고 주장한 폴링의 견해를 검토하고 있었지만 확신을 할 수 없었다. 이때 윌킨스는 핵산 분자가 규칙성을 갖고 있으며 그것은 뉴클레오티드와 뉴클레오티드 사이의 거리보다 훨씬 더 긴 간격으로 반복된다고 발표했다. 그 역시 핵산 분자가 어떤 특정한 반복 형태가 나타나는 나선 구조를 갖고 있다고 생각했다.

이 사실에 흥미를 느낀 왓슨과 크릭은 윌킨스를 찾아갔다. 윌킨스는 아무 생각 없이 자신의 연구원인 로잘린 프랭클린이 찍은 한 장의 사진을 보여 주었다. 그것은 DNA 분자를 세로로 바라본 사진으로 꼬여 있는 두 갈래의 DNA 줄기와 그것의 중심을 수직으로 싸고 있는 염기의 그림자를 보여 주고 있었다. 그 지름은 20Å, 염기와 염기의 간격은 3.4Å 정도였다. 이 사진이야말로 왓슨과 크릭이 찾고자 한 것이었다. 그 사진을 보자마자 그들은 나선형 구조가 새끼줄처럼 두 가닥으로 되어 있다고 생

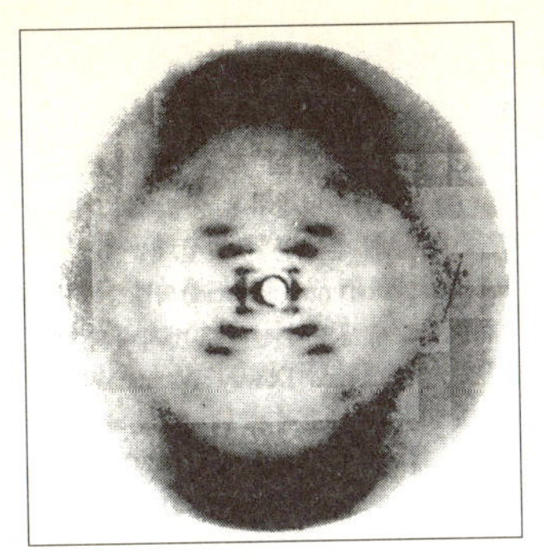

로잘린 프랭클린이 촬영한 DNA의 X선 사진을 기초로 왓슨과 클릭은 DNA가 2중 나선 구조를 가지고 있다는 것을 밝혀냈다.(『생명이란 무엇인가』(지호)에서 인용)

각했다.

그들은 프랭클린의 사진을 기초로 마치 회전 계단과 같은 모양에 당-인산의 두 뼈대는 분자의 바깥쪽에서 서로 꼬여 있고, 그 속에 수소결합으로 연결된 염기쌍이 들어있는 2중 나선의 구조 모형을 폴링보다 2개월 후에 발표했다. 간단하게 말하면 폴링이 이미 발표한 3중 나선 구조를 2중 나선 구조로 바꾼 것이다.

이것이 바로 제2차 세계대전 이래 과학 분야 중에서 가장 중요한 발견이라고 칭해지는 2중 나선 구조의 발견이다. 그들의 발견은 생물학 전반에 혁명을 가져왔고, 유전 연구 부분을 완전히 뒤바꾸었으며 의학에서도 광범위한 발전을 일으켰다.

왓슨과 크릭이 제시한 DNA 모형은 다음과 같다.

첫째, DNA는 2중 나선 형태를 갖고 있다.

둘째, DNA 분자는 두 줄기로 당과 인산기를 골격으로 해서 만들어진다.

DNA를 이루는 기본 단위, 즉 당, 염기, 인산으로 이루어진 구조를 뉴클레오티드라고 부르므로 결국

DNA 분자는 뉴클레오티드가 연속적으로 결합된 고분자화합물로 볼 수 있다. 각각의 뉴클레오티드는 매우 강한 공유결합으로 결합되어 있어 특정한 효소의 작용이 없으면 끊어지지 않는다.

셋째, 두 줄기의 DNA의 염기들은 반드시 아데닌(A)은 티민(T)과, 시토신(C)은 구아닌(G)과 짝을 짓고 수소결합을 한다.

DNA의 결합은 특별한 규칙에 의해 이루어진다. 즉 아데닌(A)은 티민(T)과 결합하고 시토신(C)은 구아닌(G)과 결합하며, 결코 다른 경우의 결합은 생기지 않는다. 상대편 DNA 골격에 매달린 염기의 순서는 반대쪽 염기 순서의 음화와 같은 관계가 있는 것이다.

나선 구조를 지퍼로 생각하면 이해하기가 쉽다. 염기는 지퍼의 이빨에 해당하고 당의 사슬은 이빨을 붙인 헝겊에 해당한다. 이 두 가닥이 서로 상호보완적이며 수소로 연결되어 있는데 두 가닥이 풀렸다가 각 염기의 수소결합에 의한 친화력으로 원래 구조와 재결합하기도 한다. 이것은 DNA가 자기 복제에 안성맞춤의 구조를 가지고 있다는 뜻으로 그중 나선에서 풀려진 한 쪽 염기의 배열법이 결정되면 자동적으로 다른 쪽 염기의 배열법이 정해지는 것이다. 따라서 나선 구조가 풀리면서 각각의 기둥에 새로운 뉴클레오티드가 차례로 붙어 새로운 DNA를 만들면서 새로 생겨난 DNA는 원래 DNA를 정확하게 복제하게 되는 것이다.

마지막으로 모든 생물체에서 분리되는 DNA의 구조는 X선 회절 및 화학적 구성으로 보아 서로 비슷하며 생물체 전반에 걸쳐 보편적인 유전물질임이 확실하다는 것이다. 같은 종의 개체들 사이에 있는 차이점과 다른 생물들의 개체 사이의 차이도 모두 DNA 분자 안에 연결된 4종류의 염기 수와 그것들의 다양한 조합에 의해 결정된다.

핵산의 구조에 대한 왓슨과 크릭의 모델은 추후 사진 촬영에 의해서 정확한 것으로 증명되었고 이 연구로 윌킨스, 왓슨, 크릭은 1962년에 노벨 생리·의학상을 받았다.

그러나 이들의 노벨상 수상 이전에 DNA 분자의 X선 회절 사진을 무단으로 공개했다는 것 때문에 학계에 물의가 일어난 사건이 있었다. 프랭클린의 주임교수인 윌킨스가 그녀의 허락도 받지 않고 왓슨과 크릭에게 사진을 공개하였기 때문이다.

단순한 사진 공개가 무슨 큰 의미가 있느냐고 일반인들은 질문할지 모르지만 당사자들에게는 노벨상을 받느냐 못받느냐를 결정하는 매우 중요한 문제였다. 노벨상은 같은 연구에 3명까지만 수여되는데 이 경우 노벨상 수상 대상자가 4명이 되기 때문이다. 4명 중 한 명은 반드시 탈락해야 하는데 많은 학자들은 1번 수상 대상자는 프랭클린이 되어야 하며 나머지 3명 중에서 1명이 탈락해야 한다고 생각했다.

그러나 이 논쟁은 싱겁게 끝났다. 윌킨스 자신이 프랭클린에게 그녀의 허락을 받지 않고 두 사람에게 사전에 공개한 것이 실수라고 자인한 데다가 그녀는 1958년에 사망하였으므로 나머지 세 사람이 1962년에 노벨상을 수상하는 데 전혀 문제가 되지 않았기 때문이다.

윗슨과 크릭의 연구를 계기로 유전의 메커니즘에 관한 연구는 눈부신 발전을 거듭한다. 이 연구의 중요성은 DNA의 구조를 밝혔다는 데에만 있는 것은 아니다. 이 연구로 인해 유전 현상을 분자 수준에서 이해할 수 있게 되었으며 유전정보가 어떻게 DNA에 기록되며 한 세대에서 다음 세대로 어떻게 전파되는가 등을 규명할 수 있는 토대가 마련되었기 때문이다.

미토콘드리아는 독자적인 DNA를 가지고 있어 세포 안에서 분열을 통해 자기증식하는 특징을 가지고 있다. 미토콘드리아 DNA는 핵의 DNA보다 빠른 속도로 염기 치환이 일어나기 때문에 종의 진화, 또는 인종간의 다양성을 파악할 수 있다.(『과학동아』1998년 7월호에서 인용)

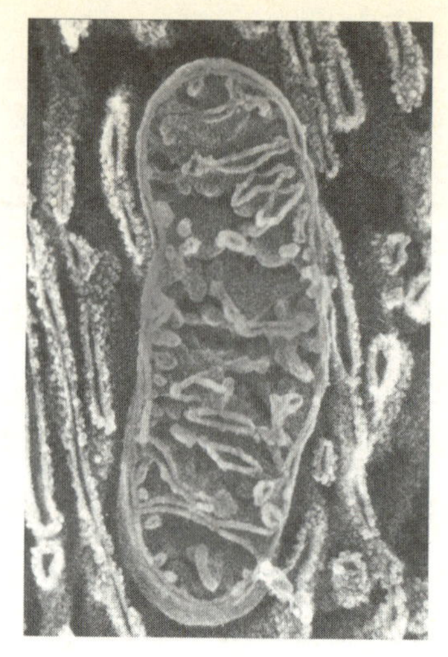

한편 유전정보를 담당하고 있는 것은 핵뿐만이 아니다. 세포질에 있는 미토콘드리아라는 소기관에도, 식물 세포의 엽록체에도 핵의 DNA와는 별개의 DNA가 있다. 이는 미토콘드리아가 핵의 DNA와는 정보가 다른 독자적인 DNA를 갖고 있다는 뜻이다. 미토콘드리아 DNA는 고작 1만 6,569개의 염기, 그리고 37개의 유전자를 갖는 작은 DNA인데 이것이 핵 DNA와 크게 다른 점은 모성 유전을 한다는 것이다. 아버지의 미토콘드리아 DNA는 차세대에는 전혀 관여하지 않는다.

또 하나의 특징은 미토콘드리아 DNA는 핵 DNA에 비해 염기의 교체, 즉 염기 치환이 일어나기 쉽다는 점이다. 예를 들면 진화 과정에서 인간은 침팬지와 같은 선조로부터 분리되어 왔는데 인간과 침팬지의 미토콘드리아 DNA를 비교해 보면 약

9% 정도의 차이가 난다. 이에 비해 핵 DNA에서는 약 1%밖에 차이가 나지 않는다. 이것은 핵의 DNA에 비해서, 미토콘드리아 DNA에서는 생물의 진화를 뜻하는 염기 치환이 빠른 속도로 일어난다는 뜻이다. 즉 비교적 짧은 진화 기간에 일어난 DNA의 변이를 알 수 있게 해주므로 이러한 성질을 이용해서 종의 진화, 또는 인종간의 다양성을 파악할 수 있다.

이것이 1987년에 세계를 경악케 만든 '이브 가설'이 나오게 된 발단이다. 미국 캘리포니아 대학 버클리대의 알란 윌슨은 세계 각지에서 살고 있는 147명의 미토콘드리아 DNA를 조사하여 계통수를 그린 결과, 현대 인류의 조상이 단 한 명이라는 충격적인 발표를 했다.

이와 같은 연구 발표가 나오게 된 요인도 인류의 기원을 찾으려는 노력과 밀접한 관계가 있다. 현재 인류학자들을 매우 고민스럽게 만드는 것은 현대 인류인 크로마뇽인, 즉 호모 사피엔스가 어디에서 태어나 어떤 방법으로 지구 전체로 퍼져 나갈 수 있게 되었느냐는 것이다.

기원전 40만 년 전에서부터 20만 년 전까지의 지층에서는 호모 에렉투스와 네안데르탈인의 특징이 섞여 있는 두개골이 나온다. 일반적으로 이 네안데르탈인을 현대 인류의 시조라고 부르며 그 후 현생 인류의 시조인 크로마뇽인, 즉 호모 사피엔스가 나타난다.[2]

여기까지는 진화론이 의심의 여지가 없는 것처럼 보인다. 정통적인 인류학자들은 호모 에렉투스에서 네안데르탈인으로 천

---

2) 학자에 따라서 크로마뇽인을 호모 사피엔스 사피엔스라고 부르고 네안데르탈인은 호모 사피엔스로 명명하기도 하지만, 필자는 네안데르탈인을 네안데르탈인으로, 크로마뇽인을 호모 사피엔스로 부른다.

천히 진화되었고,[3] 12~15만 년 전에 호모 사피엔스인 크로마뇽인이 등장했다고 추측한다. 그러므로 이 당시에는 네안데르탈인과 크로마뇽인이 지구상에 함께 살았다.

또한 네안데르탈인과 크로마뇽인의 공통 조상으로 추정되는 화석도 발견되었다. '호모 안테세소르'로 명명된 이 인류의 시조는 코뿔소와 코끼리 등을 사냥했으며 때로는 동료들을 잡아먹기도 했다. 80만 년 전에 살았던 것으로 추측되는 이들은 크고 처진 턱과 미발육 치아, 주름진 이마 등 네안데르탈인의 모든 특징을 지녔으며 광대뼈와 코 양쪽 면의 함몰 등은 현대인의 특징과도 일치한다. 이러한 증거를 통해 현생 인류가 탄생하는 과정을 추정하는 데에는 두 가지 학설이 있다.

첫째는 아프리카 단일설로 인류의 기원은 아프리카에 기원을 두고 있는 이브라는 한 여성, 즉 호모 사피엔스로부터 유래한다는 것이다. 이 학설은 현 인류의 시조에 대해 현재까지의 유전자 과학을 총동원하여 얻은 가설로서 일반적으로 '이브 가설'로 불린다.

이브 가설을 보다 자세하게 살펴보자.

알란 윌슨은 미토콘드리아 DNA를 조사한 결과 인류가 미토콘드리아의 '이브'라 불리는 한 명의 여성 선조에서 두 개의 계통수로 나뉘어졌다고 주장한다. 한 쪽 가지는 아프리카인들뿐이었으나 다른 한 쪽 가지는 아프리카인을 비롯하여 모든 인종을 포함하고 있었다. 이것은 현 인류의 선조가 아프리카에서 진화한 뒤 세계 각지에 진출했음을 시사하는 것이다.

이 미토콘드리아의 이브가 살았던 시기는 지금으로부터 14만

---

3) 일부 학자들은 네안데르탈인은 호모 사피엔스의 선조인 호모 하이델베르겐시스에서 갈라졌다고 주장하고 있다.

이브 가설에 의하면 현대인이 갖고 있는 미토콘드리아 DNA는 단 한 명의 조상으로부터 이어받은 것이다. 현 인류가 아프리카에서 살았던 '이브'의 후손이라는 가설은 학자들간에 큰 논쟁을 불러일으켰다. 사진은 이브 가설을 다룬 『뉴스위크』의 표지이다.

년에서 29만 년 전 사이였다고 추측되었다. 모든 인류의 선조가 겨우 20만 년 전에 아프리카에 있었다는 가설은 비상한 관심을 모았다. 이 가설이 받아들여질 경우 인류의 조상에 관한 지금까지의 모든 지식을 폐기해야 한다는 결론에 도달하게 되기 때문이다. 학자들이 당황하는 것은 당연한 일이다.

그러나 이브 가설에 대한 반박도 만만하지 않다.

우선 미토콘드리아 이브는 성서의 이브처럼 여성 단 한 사람을 의미하는 것은 아니다. 가령 유전적으로 같은 성질을 갖고 있는 여성이 1만 명이 있다고 해도 시대를 거치는 사이 계통은 점차 줄어들게 된다. 또 여자아이를 낳지 못하면 미토콘드리아 DNA의 계통은 끊어지고 만다. 그러므로 계산에 의할 경우 평균 1만 세대 뒤에는 단 한 사람의 여성 계열을 제외하고는 다른 계열은 끊긴다.

1세대를 20년에서 30년으로 잡으면 1만 세대는 20만 년에서 30만 년이 된다. 즉 여러 인류의 공통 조상인 미토콘드리아 이브가 20만 년 전에 살았다는 것은 그 당시 단 한 명의 여성이 있었다는 것이 아니라 그 당시에도 1만 명의 다른 여성이 있었을 수 있다는 것이다. 즉 '이브'는 현생 인류의 기초 유전자를 제공한 '특별한' 여성에 지나지 않는다는 것이다.

또한 핵 DNA는 부친과 모친 양쪽에서 유전되며 차세대에 전해지기 전에 다시 짜여지는 과정을 거친다. 즉 미토콘드리아의 이브와 동시대에 산 많은 남녀의 DNA가 뒤섞인 형태로 우리 인류에게 남아 있게 된다. 현 인류의 미토콘드리아 DNA가 미토콘드리아의 이브에게서 유래하더라도 사람의 유전적 특징의 대부분을 결정하는 핵의 DNA 중 '이브'에서 유래하는 부분은 극히 적다는 뜻이다.

더욱이 일부 학자는 윌슨의 계산법에 잘못이 있다고 지적하고 있으며 원래 가정조건(假定條件)이 너무나 많아 정확성이 떨어진다는 주장도 있다. 또한 아프리카 기원설은 어떤 특수한 조건이 존재하였기에 그곳에서 인류가 시작됐는가를 명확하게 설명하지 못하고 있으며, 아프리카에서 살고 있던 호모 사피엔스가 어떻게 해서 다른 지역으로 확산되었는지도 불분명하다.

이브 가설에 대해서 가장 큰 반론을 제기하는 사람들은 바로 화석인류학자들이다. 그들은 인류의 기원에 대한 두 번째 가설인 다지역 기원설을 지지하고 있다.

다지역 기원설에 의하면 인류는 약 1백만 년 전까지는 한 뿌리였지만 호모 에렉투스 이전에 여러 갈래로 나눠져 세계 곳곳에서 각자의 특성에 따라 발달했다. 즉 현재의 인류가 지니고 있는 인종적 특징은 각 지역에서 오랜 세월 동안 진화해 온 결과라는 뜻이다. 이것은 현생 인류가 유럽과 동시에 아프리카, 중동아시아에도 존재했다는 것으로 황인종의 조상은 황인종이라는 것을 뜻한다. 가령 북경원인에는 몽골로이드계 인종에서만 보이는 형태학적 특징이 있다는 점에서 북경원인이 몽골로이드의 선조라는 생각을 하는 것이다.[4]

1997년에 독일의 스벤트 파보 교수는 현 인류의 조상이라고 불리는 크로마뇽인, 네안데르탈인과 현존하는 세계 약 1,000명의 인간 DNA를 비교한 결과를 발표했다. 크로마뇽인과 현 인류는 380개의 DNA 구성요소 가운데 최대 8군데서 차이를 보였다. 그러나 네안데르탈인과는 무려 27군데가 현대인과 달랐으며 침팬지의 경우 55군데에서 현대인과 달랐다. 결국 네안데르탈인은 유전적으로 그야말로 사람과 침팬지의 한가운데 위치하는 것이다.

따라서 네안데르탈인과 인류의 공통 조상은 69만 년 전부터 55만 년 전까지 함께 살고 있었으며, 네안데르탈인이 현대인의 조상이 아니라는 것이다. 그러나 지구 도처에 살고 있던 네안데르탈인들과 조금의 유전자 교환이 없이 현생 인류가 갑자기 태어났다는 것 또한 상상하기 어려운 일이라는 반박도 있다. 이것이 다지역 기원설에 기반을 둔 다지역 기원 유전자 교환설이다.

아담과 이브의 창세기가 아니더라도 인류의 기원은 워낙 복잡하게 얽혀 있는 데다가 현재 '이브 가설'에 의해 지지되는 아프리카 단일설과 다지역 기원설 모두 장·단점을 갖고 있으므로 학계에서 결론을 내리지는 못하고 있다. 앞으로 유전자 분야

---

4) 한국의 KIST유전공학센터에서 40여 명의 인슐린 유전자를 놓고 연구한 바에 따르면 한국인의 혈통은 유전자적으로 80% 이상이 공통될 정도로 순수하며, 유럽인의 유전자와는 크게 다르다.

에서의 연구가 점점 진전되면 현대 인류의 탄생과 이동에 대한 결정적인 증거를 찾을 수 있을 것으로 생각된다.

이브 가설로 촉발된 현대 인류의 기원에 대한 논쟁은 이 정도로 그치고 미토콘드리아로 돌아가자.

미토콘드리아는 독자적인 DNA를 가지고 세포 안에서 분열에 의해 증식한다. 또 항생 물질에 대한 내성(耐性)이 원핵 물질과 비슷한 점으로 보아 초기 원핵생물이 원시 진핵생물에 흡수되어 세포 공생된 것으로 생각되고 있다. 미토콘드리아를 획득한 생물 중에는 시아노박테리아를 흡수한 생물도 있다. 세포 공생을 한 시아노박테리아는 나중에 엽록체가 된 것으로 추측된다.[5]

두 개의 효율적 에너지 변환 장치를 흡수하여, 핵에 의한 조절이 가능하게 된 것은 그 후 진핵생물의 대발전으로 연결되었다고 생각된다. 이 말은 미토콘드리아라는 고성능 에너지 변환 장치를 얻게 된 진핵생물이 몇 가지 생물로 분화하면서 진화하고 마침내 폭발적으로 많은 생물을 낳게 하였다는 뜻이다. 즉 진핵생물의 빅뱅이 일어났다는 뜻으로 이 결과 태어난 진핵생물의 무리에서 현재 지구상에서 번성하고 있는 균류와 녹색 식물, 그리고 동물이 태어난 것이다.

이와 같이 DNA에 얽힌 구조와 비밀이 어느 정도 밝혀지자 이제 학자들의 관심사는 DNA의 복제 메커니즘의 해명으로 옮겨갔다.

---

5) 이것은 다양한 유전자의 염기 배열을 비교해 봐도 분명하다. 미토콘드리아와 엽록체의 유전자 크기는 원핵생물에 비해 매우 작다. 이것은 세포 소기관으로서 정의되어 가는 과정에서 많은 유전자가 핵으로 이동하고 그 지배에 들어가게 되었기 때문이다.

사람에게는 약 60조 개의 세포가 있는데 이 세포들은 모두 하나의 세포로부터 복제된 유전자를 갖고 있으므로 유전자 복제 과정에서 오류가 생길 수도 있다. 유전자 복제 과정 중 100만 번에서 1,000만 번 중에 한 번은 실수가 있는 것으로 밝혀졌다. 그럼에도 불구하고 커다란 부작용이 없는 것은 세포에는 염기의 잘못된 변화나 결실, DNA의 절단 등으로 상해를 입은 DNA를 복원하는 효소가 있어서 실수를 보완해 주기 때문이다. 그만큼 생명체에 신비함이 깃들어 있는 것이다.

이런 DNA의 '판도라 상자'를 여는 데 큰 공헌을 한 사람들이 오초아(Severo Ochoa)와 콘버그(Arthur Kornberg)이다. 그들은 왓슨과 크릭이 제창한 2중 나선형인 DNA 분자가 생체 내에서 복제되는 데 관여하는 효소, 이른바 DNA 폴리머라제를 발견했다. 또한 오초아는 뉴클레오티드로부터 RNA와 유사한 분자를 합성하였고 콘버그는 DNA의 합성에 성공했다. 특히 콘버그가 추출한 효소는 실제 생물이 갖는 DNA와 같았으며 DNA 분자의 합성을 촉매 할 수 있었다. 이 두 사람은 1959년에 노벨 생리·의학상을 받았다.

그러나 노벨상 선정에도 실수는 있게 마련이다. 오초아로 하여금 노벨상을 수상하게 한 RNA 합성효소는 RNA를 합성하기는 하지만 그것은 특정한 조건에서, 즉 시험관 안에서만 일어나고 실제로 생체 속에서는 합성효소로 작용하지 않는다는 것이 알려졌다. 오초아가 발견한 효소는 오히려 반대로 RNA를 분해하는 효소였던 것이다.

오초아가 노벨상을 수상함으로 인해 발생한 파장은 매우 컸다. 그가 발견한 효소를 사용하여 여러 가지 인공 RNA를 합성하려고 한 다른 학자들의 노력을 모두 허사로 돌리게 한 것이다. 오초아도 나중에 그 사실을 알았지만 이미 노벨상을 받은 후였다. 그러나 그는 낙담하지 않고 이 분해효소를 사용하여 유전 암호 해독에 나섰고 단백질 합성을 시작하는 단백질 인자를 발견하여 단백질 합성의 복잡한 경로를 밝히는 데 앞장섰다. 그는 잘못 발견했던 그 효소를 이용하는 역수를 써서 그에게 씌워진 오명을 씻은 것이다.

콘버그가 발견한 DNA 폴리머라제도 DNA를 복제하기 위한 효소가 아니라 DNA를 복구하기 위해 사용되는 효소라는 것이 밝혀졌다. 그것도 노벨상을 수상한 지 10년이나 지난 후였다.

궁지에 몰린 콘버그는 DNA의 합성을 촉매하는 효소를 열심히 찾았다. 그에게는 계속 운이 따랐다. 콘버그의 아들인 토머스 콘버그가 DNA 폴리머라제 Ⅱ와 DNA 폴리머라제 Ⅲ를 발견한 것이다. 토머스는 당시 줄리어드 음악원 소속의 직업적인 첼로 연주자였는데 손가락에 작은 종양이 생겨 첼로 연주를 더 이상 할 수 없게 되자 아버지를 도와 실험을 하던 중에 대발견을 한 것이다. 어느 사람은 아무리 고생을 해도 뜻을 이루지 못하지만 이렇게 운이 따라 주는 사람은 어디에나 있는 법이다.

이제 학자들은 세포 공장에서 이루어지는 유전 부품 생산이 정확히 조절되는 메커니즘의 규명에 나섰다. 영양으로 운반되어 오는 부품은 소재에 따라 남는 경우도 있고 모자라는 경우가 있는데 그것을 어떻게 조절하는가를 알아내자는 것이다. 자코프(Françis Jacob)와 모노(Jacques Monod)는 특정한 소재에 따라 그것을 처리하는 효소가 그때그때 대량으로 만들어지기도 하고 억제되기도 한다는 것을 발견했다. 유전자의 활동을 제어하는 메커니즘이 생체 내부에 있다는 것이다. 억제 물질은 세포 내에서 환경의 미묘한 차이로 변할 수 있으며 기하학적 구조에 따라 유전자를 억제 또는 방출할 수 있다는 것도 발견했다. 그들은 1965년에 노벨 생리·의학상을 수상하였는데 이들이 이와 같은 연구 결과를 얻은 것도 대장균을 실험 대상으로 한 것이다.

지금까지는 핵산 안에 있는 유전 관련 인자 중에서 DNA만 중점적으로 다루었지만 핵산에는 RNA라는 또 다른 중요한 인자가 있다. 이제부터 RNA에 대해 알아본다.

RNA는 A, U, G, C라는 유전자 정보 매체가 되는 염기 물질을 갖고 있다.[6] RNA의 역할은 DNA가 발현한 정보를 전사해서 그것을 단백질 제조 공장인 리보솜으로 운반하고, 거기에서 단백질의 원료를 설계대로 배열하는 일이다. 리보솜이란 세포 내 미립자인 미크로솜의 구성분에서 막(membrane) 성분을 제거한 부분을 말하는데 다른 소기관보다 작지만 세포 안에 여러 개가 들어 있다.

DNA는 아주 중요한 것이기 때문에 세포핵이라는 격납고 안에 소중하게 간직되어 있다. 함부로 설계도를 밖으로 갖고 나가면 잃어버릴지도 모르며 상처를 입으면 낱낱이 분해될 지도 모른다. 그렇게 되지 않으려고 자물쇠가 있는 핵이라는 세포 격납고에 DNA를 챙겨 넣는 것이다.

그런데 설계도대로 유전정보를 실행하는 것은 단백질이다. 아미노산이라는 재료로 이 단백질을 만드는데 그 생산 공장은 핵의 외부, 즉 세포질에 있는 리보솜이라는 입자 모양의 세포 소기관이다. 그러므로 핵 안의 정보, 즉 단백질 합성에 관한 설계도를 전해 주고 아미노산을 만들라는 명령을 전달하는 심부름꾼이 필요하다. 바로 이 심부름꾼이 RNA이다.

---

6) 이 경우 DNA의 티민(T)은 RNA의 우라실(U)로 바꾸어 생각할 수 있다.

RNA에는 전령(메신저) RNA (mRNA)와 운반 담당 RNA (tRNA), 리보솜 RNA(rRNA) 등 세 종류가 있다. DNA가 전령 RNA를 시켜 단백질을 합성하는 과정은 우리가 사진을 찍기 위해 사물을 필름에 옮기는 방법과 비슷하다. RNA가 DNA를 찍어 놓은 필름과 같다는 것은 필요한 정보를 정확하게 반대로 복사하기 때문이다. DNA의 정보를 청사진으로 인화해 mRNA를 완성시키는 것을 전사라고 하며 이때 RNA 폴리머라제라는 효소가 필요하다. rRNA는 단백질과 협력하여 리보솜을 만든다.

학자들은 우선 이들의 구조에 대해 규명 작업에 들어갔다. 미국의 홀리(Robert W. Holly)는 1964년에 알라닌이 부착된 운반 담당 RNA(tRNA)는 RNA의 약 15% 정도라고 발표했다. 또한 tRNA의 분자는 세 잎 클로버와 같은 3개의 고리 구조를 가지고 있음을 밝혔다. 반면에 미국의 니런버그(Marshall W. Nirenberg)는 어떤 코돈(4개의 뉴클레오티드 중 3개의 염기로 구성된 배열)이 어떻게 특정한 아미노산과 일치하는가를 연구하였다. 코돈은 특정한 순서로 아미노산을 조립하는 일련의 명령을 담는데 세 개의 계속되는 뉴클레오티드가 한 개의 아미노산을 끌어오며, 그 작업이 원활하게 끝나면 단백질로 감싸이게 된다.

이것은 특정 길이의 DNA가 RNA 원형으로 복제된 후 RNA 원형이 단백질을 만든다는 뜻으로 이러한 발견이 유전자 연구에 얼마나 중대한 기여를 했는지는 더 이상 강조할 필요가 없으리라고 생각한다.

니런버그는 그의 연구를 더욱 발전시켜 다양한 아미노산과 효소, 리보솜 등 단백질 합성에 필요한 모든 것을 갖춘 체계를 밝히는 코드 사전을 만들었다. 그들의 탁월한 연구로 니런버그와 그의 공동 연구자인 코라나(Har Gobind Khorana)는 홀리와 함께 1968년에 노벨 생리·의학상을 받았다.

한편 DNA가 RNA에게 건네주는 유전정보에는 불필요한 정보가 많이 들어 있다. 그런데 RNA에서는 이 불필요한 정보가 삭제된다. 체크(Thomas R. Cech)는 이 절단 작업이 이루어지는 것은 어떤 단백질의 촉매 작용에 의한 것이라고 가정했다. 왜냐하면 단백질만이 촉매 작용을 할 수 있다고 생각되기 때문이다.

그는 이 절단 단백질을 분리하는 실험에 착수했는데 놀랍게도 단백질을 모두 분리한 뒤에도 절단이 계속되었다. 그는 RNA 자체가 촉매 역할을 하되 자기 자신을 위한 절단 작업만을 하며 다른 것에는 영향을 미치지 않는다는 것을 발견했다. 알트먼(Sidney Altman)도 tRNA에서도 불필요한 정보에 대한 절단이 이루어진다는 것을 발견했다. 세코와 알트먼은 RNA 생물 분자의 촉매 특성 발견에 대한 공로로 1989년에 노벨 화학상을 받았다.

유전자 연구는 계속 전진되었다. 곧바로 모든 학자들을 깜짝 놀라게 하는 대담한 연구 결과가 발표되었다. 테민(Howard Martin Temin)은 RNA 바이러스가 증식될 때, 새로운 DNA의 합성이 필요하며 또 이들 간에는 서로 상보성이 있으므로 RNA 바이러스가 감염되면 제일 먼저 RNA 바이러스를 모형으로 해서 DNA가 합성되고 다음에 이 DNA를 모형으로 해서 다시 RNA 바이러스가 합성된다고 발표했다.

그의 이론은 기존 학설에 비해 너무나 파격적이므로 학자들은 순순히 그의 주장을 믿으려고 하지 않았다. 고전 이론에서는 생명 정보는 DNA에서 RNA, RNA에서 단백질로 전달되고 역순은 없다고 생각했기 때문이다. 그 당시까지 DNA를 모형으로 해서 RNA를 합성하는 효소는 존재하지만 RNA를 모형으로 하여 DNA를 합성하는 효소는 존재하지 않았기 때문이다.

　테민은 자신의 이론을 증명하기 위해 그 증거인 효소를 찾아야만 했다. 그 작업이 얼마나 어려운가는 이야기할 필요가 없을 것이다. 그러나 테민은 행운아였다. 그는 RNA 바이러스를 대량으로 모았고 그것이 새로운 DNA를 합성하는 것을 확인했다. 테민은 이 효소를 역전사 효소(逆轉寫酵素)라고 이름을 붙였다. 이것은 DNA→RNA란 일방 통로만이 아니라 RNA↔DNA 식의 쌍방 통로의 메커니즘도 존재할 수 있다는 매우 중요한 결과를 확인시켜 준 것이다.

　데이비드 볼티모어(David Baltimore)도 쥐의 백혈병 바이러스로부터 이 효소를 추출하는 데 성공하여 1975년에 노벨 생리·의학상을 수상한다. 볼티모어도 매우 젊은 나이에 노벨상을 받았다. 그는 32살에 쓴 논문으로 37살에 노벨상을 수상했기 때문이다. 그는 AIDS 퇴치를 위한 미국의 국가적 노력을 선두에서 이끌고 있으며 게놈 프로젝트를 적극 지원하는 동시에 구 소련 물리학자인 사하로프의 사면에도 깊숙이 관련하는 등 미국의 대표적인 행동하는 지성 가운데 한 사람이다. 그러나 노벨상을 수상한 후의 역할에 대해서는 또다른 관점에서 평가해야 할 것이다.

　이제 학자들은 DNA의 구조를 밝히는 것과 같이 RNA의 구조를 밝히기 위해 노력했다. RNA의 구조는 수백 또는 수천 개의 뉴클레오티드가 1열로 연결된, 이른바 폴리뉴클레오티드이다. 이 구조를 밝히기 위해서는 3단계가 필요한데 첫 번째는 RNA가 어떤 순서로 연결되었는가를 알 수 있는 1차 구조를 규명하는 것이다. 다음은 2차 구조로 RNA가 어떻게 꼬이고 접히는가를 알아내는 것이고 마지막으로 어떤 입체적 모양으로 접히는가를 보는 3차 구조를 확인해야 하는 것이다.

여기서는 이와 같이 RNA의 구조를 간단하게 설명했지만 이론적으로 매우 단순하게 보이는 RNA의 1차 구조조차 실제로 규명하는 것은 매우 어려운 작업으로 현재까지 3분의 2 정도밖에 밝혀지지 않고 있는 실정이다. 그러므로 RNA의 2, 3차 구조의 규명이 1차 구조를 밝히는 것보다 매우 어렵다는 것은 말할 필요도 없다. 그런데 RNA 중에서도 tRNA의 2, 3차 구조를 밝힌 학자가 우리 나라의 김성호 박사이다. 그는 tRNA를 결정 상태로 분리하고 X선으로 분석하여 3차 구조를 규명하는 한편 3차 구조의 모형을 제시하였다. 그는 또한 tRNA의 2차 구조를 클로버 잎 모양으로 제시하였고 3차 구조는 L자형으로 된다고 자신의 연구 결과를 제시했다.

이제 다시 DNA로 돌아가자. DNA와 RNA에 대한 성격이 어느 정도 규명되자 학자들은 DNA의 염기 배열을 정확하고 신속하게 결정하는 방법에 관심을 돌리기 시작했다.

이 연구가 중요한 것은 DNA 속에 들어 있는 유전정보를 해독할 경우 유전자의 인위적인 조작이 가능하며 새로운 단백질을 합성시키거나 나아가 새로운 동물이나 식물을 탄생시킬 수 있기 때문이다. 그러나 이 연구는 시작부터 위기에 봉착했다. 그것은 작업량이 너무나 방대하여 쉽게 연구 결과를 얻어낼 수 없으리라는 좌절감 때문이었다. 평생을 걸려도 해석할 수 없는 연구 프로젝트라면 아무리 의욕이 넘치는 학자라도 주춤하기 마련이다. 노벨상도 죽으면 수상할 수 없는 법이다.

그러나 인류사에서는 이럴 경우 매우 재미있는 예가 생긴다. 즉 아무리 어려운 연구를 하더라도 노벨상을 바라지 않는 사람이 있다는 뜻이다. 그는 바로 이미 노벨상을 받은 사람이다. 1958년에 인슐린을 완전히 분석하여 노벨 화학상을 수상한 생어(Frederick Sanger)가 여기에 도전했다.

그도 폴링과 마찬가지로 자신이 처음에 노벨상을 수상할 때의 연구 방법으로 시작했다. 즉 아미노산 배열을 결정할 때와 같이 DNA 염기 배열의 결정법을 연구한 것이다. 그러나 RNA의 경우 특수 부위를 절단하는 핵산 가수분해 효소를 구할 수 있었지만 DNA의 경우는 분자량이 큰 데다가 염기 종류에 특이한 효소가 발견되지 않았기 때문에 절단할 수 없었다.

그러나 결론은 역시 해피 엔딩이었다. 생어는 결국 특정한 염기들을 제거하면 DNA 중합체의 작용을 통제할 수 있다는 것을 발견한 것이다. 또한 화학적으로 변경된 염기들을 사슬의 말단 고리들로 이용함으로써 그 배열을 더 잘 통제할 수 있음을 발견했다. 그는 1978년 첫 연구 결과로 비교적 단순한 파이 X174바이러스의 염기 5,386개의 완전한 배열을 발표했다. 이는 그때까지 배열해 낸 것으로는 가장 긴 가닥이었다.

생어의 연구 결과는 유전자 연구 분야에서 획기적인 전환점을 예고하는 것이다. DNA를 해독할 수 있다는 것은 특정 단백질을 생산하는 특수한 유전자의 제조를 포함하여 모든 방면에서 유전물질을 조작할 수 있다는 것을 의미하기 때문이다. 그는 이 공로로 길버트(Walter Gilbert), 버그(Paul Berg)와 함께 1980년에 노벨 화학상을 수상했다. 노벨상을 다시 타지 않아도 되므로 마음을 비운 후 지루하고 어려운 작업에 몰두한 결과 노벨상을 두 번 수상한 과학자가 된 것이다.

이제 생어가 염기 배열을 해독할 수 있는 토대를 마련하자 학자들은 유전자를 조작하는 데에 필요한 효소의 발견에 연구를 집중했다. 일반적으로 단백질인 효소는 화학반응 중에 자신은 변화하지 않고 화학반응 속도를 가속시키므로 생명체의 촉매라

고 부를 수 있다. 그러므로 이런 효소를 발견한다는 것은 바로
유전자를 임의로 조작할 수 있게 하는 중요한 발판이 되는 것이
다.

학자들은 이미 DNA 분자를 정확한 위치에서 절단하여 정확
하게 정해진 조각들을 만들어 내는 단백질이 있어야 한다는 것
을 예측하고 있었다. 그것은 DNA에서 특별한 염기 배열을 인
식해서 절단하는 효소가 있다는 것을 뜻하는 것이다. 이렇게
DNA 사슬에서 특별한 염기 배열을 인식해 절단하는 효소를 제
한효소라고 한다. 제한효소는 원래 외래 DNA를 절단 배제하기
위해 세균이 간직하고 있는 자기 방어기구인데 이 연구에서 개
가를 올린 사람이 바로 아버(Werner Arber)이다.

아버는 대장균이 박테리오파지에 감염되었을 경우 파지가 증
가하기도 하고 증가하지 않기도 한다는 사실을 발견했다. 그는
이런 제한 현상은 파지가 감염되었을 때 그 DNA가 부분 분해
되어 일어나고 해제 현상은 파지 DNA가 특정 위치에서 메틸화
됨으로써 일어난다는 것을 밝혔다.

이것을 보다 쉽게 설명하면 다음과 같다. 박테리아 A와 B가
있는데 파지는 A박테리아에서 잘 번식할 수 있지만 B박테리아
에서는 잘 번식하지 못한다. 그런데 신기한 것은 B박테리아에
서 잘 번식하지 못하는 파지를 꺼내 또 다른 B박테리아에 주입
시키면 번식을 잘하는 것이다. 그러므로 과학자들은 이러한 제
한성 박테리아와 비제한성 박테리아의 성질을 파악하면 파지를
이용하여 얼마든지 유전자를 증식시킬 수 있다고 생각했다.

파지 DNA가 제한성 박테리아에 들어가면 잘 자라지 못한다
는 것은 파지 DNA가 제멋대로의 크기로 깨지는 것이 아니라
정해진 조각으로 절단됨을 암시하는 것이다. 이것은 DNA 엔도

뉴클레아제라는 단백질이 파지 번식을 제한하는 것이다. 한편 파지 DNA가 박테리아 안에서 잘 자란다는 것은 DNA 메틸라제가 함유되어 있기 때문이다. 이것은 박테리아가 제한효소로부터의 영향을 배제하기 위해 DNA 메틸라제를 사용해서 파지 DNA를 증식시킨다는 것을 뜻한다.

스미스(Hamilton O. Smith)는 이 효소를 정제하여 효소의 분해와 수식 부위의 특이성을 규명했고 네이선스(Daniel Nathans)는 이 효소를 DNA의 염기 배열 결정과 DNA의 단일 분리의 도구로 사용하여 그 유용성을 밝혔다. 버그(Paul Berg)는 제한효소로 DNA 가닥을 자른 다음 원래 있던 것과 다른 형태로 된 DNA 가닥으로 재조합시켰다.

이 연구 결과로 아버, 네이선스와 스미스는 1978년에 노벨 생리·의학상을 수상하였다. 버그는 생어, 길버트와 함께 1980년에 노벨 화학상을 수상하였다.

제한효소는 DNA 연구에서 매우 중요한 역할을 하는데 그것은 제한효소가 DNA 분자를 정확한 위치에서 절단하여 정확하게 정해진 조각들을 만들어 내는 단백질이기 때문이다. 선택된 유전자들을 다른 유전자들로부터 잘라내어 그것들을 분리시킬 수 있게 하는 것은 이 정밀성 때문이다. 제한효소는 DNA의 열에 구획을 지정해 주며 제한효소 분해에 의해 만들어진 절편들은 서로 분리될 수 있다.

이 말은 제한효소가 없으면 재조합 DNA 기술이 존재할 수 없다는 뜻이다. 제한효소는 DNA 조각을 정확하게 잘라내고 다시 결합하는 분자 가위로 DNA연구에서 목수의 톱만큼 중요한 것이다. 이것은 제한효소가 생명체 DNA 정보창고에서 유전자를 잘라내고 유전자를 작은 조각으로 자르는 수단을 제공한다는 것을 뜻한다. DNA 분자를 조각으로 절단하고 결합하는 작업으로 동·식물과 미생물 세포의 DNA 백과사전에 삽입할 수 있다. 다른 말로 말하면 제한 효소를 활용하면 세균의 세포나 진핵생물의 핵에 어떠한 특정 유전자를 집어넣어 새로운 생화학적 특성을 가지는 세포를 만들게 할 수 있다. 학자들이 제한효소가 생물체 안에 있다는 것을 발견했기 때문에 유전자를 변형하거나 새로운 것으로 설계하는 일이 가능해 진 것이다.

제한효소에 대해서 중복으로 설명한 이유는 자연에서는 존재하지 않는 외래 유전자를 포함하는 변종(transgenic) 동·식물을 창조하는 것이 제한효소 때문에 가능하다는 것을 강조하기 위해서이다. 유전자를 조작하여 과학자들이 원하는 대로 만들 수 있다는 것은 지구에 생명체가 탄생한 이래 어떠한 동물도 시도한 적이 없는 일이었다. 이제 유전자를 조작할 수 있는 인간은 새로운 유전공학의 시대로 들어서게 된다.

코끼리 돼지

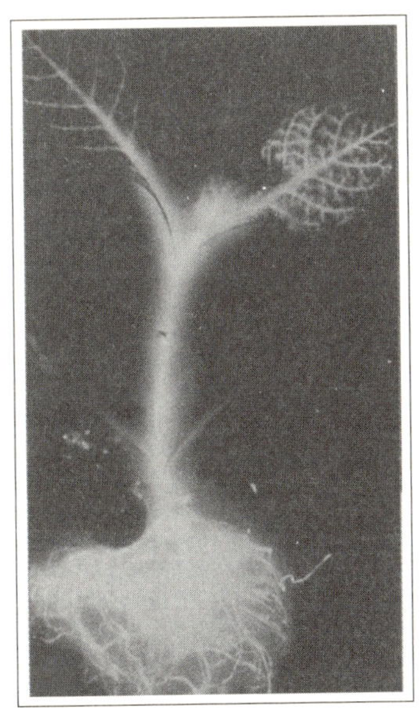

● 코끼리 돼지

1990년 9월 14일, ADA(adenosine deaminase) 결핍증을 앓고 있는 네 살짜리 소녀 린다에게 세계 최초로 유전자 치료가 시작되었다. ADA 결핍증은 영화『플라스틱 거품 속의 소년 *The boy in the plastic bubble*』에서 주인공인 데이비드가 앓은 바로 그 병이다. 미국 내에서 환자가 15명일 정도로 아주 희귀한 이 병은 결함이 생긴 유전자가 필수 효소인 ADA를 생산하지 못하기 때문에 발생한다. 그 결과 면역 체계의 한 부분을 담당하는 T형 백혈구 세포들은 특정 종류의 독소를 제거하지 못한다. 따라서 이 병에 걸리면 대수롭지 않은 감염에도 곧 증상이 심해져 사망하게 되므로, 감염을 막기 위해서는 영화에서처럼 무균실에 격리하고 병원체를 완전히 차단하지 않으면 안 된다.

학자들은 1983년에 ADA 결핍증을 유발하는 유전자를 분리하는 데 성공했다. 그들은 제한 효소들을 사용하여 인간의 DNA에서 정상 ADA 유전자를 잘라내어 이를 박테리아의 DNA 속에 집어넣었다. 전 장에서 설명한 것처럼 박테리아는 이 DNA를 자신의 것으로 착각하고 세포분열 때마다 복제하는데 이를 유전자 클로닝이라고 부른다.

클로닝을 통해 충분한 양의 ADA 유전자를 확보하자, 학자들은 린다의 백혈구 세포들이 정상적인 ADA 유전자들을 흡수하게 했다. 그리고 배양시킨 백혈구 세포들을 혈관 주사를 통해 다시 린다에게 주입했다. 주사를 맞자마자 린다의 면역 체계는 놀랄 만한 회복을 보였고 T 백혈구 세포가 급속도로 증가하여 정상으로 돌아올 수 있었다. 치료를 받기 전까지 린다는 무균실에서 생활하며 유치원이나 학교에 다닐 수 없었지만 유전자 치료를 받고 나서는 건강하게 학교에도 다닐 수 있게 되었다.

린다의 사례는 20세기에 들어와 상상할 수 없을 정도로 빨리 발전하고 있는 유전자 분야의 연구 성과를 단적으로 보여주는 것이다.

심장수술을 할 때는 피의 응고를 방지하기 위하여 거머리에서 추출한 단백질인 히루딘을 사용한다. 이 히루딘을 거머리로부터 직접 채취하는 것이 어려웠기 때문에 학자들은 유전자 치료에 사용되었던 클로닝 기법을 사용했다. 학자들은 이제 히루딘 유전자를 가진 재조합 미생물을 배양하여 매우 효과적으로 히루딘을 생산하고 있다. 생물반응기 1리터에서 생산할 수 있는 히루딘의 양은 3만 마리의 거머리에서 얻을 수 있는 양과 맞먹는다.

또한 유전공학 기술을 이용하여 대장균에서 사람의 인슐린을 생산하고 있다. 이제 대장균은 인간에게 꼭 필요한 세균이 된 것이다. 그밖에도 수많은 의약용 단백질이 재조합 미생물에서 효율적으로 생산되고 있다. 항암제로 유력한 인터페론도 인체 혈액에서 분리하였기 때문에 소량밖에 생산할 수 없고 또 그 값이 너무 비싸 실용화에 문제점을 갖고 왔다. 그러나 이제는 인터페론을 만드는 재조합 대장균이 개발됨에 따라 많은 양을 값싸게 공급할 수 있게 되었다.

전 세계의 학자들이 유전자 연구에 그렇게도 심혈을 기울이는 것은 DNA 연구 결과로 인해 지금까지 절망적이라고 여겨

온 질병들을 치료할 수 있다는 희망을 갖게 되었기 때문이다. 치료약이 없어 치명적인 유전병으로 사망하는 수많은 환자들을 살려내는 것은 마치 SF 영화를 보는 것 같다.

이와 같이 전 세계적으로 각광을 받고 있는 분야를 유전공학이라고 부른다. 유전공학은 유전자, 즉 DNA를 조작하여 우리가 필요로 하는 유전자를 다른 생명체에 옮기고 이렇게 만들어진 새로운 생명체에서 유전자를 발현시켜 원하는 단백질을 만드는 기술을 말한다.

현대인들에게 큰 영향을 끼치고 있는 유전공학 기술은 크게 세포융합, 핵치환, 유전자 재조합의 3가지로 나눌 수 있다.

세포융합 기술은 각기 다른 성질을 가진 생물의 세포를 융합시켜 양쪽의 특성을 모두 가진 새로운 세포를 만드는 기술을 말한다. 이러한 유전자공학 기술을 이용하여 농작물을 개량하고 수확량을 늘리거나 새로운 품종을 효과적으로 만드는 것은 이제 기초 상식이 되었다.

예를 들어 감자와 토마토가 열리는 포마토를 만든 것도 이러한 기술을 이용한 것이다. 또한 토마토에는 성숙된 후에 펙틴질을 분해하고 열매를 무르게 하는 효소가 있는데 그 효소의 기능을 억제하는 유전자를 집어넣은 유전자 변형 토마토가 태어났다. 이 토마토는 1개월간이나 보존할 수 있고 당도도 보통 토마토보다 높아 값이 두 배 정도 비싼데도 매출이 순조롭다고 한다.

동물의 경우, 정상적인 림프구와 증식력이 강한 암세포를 융합시켜 성공적으로 단일클론 항체(monoclonal antibody)를 만들어 냈다. 이 방법은 앞으로 암치료제나 면역진단 시약을 개발하는 데 대단히 중요한 역할을 할 것으로 기대된다.

핵치환 기술은 고등 생물의 유전자를 직접 다른 생물체에 주입하여 형질을 전달하는 기술을 말하며 한우와 같은 가축의 우량 품종 보존 및 양산에 이용된다. 전술한 월마트가 복제양 돌리를 만들어 세계를 깜짝 놀라게 한 바로 그 기술이다.

유전자 재조합 기술은 유용한 단백질을 만드는 유전자를 유전공학적 방법으로 제작한 후 증식력이 강한 미생물의 유전자와 결합하는 기술이다. 1969년에 미국 캘리포니아 대학의 허버트 보이어는 제한효소로 DNA를 자르면 그 끝이 계단처럼 드러나 마치 벨크로처럼 접착력이 강하다는 사실을 발견했다. 이 사실을 들은 미국의 코헨(Stanley Cohen)은 1973년에 대장균의 유전자를 시험관 안에서 특정한 효소를 이용하여 인위적으로 두 가지 박테리아의 DNA를 재조합하는 데 성공했다.

그때까지만 해도 하나의 미생물은 그 세포 자체가 지닌 게놈에 암호화되어 있는 물질만 생산할 수 있는 것으로 생각되었다. 그러나 코헨의 실험은 서로 다른 종의 DNA도 결합할 수 있다는 사실과 이를 통해 클로닝(cloning)이 가능하다는 것을 보여주었다. 그의 새로운 재조합 기술로 유용한 물질을 만들어 내는 특정한 유전자나 유전자 집단을 미생물로부터 생산하는 것이 가능하게 된 것이다.[1] 코헨은 이 연구로 1986년에 노벨 생리·의학상을 받았다.

유전공학 기술을 이용하면 코끼리만큼 큰 돼지를 만드는 것도 불가능한 일은 아니다.[2] 코끼리만한 돼지는 돼지고기 등의

---

1) 앞에서 이야기했듯이 유전자 재조합 기술을 대장균에 적용하여 만든 인슐린은 이미 시판되고 있다. 또한 유전자 조작 기술로 적혈구를 만드는 호르몬인 에리슬로포엔틴을 생산하여, 수혈로 인한 부작용을 없앨 수 있다.
2) 실제로 1982년에 '슈퍼마우스 탄생'이라는 뉴스가 세상을 놀라게 했다.

생산을 비약적으로 증대시킬 수 있다. 반면 돼지만한 코끼리는 가축용으로 얼마든지 사육을 할 수 있으며 필요한 상아를 어느 가정에서도 확보할 수 있다. 고양이만한 호랑이도 애완 동물로 각광을 받을 수 있다.

이뿐이 아니다. 유전공학 기술을 이용하여 농작물을 개량하고 수확량을 늘리거나 새로운 품종을 효과적으로 만들 수도 있다.[3] 박테리아를 이용하여 플라스틱을 다시 석유로 복원시키는 기술이라든가 순동(純銅)이나 우라늄을 추출하는 리칭(leaching) 기술 등도 개발되고 있다.

리칭이란 미생물을 이용하여 광석에 함유된 암석에서 금속을 용해시키는 공정이다. 현재 많은 광석들이 금속 함유량이 많지 않아 경제성이 없기 때문에 채광되지 못하고 있는 실정이다. 또한 고급광석의 분리 과정에서 부산물로 나오는 많은 양의 저급 광선은 대부분 폐기물로 버려지고 있다. 더구나 채취가 끝난 광상(鑛床)에도 5~20%의 광석이 남아 있는 것이 보통이다.

리칭 방법은 아주 간단하다. 우선 파이프로 갱도에 세균 용액을 집어넣어 광상을 물에 잠기게 한다. 이 세균들이 광물을 산

유전자 조작 기술에 의해서 보통 크기의 2배 가까이 되는 쥐가 태어난 것이다.

3) 미국에서는 1994년에 장기간 보관할 수 있는 토마토가 유전자 변형 농산물로서는 처음으로 시판되기 시작했고, 이어 제초제나 병충해에 강한 콩과 옥수수, 면화, 감자 등 33종의 유전자 변형 농산물이 상품화되었다. 미국 전체의 콩 재배면적 중 유전자를 조작한 콩의 재배면적이 1997년에는 31%나 되었고 계속 급증하는 추세이다.
국내에서도 유전자 조작 농산물이나 식품이 등장했다. 일반 미꾸라지보다 성장 속도가 25배나 빠르고 크기도 잉어만한 유전자 조작 미꾸라지가 개발되었고 사람의 유전자를 젖소에 넣어 모유 성분의 락토페린을 생산하는 젖소를 탄생시켰으며 백혈구 치료제를 생산하는 염소도 탄생시켰다.

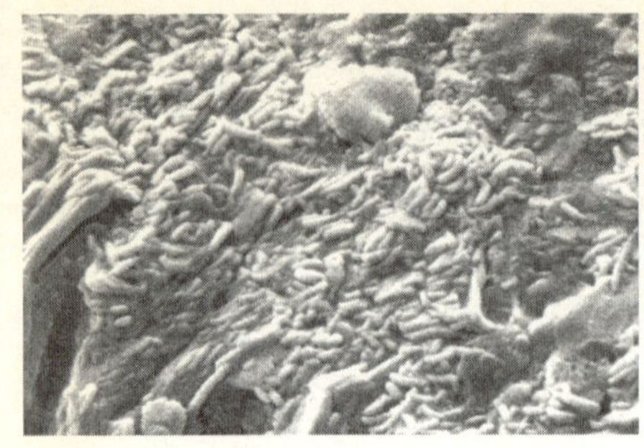

리칭이란 미생물을 이용하여 광석에 함유된 금속을 용해시키는 공정을 말한다. 석탄 입자에 붙어서 유황을 녹이는 세균들(左)과 미생물이 유황 성분을 녹여낸 후 석탄 입자에 생긴 구멍(右)(『과학동아』 1994년 7월호에서 인용)

화시켜 물에 녹이는데 그것을 퍼 올리기만 하면 되는 것이다. 이 경우 정광(精鑛)은 이미 끝난 상태로 그 중의 금속 함유량은 80% 이상이다.

세균에 의한 광물 추출법이 산업적으로 주목을 받는 것은 첫째로 막대한 양의 원석을 가공하기 위해 생산 공장으로 옮기는 수송비를 줄일 수 있다는 점 때문이다. 둘째로는 보통의 화학적 산화에 의하면 400일이 걸려서야 겨우 황동광으로부터 순도 18%의 구리를 추출할 수 있지만 세균을 이용할 경우 35시간이라는 짧은 시간에 황동광에서 용액의 형태로 순도 95%의 구리를 추출할 수 있다. 세 번째로는 현재의 기술로 채취하고 남겨둔 광석의 4분의 3 정도는 회수가 가능하다. 실예로 멕시코에서 폐광된 한 광산은 1년만에 1만 톤의 구리를 생산했다.

당연한 이야기이지만 리칭 방법으로 구리를 채취하는 비용은 정통적인 화학 채취법에 비해 약 3분의 1이다. 이 방법을 사용할 수 있는 광석으로는 구리는 물론 니켈, 납, 아연, 우라늄이 있다. 이중에

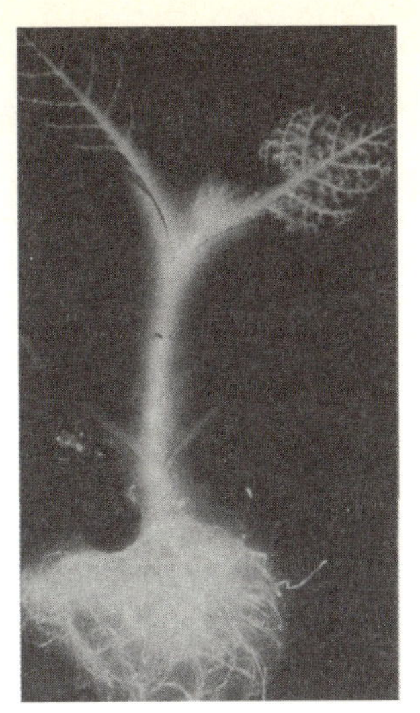

반딧불이의 발광 유전자를 이식받은 담배는 어둠 속에서도 성장할 수 있다. 또한 이 유전자를 은행나무에 도입하면 해가 지면 스스로 빛을 내는 '반딧불이 가로수'를 만들 수 있다.(『과학동아』 1999년 10월호에서 인용)

서 실용적으로 적용되는 것은 구리와 우라늄의 리칭으로 미국, 캐나다, 멕시코, 오스트레일리아, 일본, 남아프리카 등에서 실용화에 박차를 가하고 있으며 앞으로 모든 광물을 채취할 수 있는 각종 미생물을 만드는 것이 학자들의 꿈이다.

유전공학 기술을 이용한 재미있는 아이디어 중 하나가 반딧불이 가로수이다. 밤이 되면 빛을 발하는 반딧불이 특유의 발광 유전자를 빼내 은행나무 유전자에 도입하는 것이다. 은행나무는 도입된 반딧불이의 발광 유전자의 지시에 따라 해가 지면 스스로 빛을 발하는 '반딧불이 가로수'가 되는 것이다. 이 기술은 동물의 유전자를 식물에 도입시키는 과정에서 생체 융합력을 향상시키는 연구가 좀더 진행되어야만 하지만 과학자들에 의해 실용화가 예약된 분야이다.

그러나 이러한 유전 공학의 발달에 모든 사람들이 찬성하는 것은 아니다. DNA를 재조합하는 데에는 위험이 따르기 때문이다. 많은 SF 영화나 소설이 바로 이런 경우의 해악을 주제로 삼고 있다. 면역력이 없는 독물질을 생성하는 바이러스나 박테리아 세포가 만들어져 고의 또는 부주의로 실험실 밖으로 뛰쳐나가 인류가 엄청난 재앙에 직면하게 된다는 것이 자주 사용되는 플롯이다. 물론 이런 경우 대부분은 주인공인 영웅이 나타나 극적으로 문제를 해결한다. 그러나 실제로 그런 경우가 현실에서 일어난다면 영화와 같은 해피 엔딩은 약속되어 있지 않다. 그러므로 유전자 연구로 1980년에 노벨 화학상을 받은 버그도 과학자들에게 DNA 재조합 연구를 엄격히 통제할 것을 요구했다.

유전자 조작은 선천적인 질병 퇴치나 식량 증산 등에 공헌할 것이 분명하지만 아직 부작용에 대한 영향이 평가되지 않은 것은 사실이다. 그래서 유전자 조작을 성급히 실행하는 것보다 유전자 조작으로 일어나는 모든 문제점을 완전히 규명하여 그 예상 효과가 완전히 밝혀질 때까지 기다려야 한다는 지적이 있다.

더구나 유전자 조작과 관련하여 가장 큰 문제는 인간에게 이 기술을 적용할 때에 생기는 부작용이다. 즉 유전자 조작 기술을 우생학적인 목적에만 이용할 수 있다는 것이다. 그러나 현재만을 생각하여 유리하다고 생각되는 형질만 고수할 경우 유전적 다변성이 파괴되어 미래에는 인류의 생존에 심각한 영향을 줄 수도 있다. 또한 독재자가 출현하여 특정 유형의 인간만을 만들어 낼 가공할 위험성도 제기될 수 있다.

실예로 1935년부터 1945년 제2차 세계대전이 종결되기 직전까지 독일에서는 나치에 의해 연간 10만 명 내지 그 이상의 사

람이 열성 인간이라는 명목으로 단종되었다. 나치의 최종 목표
는 인구의 4%를 단종하는 것으로 히틀러의 내무상 후릭크는 다
음과 같이 말했다.

"민족우생학의 운명은 제3제국 및 독일 민족의 운명과 더불어 장래에
도 영원히 불가분의 관계가 될 것이다."

우생학의 목적은 보다 잘 적응된 인종이 혈통이 부적응된 인
종보다 빨리 우세하게 될 수 있도록 더 많은 기회를 부여하는
것이다. 우생학이란 결국 과학을 기반으로 한 일종의 잘못된 믿
음인데, 나치의 예를 볼 때 유전자를 조작하는 경우에는 보다
심각한 사태가 일어날 수도 있는 것이다. 유전자 조작 기술이
무지하고 절제력 없는 독재자에 의해 지배될 경우, 우생학적인
생각이 언젠가 또다시 고개를 들 수 있다는 것은 충분히 예상할
수 있는 일이다.

인간에 대한 부작용만이 아니다. 꿀벌에게 맹독성을 갖게 한
후 적군 속에 풀어놓아 쏘인 즉시 사망하도록 할 수도 있고, 대
장균에 맹독을 갖게 하여 살인용으로 사용할 수도 있다. 실예로
에이즈도 생체무기로 사용하기 위해 실험하다가 연구실에서 빠
져나가 세계로 퍼지고 있다는 설이 있을 정도이다.

유전자 연구에 대한 공격 첨병인 셰어게프는 다음과 같이 공
격했다.

"우리는 핵발전소를 멈추게 할 수 있다. 우주 탐험도 중지시킬 수 있다.
에어로졸의 생산도 막을 수 있다. 핵으로 인한 대학살도 미리 예방할
수 있다. 그러나 아무 것도 존재하지 않는 상태에서 새로운 형태의 생

활을 영위할 수는 없는 일이다. …… 현재 엄청나게 많은 수의 유전자 합성이 시도되고 있고 앞으로도 그럴 것이다. 그러나 이런 연구를 하는 사람들은 고전 세균학을 무시하기 때문에, 끈질긴 생명력을 가진 세균이 재앙을 갖고 실험실을 빠져 나오지 않을 것이라고 기대한다면 그것은 그야말로 기적이다. 더구나 그 어떤 천재도 바보가 해놓은 일을 취소시킬 수는 없는 법이다.”

물론 유전공학을 정확하게 검증할 경우, 예상치 않은 위험은 거의 없다는 것이 일부 학자들의 의견이다. 과학은 비인격적인 것이 아니며 인간의 삶을 위한 정직한 탐구를 하는 집단에 의해 이루어진다는 것이다. 더구나 예방 조치가 철저한 것은 물론 미생물에 끼워 넣은 새로운 유전자는 아주 약한 균주를 생산하기 때문에 인간에게 치명상을 줄 수 있는 균주를 만들 수 없다는 낙관적인 견해도 있다.

유해 세균의 병원성은 복잡하게 배열된 여러 개의 유전자와 관련이 되어 있으므로 무해한 단 하나의 유전자가 새로운 형태의 질병을 유발할 가능성은 없다는 긍정적인 의견도 있다. 이를 근거로 유전자 연구에 대한 통제를 완화해야 한다는 의견이 제기되는데 그들의 주요 근거는 10년에 걸쳐 많은 연구가 이루어졌지만 단 한 건의 사고도 없었다는 것이다.

이런 첨예한 문제가 드디어 법정에 서게 되었다. 1982년, 버클리 대학과 첨단유전공학연구소가 결빙기에 일어나는 피해로부터 식물을 보호하는 합성 박테리아를 들판에 풀어놓을 수 있도록 허가해 달라고 요청했다. 이 박테리아의 원종(原種)은 결빙 피해의 주범으로 식물 조직 내부에서 작은 얼음핵을 형성하는 단백질을 퍼트린다. 그러면 얼음이 식물 전체로 퍼져서 식물은 죽게 되는 것이다.

학자들은 '결빙을 유발시키지 않는' 박테리아 신종(新種)을 만들었고 식물에 접종한 결과 신종이 원종을 몰아내는 것도 확인했다. 이 결과만을 놓고 보면 추위에 더 강한 식물을 재배할 수 있다.

그러나 유전자 조작에 대해 탐탁치 않게 생각하고 있는 환경 생태학자들이 벌떼처럼 몰려들었다. 그들은 돌연변이 세균의 창조가 예상할 수 있는 단 하나의 재앙 시나리오가 아니라며 기세를 올렸다. 생태학자들은 수천만, 수백만 년 전부터 서로 다른 종들의 유전형질을 갈라놓았던 장벽을 무너뜨리기만 해도 생태계의 균형이 깨질지 모른다 주장했다.

예를 들면 동결 방지용 세균이 무해하다는 것을 인정하더라도 자연 속에 새로운 유기체를 도입함으로 인해서 생기는 생태계의 파괴를 예측할 수는 없다는 뜻이다. 현재까지는 원종 세균에 의해 억제되어 왔을지도 모르는 완전히 다른 유해한 세균이 번식할 수도 있다. 경작지가 대량일 경우 강우량에 미칠 영향도 배제할 수 없다. 적어도 새로운 제품이 환경에 미치는 영향에 대해 면밀한 연구가 필요하며 그 후에야 사용 허가를 내려야 한다는 뜻이다.

소송의 결과는 매번 원고 측의 패소로 끝났다. 야외에서의 미생물 실험에 대해서는 이미 40여 건의 허가가 나왔다. 이 판결은 사실 예견된 일이었다. 엄격한 순수 생태학적 입장이 장기간 견지될 수는 없는 일이다. 어느 정도의 기간을 유예해야 한다는 것도 정하기 어려운 일이다.[1]

---

1) 더구나 연구원들과 기업에서는 환경단체에서 주장하는 기간을 기다릴 수 없는 법이다. 합성 박테리아가 한 기업의 회사 정원에서 야외 실험

그러나 생태학자들도 어느 정도 실속은 차렸다. 대부분의 소송은 대규모 야외 실험을 몇 년 동안 유보시킬 수 있다. 그 사이에 연구원들과 기업들도 면밀한 실험을 가하여 기술이 개선되거나 더 한층 확실해질 수도 있는 것이기 때문이다.

이 문제는 쌍방이 매우 첨예하게 대립하고 있고 앞으로도 계속 대립될 것이다. 연구원들은 유전자 연구가 인류에게 획기적인 도움을 준다고 주장할 것이고, 환경생태론자들은 돌연변이 세균들을 비롯한 유전자 조작에 의해 언젠가 인류에게 치명상을 주는 계기가 될지 모른다는 우려를 감추지 않을 것이기 때문이다. 비록 포마토나 신품종 돼지, 합성 박테리아들이 아직 어떤 부작용을 주지 않고 있지만, 언젠가는 부작용이 일어날 수 있다는 가능성은 유전자 연구를 계속하는 한 상존한다는 뜻이다. 그러나 이 책의 목적은 이러한 주제를 다루는 것이 아니므로 여기에서 더 이상 거론하지 않는다.

이제 노벨상으로 돌아가자. 유전자 조작의 장단점을 갖고 논쟁이 벌어지고 있는 동안에도 학자들은 유전자의 연구를 중단하지 않았다.

야생 옥수수를 이용해서 연구를 하던 맥클린토프(Barbara McClintock)는 유전자에 관한 놀라운 발견을 발표했다. 그것은 유전자가 그 개체의 일생 동안에도 변화한다는 것이다. 본래 생명의 설계도인 유전자는 긴 세월을 걸쳐서 일어나는 돌연변이 등을 제외하고는 쉽게 변화하지 않는다고 생각되어져 왔다. 그러나 그것이 뒤집혀진 것이다.

그녀는 옥수수 알갱이의 색깔이 심하게 변하는 것은 색깔을

에 들어가 성공했다는 발표도 있었다.

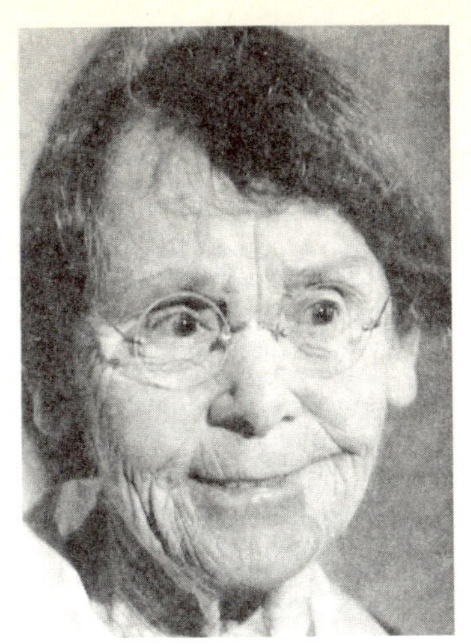

바바라 맥클린토프

맥클린토프는 옥수수를 이용한 실험을 통해 유전자가 개체의 일생 동안에도 변화한다는 것을 밝혀냈다. 그녀의 발견은 우리 시대 유전학의 2대 발견 중 하나로 꼽힌다.(『과학동아』 1994년 11월호에서 인용)

결정하는 유전자가 빈번하게 돌아다니기 때문이라는 가설을 내세웠다. 그러나 그녀가 1983년에 노벨 생리·의학상 수상 대상자로 발표될 당시에도 그녀의 가설을 인정하지 않는 학자들이 많이 있었다. 그렇지만 발톱개구리를 대상으로 한 브라운 등의 설험에서도 유전자가 개체 안에서 변화한다는 사실이 입증되었다.

생체에는 외부에서 침입한 병원균이나 바이러스 등의 이물질을 공격하여 파괴하는 면역 시스템이 갖추어져 있는데 이 시스템의 주역은 B세포라는 림프구이다. 그런데 외부에서 침입하는 이물질은 수천만 개나 되지만 한 개의 B세포는 1종류의 항체밖에 만들어 내지 못한다. 그렇다면 B세포는 어떻게 다양한 항원과 결합할 수 있는 항체를 만들어 낼까? 도네가와 스스무(利根川進)는 항체 내에는 가변영역을 만드는 유전자의 단편이 몇 개쯤 있는

데 이것들이 연결되면서 변환하여 항체의 다양성을 만들어 낸다는 사실을 발견했다. 항체의 유전자가 고정된 것이 아니라 모양을 바꾼다는 것이다. 이 발견으로 도네가와 스스무는 1987년에 노벨 생리·의학상을 수상했다. 이것은 다윈의 진화론이 옳다는 것을 다시금 확인시켜 주는 것이다.

도네가와의 수상은 면역학 분야의 개척적인 업적을 인정하는 것이었기 때문에 관련 학계에서 매우 적절한 수상자를 선정했다고 환영했다. 그러나 막상 노벨상 수상 소식을 기자로부터 들은 도네가와는 다음과 같이 자신의 수상 소식을 믿지 못하겠다고 의아했다.

"뭔가 잘못된 것 같다. 과거에 내가 상을 받을 때는 언제나 그 상을 주는 기관으로부터 처음 소식을 들었는데 이번에는 어떻게 기자들이 먼저 이야기를 해 주는가?"

그러나 그는 자신의 연구 내용을 전문가들뿐만 아니라 문외한에게도 쉽게 설명할 수 있는 재주를 갖고 있었다. 그의 업적인 항체의 다양성이 어떤 내용인지 설명해 달라는 요구에 다음과 같이 대답했다.

"나의 업적인 항체의 다양성은 미국의 자동차 회사인 GM이 많은 고객들의 요구를 충족시키기 위해 특정한 자동차를 제작하는 것과 유사합니다. 만약 그 회사가 고객의 요구에 따라 모든 차량을 따로 제작한다면 경제성이 없게 됩니다. 따라서 자동차 회사는 여러 가지 부품을 준비해 놓고 자동차 별로 다른 것만 따로 제작하면 전혀 다른 자동차를 조립하여 판매할 수 있습니다. 문제는 이럴 경우 각각의 부품을 어떻게 통합하는 겁니다."

지금까지의 유전자에 대한 연구 결과를 간단히 설명하면 다음과 같다.

재단사가 옷감을 본에 맞춰 자르고 바느질하여 옷을 만들 듯이 유전공학자는 DNA 분자를 원하는 대로 자르고 결합시킬 수 있다. 옷감을 자를 때 쓰는 가위에 해당하는 것이 제한효소이며, 잘라진 DNA 조각을 붙이는 것은 DNA 연결효소, 즉 DNA 리가제이다. DNA 연결효소는 자연스럽게 발생한 DNA의 전단(剪斷)을 회복하거나 제한효소로 잘려진 DNA를 붙인다. 그러나 옷감을 짜 맞추다 보면 빈 공간이 생기는데 이 빈 부분을 메우는 것이 DNA 중합효소이다. 중합효소는 뉴클레오티드를 긴 핵산 사슬로 중합하는 효소로 RNA는 RNA 중합효소에 의해, DNA는 DNA 중합효소에 의해 합성된다. 이렇게 만든 새로운 유전자를 재조합 유전자라고 한다.

이렇게 인위적으로 결합시킨 유전자를 다른 생물체에 도입하려면 운반체가 필요하다. 운반체로 사용되는 것이 플라스미드(Plasmid)와 박테리오파지, 레트로바이러스이다.

여기서는 앞에서 등장하지 않았던 플라스미드에 대해 살펴보자. 플라스미드는 대장균 등의 세균에서 미생물의 염색체와는 별도로 존재하는 환상(環狀)의 작은 DNA이다. 이것은 독자적으로 DNA를 복제할 수 있으며 세포에서 세포로 소포를 운반하는 우편배달부와 같은 역할을 한다. 원래의 세포에 있던 DNA뿐만 아니라 배달 도중에 합해진 불필요한 DNA도 함께 운반한다. 플라스미드에게 제한효소로 자른 DNA 단편을 배달할 것을 의뢰하면 플라스미드는 원래 배달 장소인 대장균에 도착하여

DNA를 증식시킨다. 이것이 대장균을 이용하여 수많은 유전 물질을 조합하는 원리이다. 대장균의 역할은 끝이 없다.

이런 여러 가지 유전자에 대한 성질을 파악하게 됨으로써 유전공학 기술이 비로소 정립되었다. 그러나 유전자 연구는 항상 인간의 상상력을 초과한다. 이것은 앞으로 유전자 분야에서 어떤 연구가 계속 이어질지 예측할 수 없다는 것을 뜻한다. 그만큼 우리들에게 미지의 세계가 많다는 것이다.

콜롬보 형사

1980년대 말에 제2차 세계대전 동안, 악명 높은 아우슈비츠 수용소에서 '죽음의 천사'라고 불리던 나치 의사 요제프 멩겔레의 것으로 보이는 시체가 브라질에서 발견되었다. 그가 멩겔레인가가 전문가들 사이에서 논란이 일자 아직 살아 있는 멩겔레의 가까운 친척들의 DNA 지문을 채취하여 시체의 것과 비교하였다. 결과는 그 시체가 의심할 여지없이 멩겔레임이 확인되었다.

1979년에 작가 랴보프와 지구물리학자 아브도닌 박사가 이끄는 연구팀은 스베르들로프스크에서 약 30킬로미터 떨어진 공동 묘지에서 러시아의 마지막 황제 니콜라이 2세 일가의 유체 11구를 발견했다고 발표했다. 그 유골은 니콜라이 2세와 황후, 5명의 아이들 그리고 신하들의 것이라고 보도되었다. 그러나 유체의 수와 상황 증거에는 역사적 사실과 일치하지 않는 부분도 있었다. 그래서 1991년에 러시아 당국은 유체를 발굴하여 조사하기로 결정했다.

러시아의 이와노프 박사와 해외의 전문가들이 참석한 가운데 1991년 여름, 깊이 1미터 정도의 얕은 땅에 매장되어 있던 유골이 발굴되었다. 유골은 손상이 심한 데다가 소문처럼 의복은 전혀 걸치지 않은 상태였다. 폭력이 자행된 흔적이 있었고 총과 총검에 의한 것으로 판단되는 상처가 있는 두개골도 있었다. 이

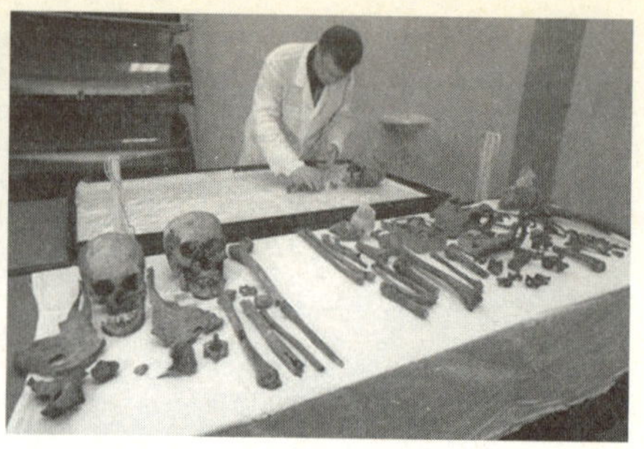

1914년에 촬영한 니콜라이 2세의 가족사진. 오른쪽에서 두 번째와 세 번째 사람이 볼셰비키의 처형을 피해 도피한 것으로 알려진 알렉세이와 아나스타샤이다. 황제 일가족의 유골은 1991년에 발굴되어 조사를 받았다.

것은 학살 당시에 일어났다고 전해지는 사건과 잘 일치하였다.

발굴된 유체는 당초 발표된 11구가 아니라 모두 9구였고 각각 완전한 골격의 15~50%가 남아 있었다. 이들이 니콜라이 황제 일가의 유체일 가능성은 충분했다. 그러나 이럴 경우 일가 중 2명의 유체, 즉 황태자 알렉세이와 4명의 공주 중 한 명의 유체가 부족하였다. 이것은 알렉세이와 공주 중에 한 사람이 따로 처형되었다는 설과 둘이 혁명을 피해 도망갔다는 설과 일치하게 된다. 그러나 이것만으로 이 유골의 주인공들이 러시아 황제 일가족이라고 확언할 수는 없는 일이었다.

여기에서 유명한 유전자 감정법이 등장한다. 그러나 이 작업을 위해서는 시료가 완전해야 하는데 74년이나 지난 유골이었기 때문에 충분한 DNA 시료를 얻지 못할 우려가 있었다. 그러나 후술하는 PCR(Polymer chain reaction, 중합효소 연쇄반응) 기법을 사용하여 얻어진 DNA를 분석한 결과 여성이 5구, 남성이 4구였다. 정황상 니콜라이 황제의 일가와 시종의 유체인 것이 더욱 확실해졌지만 이들 유골이 니콜라이 2세 황제 일가라는 것을 증명하기 위해서는 그들의 유전자와 비교할 수 있는 절대적인 물적 증거가 있어야 했다.

이것을 밝히기 위해 앞에서 설명한 미토콘드리아 DNA 해석이 사용되었다. 조사팀은 발굴된 미토콘드리아 DNA를 황후의 친가 및 외가쪽 근친자의 DNA와 비교하였다. 모계를 조사하기 위해 현 영국 여왕의 남편인 에든버러 공 필립의 DNA와 비교한 결과 같은 배열을 갖고 있다는 것이 밝혀졌다. 발견된 유체가 니콜라이 2세의 가족임이 증명된 것이다.

니콜라이 2세로 생각되는 유체의 미토콘드리아 DNA의 배열은 황제 외가의 조모 가계에 속하는 현존 인물 셰레메체프 백작부인과 스코틀랜드의 파이프 공의 것과 비교하였다. 여기에서 학자들을 놀라게 하는 실험 결과가 나왔다. 유체에는 2종류의 미토콘드리아 DNA가 섞여 있었다. 이것은 동일한 인물이 2종류의 미토콘드리아 DNA를 가지는 '헤테로플라스미드(hetero-plasmid)'를 갖고 있다는 것으로 유례가 없는 유전적 이형(異形)이다. 학자들은 98.5%의 정확도로 니콜라이 2세의 유체라는 결론을 내리면서도 이 유체가 니콜라이 2세의 것으로는 확정하지를 않았다.

1994년에 연구팀은 보다 신뢰성이 높은 시료로서 1899년에 사망한 니콜라이 2세의 동생 게오르기 로마노프 대공의 유골을 발굴하여 DNA를 비교하기로 했다. 놀랍게도 게오르기 로마노프 대공의 미토콘드리아 DNA에서도 헤테로플라스미드가 발견되어 이 유체가 러시아 최후의 황제 니콜라이 2세의 것이라고 판정되었다.

　그러나 사실상 니콜라이 2세의 신원을 확인할 수 있는 결정적인 단서를 제공한 것은 엉뚱한 사건에 연루되었던 손수건이다. 니콜라이 2세가 아직 황태자였던 1891년에 그가 일본을 방문했을 때, 경비를 맡았던 츠다 3세 순사가 황태자에게 칼부림한 사건이 있었다. 츠다 3세는 황태자에게 달려들어 칼로 찔렀지만 황태자는 큰 상처를 입지 않았다. 이때 니콜라이 2세를 찔렀던 칼을 닦은 손수건이 보관되어 있었던 것이다.[1] 연구팀들이 손수건에 남아 있던 니콜라이 2세의 혈액과 유골에서 채취한 DNA를 비교한 결과 두 시료가 일치하였다.

　수년간에 걸친 조사 끝에 연구진은 9구의 유골 중에서 5구의 유골이 니콜라이 2세의 가족들이라고 결론을 내렸다. 그러나 매장지에서 황태자와 공주 1명의 유체가 발견되지 않았으므로 그들의 운명에 대해서는 더 자세한 조사 연구가 있어야 한다는 의견을 잊지 않았다.

　한편, 1983년에 영국의 앤더비에서 15세의 한 소녀가 강간을 당하고 목 졸려 죽는 사건이 발생했다. 3년 후에도 인근에서 15세의 소녀가 같은 형태로 살해된 채 발견되었다. 경찰은 동일 소행범에 의해 저질러진 범행으로 추정했지만 확신할 수 없었다.

　이때 제프리스(Alec Jeffreys)가 개인의 신원을 확인하고 식별하는 DNA 지문법이라는 놀라운 방법을 개발하였다. DNA 지문법은 기존 지문과는 달리 범인의 손이 필요하지 않고 미소한 양의 피나 정액 같은 체액을 사용하여 실시할 수 있는 데다가 몇

---

1) 일본에서는 이 사실을 극비로 하고 츠다 3세를 처형하겠다고 러시아 측에 약속을 했다. 그러나 일본은 이 약속을 어기고 츠다 3세를 살려 주었다.

년 전에 생긴 건조한 핏자국이나 여러 해 전에 죽은 사람의 뼈
에서 추출한 DNA를 검사하여 그 사람의 신원을 확인할 수 있
다.

엔더비의 살인자에 대한 수사가 진행되어 17세의 소년이 체
포되었고 그는 자신이 엔더비를 살해했다는 자백도 했다. 그러
나 희생자들에게서 발견된 잔존물은 자백한 소년의 DNA 표본
과 달랐으며 그는 자백에도 불구하고 석방되었다. DNA 지문
감식법에 의해 혐의를 벗은 최초의 인물이 된 것이다.

1987년에 경찰이 지역 주민 5천 명의 혈액 표본을 채취하여
DNA 지문을 조사한 결과, 피치포크라는 제빵업자가 범인으로
체포되었다. 그는 경찰이 모든 주민의 혈액을 채취하자 자신의
혈액이 아닌 다른 사람의 혈액을 제출했다가 발각된 것이다. 피
치포크는 DNA 지문이 증거가 되어 기소된 최초의 살인범이 되
었다.

그뿐이 아니다. 1996년에 수학 여행길에 나섰던 13세의 영국
소녀가 프랑스 서부에 있는 브르타뉴 지방의 프레누 프젤 마을
에서 성폭행 당한 후 살해되었다. 인구가 1,800명밖에 안 되는
작은 마을임에도 불구하고 수사의 진행은 지지부진했다. 영국
정부에서는 수사가 미진하자 그 마을 사람 중 15세에서 35세 사
이의 남자 전원을 대상으로 DNA 검사를 실시해 달라고 프랑스
정부에 강력하게 요청했다. 영국 정부가 이와 같은 요청을 프랑
스에 한 것은 영국에서 자동차 히치하이킹을 하던 프랑스 여학
생이 살해되자 수천 명의 운전자에 대한 DNA 검사로 범인을
체포한 적이 있었기 때문이다.

1999년 10월에 미국 위스콘신 주의 밀워키에서는 정체불명의
성폭행범이 기소되었다. 1993년 11월에 밀워키에서 3건의 연쇄

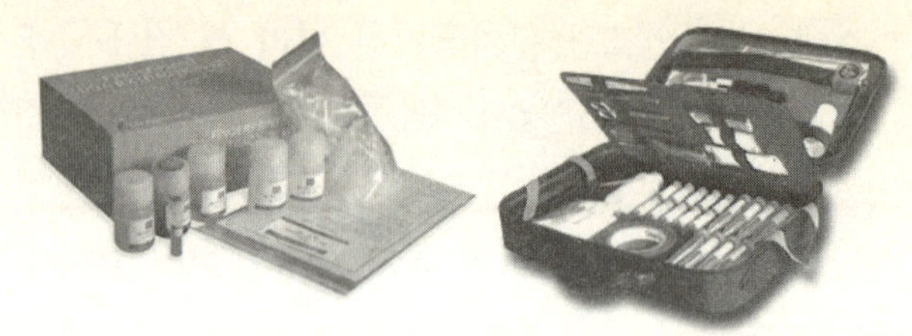

성폭행 사건이 일어났지만 범인은 오리무중인 데다가 피해자들도 인상착의를 제대로 이야기하지 못했다. 다만 피해자들의 신체 일부에 묻은 정액만이 유일한 단서였다. 6년의 공소 시효를 넘기지 않기 위해 검찰은 성폭행범의 정액 DNA 자료만 갖고 법원에 기소했던 것이다. 법원도 이를 받아 들여 소재 불명의 범인 체포영장을 발부했다. '범인의 성도 이름도 모르고 행방도 모르는 상태이지만 그의 DNA를 확보하고 있으므로 기소를 인정한다'는 것이 법원의 입장이었다.

현재 미국에서는 각종 범죄 현장에 남아 있는 머리카락, 혈액, 담배꽁초에 묻은 타액 등을 통해 범인의 DNA 지문을 수집하고 있다. 또한 미국 검찰은 공소 시효 만료를 막아 범인을 철저하게 검거하기 위해 아직 범인이 잡히지 않았음에도 수배중인 범인의 별명이나 신체상 특징 등을 곁들여 '홍길동', '아무개' 식으로 기소하고 있다. 범인 체포 후 법원 제출 증거용으로 DNA를 분석하는 데서 일보 전진한 수사상의 발전이다.

이와 같은 기소가 가능한 것은 대부분의 범죄 현

장에는 언제나 분석 가능한 혈흔, 강간범의 정액, 혹은 머리카락이나 피부 조직 등이 남기 때문이다. 그러므로 수사 당국은 범인이 남겨 놓은 몇 올의 머리카락, 혈액, 정액, 타액, 오줌 혹은 다른 조직들을 통해 그가 누구인지를 밝혀낼 수 있다는 자신감을 갖게 된 것이다. 이 감식법은 피고가 범죄를 저질렀음을 입증할 수는 없더라도 어떤 사람과 범죄 현장을 분명하게 연결시킬 수 있다는 점에서 위력을 갖는다.

DNA 지문이 가장 활발하게 적용되고 있는 분야는 친자(親子) 확인 소송이다.

DNA 지문을 통해 친자 확인이 가능한 것은 부모의 정자와 난자를 통해 유전자가 자식에게 전해지기 때문이다. 유전자의 절반은 어머니로부터 오고 나머지 절반은 아버지로부터 온다. 따라서 우리 개인의 독특성 대부분은 부모로부터 물려받은 유전자 조합에서 유래한다. 부모로부터 물려받을 수 있는 유전자는 수백만의 가능한 조합이 있지만 형제 자매가 다른 사람들에 비해 서로 닮는 이유는 동일한 부모로부터 동일한 특성의 유전자를 받기 때문이다. 이 말은 역으로 똑같은 부모에게서 태어난 자식조차 제각각이라는 것을 뜻한다. 모습만 다른 것은 아니고 성격도 다르다. 그 비밀은 유전자가 결합되는 방식 때문이다.

우리의 몸을 구성하는 세포는 46개의 염색체를 갖고 있다. 그러나 생식세포라고 불리는 정자와 난자는 그 절반인 23개의 염색체만 갖고 있어서 자식을 만들려면 서로 다른 남녀의 정자와 난자가 합쳐져서 46개의 염색체가 되어야 한다.

그런데 남자의 몸 속에서 평생을 통해 만들어지는 수많은 정자는 유전자의 내용이 모두 다르다. 여자의 경우도 사춘기부터 폐경기까지 배란되는 약 450개의 난자 속에 있는 유전자의 내용이 전부 다르다. 인간이 되기 위해 정자와 난자가 만날 때 어떤 조합이 이루어질지는 그야말로 우연이라는 것이다.

정자와 난자가 만들어질 때는 더 복잡한 과정이 일어난다. 46개의 염색체가 그 절반인 23개로 나누어질 때, 염색체는 무를 칼로 자르듯이 단순하게 잘려지는 것이 아니라 교차라는 과정을 거치기 때문이다. 어머니에게서 온 염색체와 아버지에게서 온 염색체 위에 있는 약 10만 개의 유전자가 쌍을 이루면서 무작위로 섞이는 것이다. 이것을 산술적으로 계산하면, 한 부모로부터 $2^{23} \times 23$, 약 70조 명의 자식이 태어나더라도 똑같은 유전자를 갖고 있을 경우가 없다는 것이다. 한 부모 사이에 태어난 자식의 경우에도 이와 같이 달라지는데 다른 부모를 둔 경우에 서로 차이가 나는 것은 당연한 일이다.

이와 같이 같은 부모에게서 나온 자식들이 서로 다르게 되는 것은 종의 번식을 위한 기본 방식이기도 하다. 만일 우리가 생사를 가름할 만큼 극단적인 환경에 놓였다고 가정하자. 그런 경우 그냥 앉아서 혹독한 환경에 굴복하여 죽느니 보다는 다양한 방법으로 이리저리 도전하여 일부 개체라도 살리는 것이 현명하다고 생각할 것이다. 다시 말해서 인류가 안전하게 번성하려면 다양해야만 한다는 것이다.

여하튼 첨단 유전자 기법으로 부모를 찾는 것은 이제 어려운 일이 아니다. 국내에서도 DNA로 친자 확인을 해주는 곳이 있는데 30대 남자가 총 의뢰자 중의 절반을 차지하고 있다고 한다. '나하고 닮은 곳이 아무 곳도 없어서 진짜 내 자식인지 확인하고 싶다'가 주요 이유이다. 놀랍게도 확인을 요청한 숫자의 30%가 친자가 아니었다는 보도가 나온 적이 있다. 앞으로는 적어도 자식 문제만은 숨길 수 없을 것 같다.

이와 같은 기법이 인간에게만 적용되는 것은 아니다. 맛이 좋은 쌀이 생산되는 것으로 유명한 일본의 아키타 현은 1998년부터 DNA 감정을 통해 진짜 아키타산 쌀에 인정 봉인을 첨부하고 있다. 다른 지역의 쌀을 아키타산으로 속여 판매하는 것을 막기 위해서이다. 한국에서도 생산지가 불분명하거나 외국산 제품이 한국산으로 둔갑하여 항상 문제가 되고 있는데 이 방법을 도입하면 문제가 근본적으로 해결될 것으로 생각된다.

이제 정자와 난자가 수정된 후 남성과 여성이 어떻게 결정되는지를 알아보자. 사람의 세포에는 46개의 염색체가 있는데 이 중 44개는 상염색체이고 2개가 성염책체이다. 성염색체가 2개라는 점에서는 남녀가 같지만, 남자는 X, Y염색체를 각각 하나씩 갖고 있고 여성은 X염색체만 2개를 갖고 있다.

그런데 모든 면을 볼 때 남성인 사람의 염색체가 XX이거나, 여성이 틀림없는 데도 불구하고 염색체가 XY인 경우가 발견되어 학자들을 놀라게 한다. 이것은 소위 '간성(intersex)'이라는 염색체 이상(染色體異常) 때문이다.

학자들이 여기에 주목하지 않을 리 없다. 1980년대 말에 드디어 성염색체는 XX이면서도 남성 행세를 하는 여자의 염색체에는 X염색체에 Y염색체의 조각이 부착되어 있다는 사실이 발견되었다. 반면에 성염색체가 XY임에도 여성 행세를 하는 남자의 Y염색체에는 이 조각이 결여되어 있었다.

이것이 '성을 결정하는 유전자', 즉 정소결정유전자(Testis determining factor)이다. 그러므로 정상 남성으로 결정되는 것은 Y염색체 때문이 아니라 사실은 Y염색체 상에 있는 정소결정유전자의 유무에 달려 있는 것이다.

X염색체의 크기는 Y염색체에 비하여 매우 크다. 또한 X염색

체는 전체 유전물질의 5%를 함유하고 있을 뿐만 아니라 세포 생명을 유지하는 데 필요한 효소를 비롯하여 단백질을 결정하는 유전자 등 중요한 유전자들로 가득 채워져 있다. 따라서 X염색체는 생명활동을 일으키는 부싯돌과 같은 기능을 갖고 있다. 이것을 다시 말한다면 인간이 되기 위해서는 X염색체가 필요하고 남성이 되기 위해서는 Y염색체(정소결정유전자)가 필요하다는 뜻이다. 인간은 그야말로 오묘한 동물인 것이다.

이제 노벨상으로 돌아가자.

DNA 배열에는 단백질에 암호를 지정하지 않는 소종체(Minisatellite)가 있는데 그것은 인간 세포마다 수천 개씩 존재한다. 제프리스는 사람의 유전자는 개개인마다 서로 다른 소종체 패턴을 갖고 있다는 것을 발견했다. 즉 사람마다 DNA의 여러 위치에서 특정한 DNA 염기 서열이 일정 길이만큼 계속 이어져서 반복되는 부위가 발견된다. 반복되는 횟수가 사람 개개인마다 매우 다르게 나타나는 특징이 있으므로 이를 이용하는 것이 유전자 지문법이다. 사람마다 지문이 다르듯이 각자의 DNA가 다르다는 뜻이다.

DNA 지문을 확인하는 과정은 이미 여러 장에 걸쳐 설명한 것을 생각하면 이해하기가 쉬울 것이다. 우선 사건이 일어난 현장에서 수거한 혈액, 머리카락, 타액 등과 같은 생체물질에서 DNA를 순수하게 추출, 분리한다. 그것을 특정 제한효소로 처리한 후 전기영동을 이용해 크기별로 DNA 조각을 분리한다. 핵산은 수소이온을 방출하고 마이너스 전기의 성질을 띤다. 전압이 걸린 전장(電場)에 DNA를 놓아 두면 DNA는 플러스극(極) 쪽으로 일제히 달리기 시작한다. 이때 가볍고 작은 DNA가 빠르게 달리는 성질을 이용하는 것이 전기영동이다.

이렇게 특정한 DNA 부위의 염기 서열과 반복 횟수를 측정하여 개인별로 독특한 DNA 구조를 얻는다. 이것을 컴퓨터로 분석하여 보다 정확한 유전자 지문을 얻은 후 범인과 피해자의 유전자 지문과 비교하여 상관관계를 얻는 것이다.

그러나 이 방법에도 문제점이 있다. 분리한 DNA의 양이 너무 적어서 분석이 어려운 경우이다. 이 문제는 1968년에 노벨 생리·의학상을 수상한 인도의 코라나(Har Gobind Khorana)에 의해서 풀렸다. 그는 염기 배열이 결정되어 있는 인공 DNA, 인공 RNA를 세계 최초로 유기화학적으로 합성하는 데 성공했다.

코라나의 방법은 DNA에 하나의 플라이머(복사를 시작하는 출발점)를 결합시키고 중합효소로 효소 활성화가 좋은 클레나우 프라그먼트를 사용해서 단일 나선의 DNA를 복제하는 것이다. 이때 연속반응을 위해 한 번 복제된 단일 나선 DNA를 기질로부터 분리시킨다. 그러나 이 과정을 위해서는 95도 이상의 고온처리를 해야 하는데, 고온 처리를 하면 클레나우 프라그먼트가 열에 의해 변성된다. 따라서 다음 반응 시에 활성효소를 새로 공급해야 하는 불편이 있었다. 더구나 DNA의 양이 극히 미량이면 이 배증 작업을 여러 번 되풀이해야 하므로 간단한 작업이 아니었다.

이 문제에 도전한 사람이 멀리스(Kary B. Mullis)이다. 멀리스는 DNA를 합성하여 특정 염기배열의 검색에 사용할 수 있는 코라나의 방법이 개발되자 박테리아, 효모 등의 생물체를 이용하지 않고서도 DNA를 복제할 수 있는 방법을 개발하는 데에 몰두했다.

멀리스가 개발한 것은 단일 플라이머 대신 두 개의 플라이머를 사용하여 증폭시킬 부위를 한정시킨 후 이들 플라이머를 시작점으로 하여 새로운 DNA 가닥이 서로 반대 방향으로 합성하여 원하는 크기의 2중 나선 DNA를 복제하는 것이다. 다음으로 새로 합성된 DNA의 가닥을 분리하여 다시 동일한 염기 배열을 갖는 새 프라이머 쌍으로 DNA를 복제했다. 이렇게 하면 목표 DNA는 1회 반응 후 2개의 2중나선 DNA로, 2회 반응 후에는 4개, 3회 반응 후에는 8개로 결국 n회의 반응 후에는 2^n개라는 지수로 복제될 수 있는 것이다. 이 중합효소 연쇄반응을 사용하면 극히 소량의 견본 DNA와 적절한 프라이머를 이용하여 특정 DNA 부위를 원하는 대로 증폭시킬 수 있는데 20회 반복하면 약 100만 배까지 늘일 수 있다. 더욱 놀라운 것은 이렇게 늘이는 데 걸리는 시간이 겨우 세 시간이라는 점이다.

그러나 멀리스가 고안한 방법으로도 DNA를 복제하려면 반응 온도를 90도 이상으로 올렸다가 37도로 내리는 과정을 반복해야 하는데 이때 코라나의 방법과 마찬가지로 매 복제 반응이 끝날 때마다 효소를 계속 첨가해 주어야 하는 불편한 점이 있었다. 따라서 멀리스의 방법은 이론적으로는 코라나 방법보다는 유용하지만 실제적으로는 큰 장점이 없으므로 사장될 위기에 처해졌다.

이때 멀리스의 논문에 관심을 가진 학자 중에 일본인인 사이키가 있었다. 그는 미생물을 전공한 학자로 온천에서 생존하는 세균에 대한 연구를 하고 있었다. 일반적으로 끓인 물에서는 미생물이 전멸하지만 뜨거운 온천물에서 생존하는 세균이 있다. 사이키는 멀리스의 논문을 보고 만약 높은 온도에서도 기능을 발휘할 수 있는 DNA 중합효소가 있다면 멀리스의 문제를 해결할 수 있다고 생각했다. 그는 끓는 물에서 미생물이 살 수 있다는 것은 이 미생물은 끓는 온도에서도 복제를 할 수 있었기 때문으로 생각하고 온천에 살고 있는 생물들이 다음 세대에 유전 형질을 물려주기 위해 어떤 효소를 갖고 있는지를 연구했다.

그의 생각은 보기 좋게 들어맞아 높은 온도에서도 변성되지 않고 DNA 합성 기능을 발휘할 수 있는 DNA 중합효소를 찾아내는 데 성공했다. 그는 자신이 찾아낸 세균에 더모스 아쿠아티쿠스(Thermus aquaticus)라는 이름을 붙이고 효소의 이름을 타그 DNA 폴리머라제(Taq DNA polymerase)라고 명명한 후 자신의 연구 결과를 멀리스에게 전했다. 이 세균은 70~75도의 온도가 적절한 생육 온도이고 고온에서도 포자를 형성하지 않는 특성을 갖고 있다. 세균의 이름으로부터 따온 타그 중합효소는 높은 온도에서도 활성을 유지하므로 중온에서 고온까지 수시로 바뀌는 중합효소 연쇄반응에서의 온도 변화를 극복하면서 유전자를 증폭시킬 수 있었다. 가장 중요한 것은 DNA의 증폭 반응과 열처리 반응을 교대로 하면 효소를 새로 가하지 않아도 사이클이 더해질 때마다 DNA를 배로 만들 수 있다는 점이다.

사이키의 효소를 사용하자 멀리스의 방법은 그야말로 획기적인 발명으로 변했다. 그의 방식에 의하면 아무리 적은 DNA 시료일지라도 몇 사이클을 돌리면 염기 배열을 측정하기에 충분한 양의 DNA를 얻을 수 있기 때문이다. 그는 1993년에 노벨 생리·의학상을 수상하였다.

단일 세포의 DNA를 무한정으로 증폭시킬 수 있는 이러한 간편한 방법이 발견되었기 때문에 기초 연구의 용도뿐만 아니라 각종의 진단 시약 제조나 범죄 수사 등에 쓰일 수 있게 된 것이다.

이와 같이 PCR 기법을 이용하면 6개월 이내의 시료라면 길이로는 1밀리미터 이상, 부피로는 100만 분의 1리터 이상의 혈흔

만 있어도 DNA 감정이 가능하다. 단 한 방울의 혈액만으로 범인을 검거할 수 있다는 것이 과장은 아니다. 실제로 영화『쥐라기 공원』에서 호박에 화석화되어 있는 모기에서 공룡의 혈액을 채취하여 미량의 DNA를 가지고 증폭시켜 공룡을 재생시키는 과정을 보여주고 있는 것도 이런 기술에 의해서다.

PCR 방법의 응용으로 범죄수사가 새로운 차원으로 들어설 수 있게 되었다는 것은 이미 설명했다. 그러나 PCR 기법에 의해 가장 큰 피해를 본 사람은 아마도 콜롬보 형사로 보인다. 영화에서는 콜롬보 형사는 범죄에 관한 증거가 거의 없음에도 불구하고 날카로운 추리력을 바탕으로 어려운 살인사건을 해결하는 것으로 정평이 있었다. 그러나 이제 현장에 남겨진 단 한 가닥의 머리카락만으로도 범인을 확인할 수 있게 되었다. 한 가닥의 머리카락은 약 5천 개의 세포를 포함하기 때문에 DNA 패턴을 만드는 것이 어려운 것은 아니다. 그러므로 날카로운 추리에 의존해야 하는 골머리 아픈 사건이 점점 줄어들면 『형사 콜롬보』와 같은 수사 영화가 또 다시 만들어질지 의문이다.

한편 PCR 방법은 범죄 수사뿐만 아니라 암이나 유전병 연구 등 의학 분야, 유전학 분야는 물론 박물관 표본 등에서 추출한 DNA를 해석하여 고대의 수수께끼를 해명하는 데도 응용되고 있다. 또한 AIDS가 밝혀지게 된 것도 PCR 기법이 나온 덕분이다. PCR의 개발과 같은 시기에 AIDS를 유발하는 바이러스가 발견되자 감염 여부를 추적하는 문제가 과학계에서 해결해야 할 당면 과제였는데 PCR이 이를 말끔히 해소한 것이다.

그러나 이 방법으로 가장 크게 혜택을 받을 수 있는 분야는 장기 이식이다. 장기 이식의 문제점은 증여자의 장기에 대한 수혜자 장기의 거부 반응인데 DNA분석으로 유사한 유전인자를 갖고 있는 사람을 쉽게 찾을 수 있어 사전에 거부 반응이 적은 장기를 선정할 수 있기 때문이다.

지금까지 몇 개 장에 걸쳐 다윈의 진화론으로부터 유발된 유전자 연구에 대해 살펴보았다. 유전자 연구로 노벨상을 수상한 과학자가 거의 40여 명이 될 정도로 이 분야의 연구는 20세기 과학자들의 지대한 관심을 끌었고, 수많은 연구 성과를 이루어 냈다. 그러나 아직도 유전자 연구에서 미지의 영역으로 남아 있는 부분은 많다.

세균과 같이 세포에 핵이 없는 원핵생물의 DNA 유전 암호는 모두 해석할 수 있지만 포유동물처럼 핵이 있는 진핵생물에서는 해독이 불가능한 부분인 인트론과 엑손이 존재한다. DNA에는 하나의 단백질을 지정하는 코드 배열이 처음부터 끝까지 하나로 연결되어 있는 것이 아니라 사이사이에 의미 없는 비코드 배열이 끼여들어 있는데 이렇게 비코드 배열에 의해서 분할된

코드 배열을 엑손이라고 하며 사이사이에 끼어든 비코드배열을 인트론이라고 한다. 더구나 이 배열은 한 개의 유전자 속에 수십 개나 존재하고 있다. 그러나 왜 이와 같은 배열이 존재하는지에 대해서는 아직 아무것도 알려진 것이 없다. 또한 생명체에 있어 불필요한 부분은 도태되는 것이 필연적이므로 인트론과 같은 실업자가 계속 존속하는 이유가 의문일 수밖에 없는 것이다.[2]

그뿐이 아니다. 사람이 만들 수 있는 단백질이 200만~250만 종류인데 실제로 사람의 세포 안에 있는 단백질은 기껏해야 5만~10만 종류뿐이다. 일부 학자들은 이 사실을 근거로 아직도 규명되지 않은 수많은 유전자가 남아 있다고 생각한다. 그밖에도 자연에 존재하는 각종의 RNA, 바이러스 등이 어떤 3차 구조를 이루고 있는가는 물론 생화학적 기능도 완전하게 밝혀지지 않고 있는 실정이다. 이들 연구 결과에 따라 어떤 획기적인 정보가 생겨날지 모르는 일이다.

유전자 분야처럼 새로운 연구 영역이 남겨져 있는 것도 많지 않을 것이다.

마지막으로 많은 사람들이 궁금하게 생각하는 것, 즉 노벨상을 탄 과학자들은 얼마나 벌었는지 알아보자. 인간에게 파급 효과가 큰 연구 결과일수록 수입으로 연결되는 경우가 많은 것은 사실이기 때문이다.

노벨상을 제정한 노벨은 자신의 발명품으로 당시 유럽의 최고 부자가 되었다. 다음 장에 설명하는 복제양 돌리의 연구자 윌마트도 자신에게 연구비를 제공했던 연구소보다 더 조건이

---

2) 인트론이 특정 유전자가 만드는 단백질의 수준을 조절하는 데 관여할지도 모른다는 주장이 있지만 아직 확실하지는 않다.

좋은 조건, 즉 500만 달러를 받고 PPL 사로 자리를 옮겼다. 그렇다면 멀리스의 경우는 어땠을까?

멀리스가 자신의 아이디어를 고안했을 때 시투스 사의 직원이었으므로 그 특허는 당연히 회사의 명의로 제출했다. 그런데 중합효소 연쇄반응 기술의 중요성이 알려지고 멀리스가 노벨상까지 수상하자 시투스 사는 제약회사인 롯슈에 멀리스의 발명을 5억 달러에 팔아 넘겼다. 멀리스에게는 보너스로 무려(?) 1만 달러나 지급했다. 멀리스가 발끈하고 회사를 떠났음은 물론이다.

반면에 사이키는 자신이 발견한 타그 DNA 폴리머라제에 대한 국제특허를 취득한 후 자신의 특허권을 퍼킨엘머 사에 넘기면서 돈방석에 앉았다. 사실 멀리스가 PCR 방법의 원리를 제일 먼저 발견했지만 사이키가 없었다면 그의 원리는 사장되었을 것이다. 노벨상은 최초의 제안자에게 수상한다는 원칙에 따라 멀리스 혼자서 노벨상을 받았다. 사이키가 크게 실망했음은 물론이다. 그러나 사이키로서도 불평할 일은 아니다. 사이키는 돈을 벌고 멀리스는 명예를 얻었기 때문이다. 이런 경우 독자들은 어느 쪽을 택할지 생각해 보기 바란다.

과학자들의 연구 업적은 수입으로 연결될 수도 있고 그렇지 않을 수도 있다. 인류에 공헌을 하면서 수입으로도 직결되는 것이 가장 좋겠지만 그렇지 않더라도 불평할 일은 아니다. 노벨상이라는 명성이 그 보상으로 항상 여러분들을 기다리고 있기 때문이다.

복제양 돌리

● 복제양 돌리

1997년에 아이언 월마트는 체세포로 복제양 돌리를 만들었다고 발표하여 세계를 경악하게 만들었다. 1999년에는 돌리가 세 마리의 새끼를 낳아 생식력이 정상임을 확인시켜 주었다. 돌리의 탄생은 수많은 노벨상 수상자들의 연구를 기반으로 하여 이루어진 것이다.

아이언 월마트의 복제양 돌리 소식이 나오자 만약에 '복제인간'을 만든다면 누구를 복제해야 하는가 하는 여론 조사가 미국인을 상대로 진행된 적이 있었다.

미국인들은 복제되어야 할 인물 순위 1위로 테레사 수녀를 꼽았다. 평생을 병든 자와 가난한 자를 위해 헌신한 테레사 수녀를 복제하면 복제할수록 인류에 득이 되는 인물로 보았기 때문이다. 2위는 로널드 레이건 전 대통령으로, 이유는 그의 지도력보다는 재임 당시 '국민을 편안하게 만들었던 대통령'으로 기억되기 때문이다. 3위는 미 프로농구의 마이클 조던이다. 선수생활과 사생활에서 성실한 자세로 청소년들에게 귀감이 되었기 때문으로 보인다. 4위는 영화배우 샤론 스톤, 5위는 살아있는 전설적인 프로복서 무하마드 알리였다.

반면에 복제되어서는 안 되는 인물 1위는 미식 축구의 영웅이었으나 부인과 그 정부를 살해한 혐의로 법정에 섰던 심슨이다. 재판에서는 무죄로 판결되었지만 그가 진범이라고 믿는 사람이 많아 '거짓말쟁이'가 다시는 태어나서는 안 된다는 여론의 반영이라는 평이었다. 2위의 영예는 빌 클린턴 대통령, 3위는 미 프로농구의 사고뭉치 데니스 로드맨, 5위는 클린턴의 부인 힐러리 여사가 차지했다.

한편 복제양이 태어나자마자 복제인간의 탄생도 곧 이어질 것으로 예상하는 사람들이 많았다. 일례로 1999년에 다국적 인간복제기업을 표방한 클로나이드 사는 복제 희망자를 모집했다. 복제 희망자 중에는 한국인 4명이 포함되었다고 한다. 일부에서는 이미 복제인간이 연구 중에 있다는 보도도 있고 복제인간이 탄생하여 거리를 돌아다니고 있다는 소문까지 돌았다.

생명체 복제는 작가들의 상상력에 의하여 먼저 정복되기 시작했다. 아이라 레빈(Ira Levin)은 신(新) 나치주의 과학자들이 히틀러의 체세포를 이용해 새로운 히틀러들을 만들어 내는 소설 『브라질에서 온 소년』을 발표했다.

마이클 크라이튼은 호박(琥珀) 속에 갇혀 있던 모기 한 마리가 수천만 년 전에 공룡의 피를 빨아먹었다는 전제 아래, 그 모기의 뱃속에서 추출한 공룡의 DNA를 이용하여 공룡을 복제하는 내용의 소설을 썼다. 이 소설을 영화화한 『쥐라기 공원』이 흥행에 성공한 데에는 단 한 번도 실제로 본 적이 없는 공룡을 복제할 수 있다는 아이디어도 큰 몫을 차지한다. 1996년에는 영화 『멀티플리시티』에서 주인공 마이클 키튼이 각기 다른 환경에 적응해야 하는 복제인간들의 애환을 그렸다.

필자는 1997년에 『아누비스』(명진출판)에서 복제인간을 통하여 왕국을 차지하려는 음모의 실체를 그렸고, 1999년에는 『피라미드』(새로운사람들, 자작나무)를 통하여 복제인간을 통한 영생의 문제점을 심층적으로 다루었다.

이러한 작품들과는 달리, 데이비드 로빅은 어느 부유한 사업가가 과학자들에게 많은 돈을 지불하고 자신의 세포를 사용하여 자신과 똑같은 복제인간을 만드는 데 성공했다는 내용의 작품을 발표하여 세상을 놀라게 하기도 했다. 전 세계 과학자들은 그 책을 사기라고 규탄했고, 어떤 과학자는 자신의 이름이 부당하게 책에 인용되었다며 출판사 측을 고소하기도 했지만 오히려 책은 불티나게 팔렸다.

복제인간이 실제로 가능한가는 차후에 살펴보기로 하고 여기서는 복제양 돌리가 어떻게 태어날 수 있었는가를 알아보자.

1938년에 독일의 과학자 한스 스페만 박사는 세포로부터 핵을 떼어내 난자에 이식하는 이른바 '환상적 실험'을 제안했다. 1950년에는 인공 수정을 위한 황소 정자를 영하 79도에서 냉동하는 실험이 최초로 성공했다. 1952년에는 로버트 브릭스와 T. J. 킹이 피펫 계량기를 이용하여 개구리 수정란의 세포에서 핵을 떼어내 난자에 심는 실험을 했으나 복제에는 실패했다. 그러다가 1962년에 존 거든이 좀더 성장한 올챙이 세포를 이용해 올챙이를 탄생시키는 연구에 착수했다. 거든은 1970년에 개구리 배아 세포핵을 다른 개구리 난자에 주입하여 배아를 만든 후 올챙이까지 발육시키는 데 성공했다. 비록 그 올챙이는 개구리가 되기 전에 죽어 버리기는 했지만 말이다.

1970년에는 2개의 할구(割球, Blastomere)[1]를 분리하여 쌍둥이 쥐를 만드는 실험이 성공했다. 1978년에 영국의 패트릭 스텝토 팀은 세계 최초로 시험관 수정을 통해 '베이비 루이즈'를 탄생시켰다. 1981년에는 칼 일멘시와 피터 호프가 생쥐 수정란 세포

---

1) 수정란이 분열을 시작했을 때 그 결과로 생긴 배(胚)의 세포들

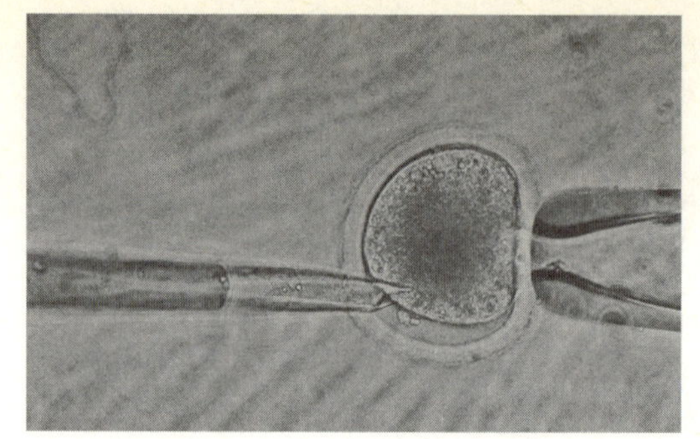

로부터 정상적인 쥐 세 마리를 복제하는 데 성공했
다. 발생 초기의 배(胚)의 세포에서 핵을 분리해서
제거하고 대신 정자로 활성화시킨 수정란을 이식
하는 방법을 이용한 것이었다. 같은 해에 미국 오
리건 대학교 연구팀은 875개의 얼룩말 무늬가 있
는 '제브라다니오'라는 태생 관상어(胎生觀賞漁)를
복제하는 데 성공했다.

1984년에 스틴 윌라센은 미성숙한 양의 수정란
세포로부터 양을 복제하는 데 성공했고, 다른 과학
자들도 같은 방식으로 소, 돼지, 염소, 토끼, 뱅골
원숭이 등을 복제하는 개가를 올렸다. 1993년 10월
에 제리 홀과 로버트 스틸먼은 최초로 인간의 할구
를 분리했는데 그들은 하나의 수정란을 일란성 쌍
둥이, 세 쌍둥이, 네 쌍둥이로 복제하는 등 48개의
클론을 만들어 냈다.

1994년에 닐 퍼스트는 적어도 120개의 세포를 가
진 수정란으로부터 송아지를 복제하는 데 성공했
다. 1996년에 월머트는 수정란 세포를 휴면(休眠)
상태로 만들고 그 세포핵을 다른 양의 난자에 이식

시켰는데, 난자는 기대대로 정상적인 수정란이 되어 새끼 양 돌리를 탄생시켰다. 그것은 수정란 세포가 아닌 체세포를 이용하여 6년생 양을 복제하는 데 성공했다는 점에서 중요한 의미를 갖는다.

1998년에 미국의 로블 연구팀은 소 태아의 체세포에 인간 유전자를 주입시켜 인간 유전자가 들어간 송아지 배아를 복제하는 데 성공했으며, 일본과 뉴질랜드의 공동 연구 책임자 스노다 교수는 체세포를 이용한 소 복제에 성공한다. 1999년에 한국의 황우석 교수도 핵을 제거한 난자와 체소포인 젖소 난구 세포의 핵을 결합시키는 방법으로 소 복제에 성공한다.

2000년에 미국의 제럴드 새튼 교수팀은 '배아 분리 기술'을 이용하여 '테트라'라는 암컷 원숭이를 복제하는 데 성공했다. 이것은 암·수 원숭이의 난자와 정자를 이용 인공 수정란을 만든 뒤 배아가 8개의 세포로 분열되었을 때 이를 4개로 쪼개 각각의 배아로 만든 후 암컷 원숭이에게 착상시켜 복제한 것이다. 이것은 일란성 쌍둥이가 만들어지는 것과 비슷한 원리이다.

포유동물을 복제하는 방법 가운데 가장 간단한 것은 일란성 쌍둥이가 만들어지는 과정을 본뜨는 것이다. 난자가 몇 개의 세포로 분할되는 발생 초기 단계에 각각의 세포는 각기 똑같은 유전적 특질을 가지고 있다. 또한 아직 어느 세포도 신체의 특정 부위로 발전하도록 지시하는 유전정보를 가지고 있지 않은 상태인 것이다. 이러한 조건에서는 분리된 세포 하나하나는 각각 완벽한 하나의 개체로 자랄 수 있다. 사람의 일란성 쌍둥이는 이러한 과정이 우연히 일어난 결과이다.

이러한 과정을 인위적으로 만들어 보자는 것이 복제의 기원인 셈이다. 클론(Clone)은 일종의 복사본으로, 유전적으로는 원본과 똑같다. 그러나 유성 생식을 하는 모든 포유동물은 일란성 쌍둥이를 제외하고는 클론을 만들지 않는다. 더욱이 성숙한 포유동물은 자신의 클론을 만드는 것이 불가능하다. 그러나 이것은 이제 '자연 상태'에서의 이야기일 뿐이라는 것을 월마트가 보여주었다.

동물 복제에 관한 연구는 곧 세포 분화에 관한 연구이다. 수정된 난세포는 뼈나 근육, 혹은 피부 등 모든 부위의 세포로 분열할 수 있지만 성장한 개체의 피부 세포는 피부 세포만을, 근육 세포 역시 같은 근육 세포만을 확대 재생산할 뿐이다. 지금까지 생물학에서는 "체세포처럼 완전히 분화하여 기능이 고정된 세포는 분화 전의 상태로 되돌릴 수 없다"는 체세포 분화의 비가역성이 정설이었다. 이미 분화된 세포는 그것이 소속된 조직의 기능만 하도록 되어 있기 때문에 그 세포의 핵은 개체 발생을 일으킬 수 없다는 것이다.

여기에서 의문이 생겨난다. 피부 세포 역시 수정된 난세포가 지닌 모든 DNA를 지니고 있다. 그런데도 뼈나 근육 세포로 분열되지는 않는다. 왜 이 세포들은 똑같은 재료를 가지고도 난세포가 할 수 있는 일을 하지 못할까? 복제 동물을 만들기 어려운 이유가 바로 이것이다.

그러나 과학계에서는 어른 개구리의 암세포에서 빼낸 핵을 난세포 속에 집어넣었을 때도 올챙이가 태어나고 어른 개구리로 성장해 나간다는 것을 알아냈다. 이는 암세포를 집어넣으면 암세포들만 생겨날 거라고 생각했던 많은 생물학자들의 예상과는 전혀 다른 것이었다. 말하자면 정상적인 세포가 암세포로 변할 때, 성장한 개체 내에서 각종 기능이 정지되었던 유전자들이 되살아난다는 것이 증명된 셈이다.

특히 일부 과학자들은 충분히 성장한 올챙이의 내장 세포에서 핵을 빼내어 핵을 제거한 난세포에 이식한 결과, 정상적인 개구리를 탄생시킬 수 있었다. 이것은 올챙이 단계에서 분화된 유전자들은 돌이킬 수 없을 정도로 완전한 기능 정지가 일어나지 않으며, 조건만 충족되면 그러한 기능들이 복원될 수 있다는 것을 의미한다.

이러한 연구 과정을 거쳐 1997년에 윌머트가 6년생 암양의 유선(乳腺) 조직에서 채취한 DNA 유전자를 다른 양의 난자와 결합시킨 결과, 암수의 성교나 수컷의 정액 없이도 미수정란 핵을 체세포 핵으로 바꾸어 유전적으로 똑같은 양을 만들어 내는 데 성공한 것이다.

이 연구 전까지는 포유동물의 복제를 연구할 때, 주로 핵 이식(nuclear transfer) 방법을 이용했다. 이것은 DNA 정보를 담은 공여(供與) 세포와 DNA를 제거한 난자를 융합하는 방식이었다.2) 두 세포가 융합되면 발생 단계의 배자(胚子, embryo)를 대리모로 옮기는 것이다. 그러나 이 방법으로 생산한 포유동물의 클론은 제대로 자라지 못하는 단점이 있었다. 즉 초기 배자로부터 직접 추출한 공여 세포 대신 장성한 체세포를 이용해 클론을 만들려는 시도는 성공하지 못한 것이다.

월머트는 공여 세포와 난자의 상태를 교묘하게 조정했다. 한 개의 세포는 두 개의 딸세포로 유사분열(有絲分裂, mitosis)하기 전까지 G_1, S, G_2 등 세 단계를 거쳐 성장한다. S단계에서 염색체가 복제되고 DNA가 2배로 늘어난다. 세포가 분열되면 각각의 딸세포는 똑같은 양의 DNA를 갖게 된다.

많은 과학자들이 클론을 만들기 위해 S단계나 G_2단계의 공여 세포와 이미 유사분열을 시작한 난자를 이용했지만 결과는 항상 실패로 끝났다. 공여 세포와 난자가 융합될 때 좀더 많은 DNA 복제가 일어났지만 그로 말미암아 유사분열에 혼란이 오는가 하면 손상되거나 쓸모 없는 염색체가 만들어지기도 했다.

그러나 월머트는 S나 G_2단계의 세포 대신 휴지기(休止期) 세포를 이용하여 복제에 성공했다. 이것은 개구리를 이용한 실험이 포유류의 경우에도 적용될 수 있다는 것을 뜻한다. 즉 모든 유전 정보를 갖고 있는 성숙한 세포를 비활성(非活性) 상태로 만들면 그 세포의 모든 유전자가 재생 가능한 상태로 돌아간다는 것이다. 이때 비활성 상태란 냉동 과정을 거쳤다는 것으로 이것은 사망 직후 엄격한 지침에 따라 냉동된 인간도 복제될 수 있음을 증명한 것이기 때문에 수많은 사람들에게 큰 충격을 주

---

2) 이때 세포 융합의 효율을 높이기 위해 약한 전기 충격을 준다.

유전자 복제 연구를 반대하기 위해 흰가면을 쓰고 있는 프랑스 녹색당 원들. 일부 사람들은 유전자 복제 연구가 악용될 경우 엄청난 재앙이 초래될 것이라고 주장하고 있다. (『과학동아』 1999년 12월호에서 인용)

었다.

그러나 동물 복제가 인간 복제의 차원으로 넘어오면 넘어야 할 산이 만만치 않다. 우선 인간 복제에 반대하는 사람들은 연구 결과가 악용될 경우, 재앙이 초래될 것이라고 주장한다.

예를 들어 인간 복제를 통해 나이만 다를 뿐 생김새가 똑같은 쌍둥이 가족이 생겨날 수도 있다. 황당한 이야기 같지만, 여자가 자신과 똑같은 쌍둥이를 낳는 일도 발생할 수 있다. 또 어떤 아이가 매우 우수한 것으로 판명될 경우, 얼려 놓은 그 아이의 클론들을 높은 값에 팔 수도 있다. 분리된 할구는 냉동시키기만 하면 되기 때문에 관리하기도 아주 편하다.

고약스러운 예는 그뿐만이 아니다. 장기 이식이 필요한 경우를 대비하여 자신의 배(胚)를 냉동시켜 놓았다가, 여차하면 그걸 성장시켜 필요한 장기를 공급받는 것이다. 클론은 원래 자기 몸에서 떼어낸 세포를 복제한 것이기 때문에 거부 반응도 없다. 그러나 이럴 경우, 자신의 병을 치료하기 위하여 또다른 자신을 살해해야 하는 모순이 생긴다.

생물학적인 측면에서도 바람직하지 않은 면이 있다. 자연 질서에 따르면 생물체가 수정될 경우, 서로 다른 정자와 난자의 유전자가 결합해서 각기 다른 면역 체계를 가진 후손을 탄생시킨다. 결과적으로 종족 전체의 생존 가능성이 높아진다는 뜻이다. 그러나 복제된 동물들은 똑같은 체질만을 지니게 되므로 특정한 병에 약점이 있을 경우에는 떼죽음을 면치 못한다.

반면에 복제에 대해 찬성하는 사람들도 많다.

인간 복제에 대한 사람들의 불안은 대개 특정인을 복제하면 외모는 물론 사고와 의식까지도 똑같은 완벽한 '제2의 인물'이 탄생할 것이라는 생각에서 비롯된다. 그러나 지금까지 진행되어온 복제 기술을 사용할 경우, 동일한 유전 형질을 지닌 탓에 신체적인 특성은 같다 해도 세포를 제공한 인물과 복제인간은 완전히 다른 인격체가 된다는 것이다.

인간 복제 옹호론자들은 일란성 쌍둥이의 예를 흔히 인용하고 있다. 즉 쌍둥이들은 똑같은 유전 형질을 갖고 태어난다는 점에서는 복제인간과 다를 바 없지만, 각자의 자아는 개별적인 존재이며 따라서 아무런 문제 없이 살아가고 있다는 것이다.

더구나 포유동물의 복제는 인류에게 여러 가지 혜택을 가져다주는 긍정적인 효과가 적지 않다. 우선 축산 효율의 극대화를 꼽을 수 있다. 가장 좋은 품종을 무한정 생산할 수 있다면 가축의 생산성이 극대화된다는 것은 말할 필요도 없다. 실제로 젖을 많이 내거나 육질이 좋은 품종을 개발한 후 집중적으로 복제하

2000년 3월에 농림부 산하 '가축 복제연구센터'가 공식적으로 출범하였다. 복제 기술의 축적에 따라 한국은 세계에서 복제 동물을 가장 많이 생산하는 나라로 떠오를지도 모른다.

는 기술은 이미 실용화 단계에 접어들어 있다.

황우석 교수는 1999년 2월에 복제 송아지 영롱이(젖소)와 진이(한우)를 탄생시켰는데 일반 송아지보다 6개월 정도 빠르게 성장한다고 발표했다. 2000년 3월에는 국내 최초로 수컷 복제소를 탄생시키는 데 성공했다. 복제한우의 경우 다 자라면 체중이 보통 소(500킬로그램)의 두 배 가까운 800~900킬로그램이 되며 우유 생산량도 일본 젖소의 3배 가량이 되며 고기의 품질 면에서도 몇 배 뛰어나다고 평가되었다.

이러한 복제 기술의 축적에 따라 한국은 세계에서 복제 동물을 가장 많이 생산하는 나라로 떠오를지도 모른다. 2000년 3월에 농림부 산하 '가축복제연구센터'가 공식적으로 발족했다. 이곳은 '복제 기술을 통한 우량소 보급 계획'에 따라 능력이 우수한 복제한우를 대량으로 농가에 보급한다는 목표를 갖고 있다. 이 계획에 의하면 2008년까지 총 2백33억 원을 투입해 복제한우 암소 10만 마리를 생산하는데, 이 숫자는 자연산 한우 암소 1백만 마리의 10% 수준이다.

한국 정부에서 이와 같이 복제소에 주목하는 것은 쇠고기 수입 시장이 완전히 개방되는 것에 대비하기 위해서이다. 한우가 외국의 저렴한 쇠고기에 대항해 살아남으려면 품질을 높이는 수밖에 없는데 이를 실현시킬 방법으로 복제 기술을 택한 것이다. 쇠고기 시장 개방을 앞둔 축산농가들도 고품질의 '씨'를 받아 키우는 것은 바람직한 일로 인정받는 추세이다. 더구나 대량 생산이 가능하기 때문에 한우의 가격이 현재보다 저렴해질 가능성이 크다.

복제 기술은 복제소와 같이 식량 생산에 도움이 되는 것만이 아니라 의학적인 측면에서도 획기적인 발전을 이룰 수 있다. 암이나 고혈압, 당뇨, 유전 질환 등은 인체를 대상으로 마음껏 연구를 진행할 수 없는 한계를 안고 있다. 그러나 자연계에는 존재하지 않는 특정 형질 변환 동물형을 만들 수 있다면, 예를 들어 모르모트나 돼지를 가지고도 인체 실험과 똑같은 효과를 얻을 수 있게 된다. 때문에 사람을 대상으로 할 때 발생하는 윤리적인 문제를 걱정할 필요가 없다. 이렇게 되면 실험 기간이 단축됨은 물론 실험의 오차도 크게 줄일 수 있는 것이다.

또한 복제 기술을 사용하여 멸종 위기에 놓인 갖가지 포유동물의 개체를 인위적으로 늘릴 수 있다. 환경론자들은 기존의 생물이 어떠한 이유에서 멸종되었다면 그 생물이 속해 있던 생태계는 파괴되었다고 평가한다. 그러므로 각종 생태계의 변화에 의한 생물의 멸종을 막아야 하는데 복제 기술이 이들의 우려를 씻어줄 수 있는 대안이 될 수 있는 것이다.

그러나 생명 복제에 대한 반대 의견도 만만치 않다. 복제소의 경우, 일반 국민이 과연 복제 쇠고기를 어떻게 볼 것인가는 아직 확인되지 않았다고 우려하는 학자들이 있음은 물론이다. 복제 쇠고기가 일반 쇠고기에 비해 별다른 차이가 없는 것인지, 즉 사람 건강에 어떤 영향을 미치는지에 대한 검증이 있어야 한다는 지적이다.

일반적으로 과학자들은 '나쁜 영향이 없다'라는 입장이다. 복제소는 유전 형질을 변화시키거나 외래 유전자를 넣는 것이 아니고 어미의 체세포 하나를 떼어내서 만든 것일 뿐이므로 보통 소와 다르지 않다는 것이 과학자들의 생각이다.

그러나 복제 동물을 연구하는 데는 낙관적 예측이 아니라 과학적인 검증이 필요하다는 주장도 무시할 수는 없다. 최초의 복제양 돌리가 정상 양에 비해 빨리 늙었다는 것은 복제 동물이 노화에 따른 질병에 걸릴 확률이 크다는 것을 뜻한다는 우려도 있다. 이런 상황에서 난치병을 치료할 의료용이면 몰라도 식용을 목적으로 대대적인 사업을 진행하는 것은 시기상조가 아니냐는 것이다.

특히 인간의 복제에 대한 우려는 매우 광범위하며 첨예한 사회적 이슈이다. 살아 있는 사람은 물론이고 경우에 따라서는 죽은 사람까지도 대량 생산할 수 있다는 것이 사람들을 두려움에 떨게 만든다. 실제로 돌리를 복제한 월마트는 "이 기술을 이용하면 인간의 유전자 복제품도 만들 수 있다"고 인정했다. 학자들은 원칙적으로 인간을 복제하는 것이 소를 복제하는 것보다 더 쉽다고 말한다. 기술적으로 복제인간을 탄생시킬 준비는 되어 있다는 뜻이다.

그러나 인간을 복제하기 위해서는 보다 근원적인 문제점을 해결하지 않으면 안 된다. 인간 복제에 있어서는 '제2의 인물'

이 탄생할 수 있어야만 비로소 진정한 인간 복제라고 말할 수 있다. 인간 복제란 바로 지금 이 순간의 자기 자신을 똑같이 만들어 내야 의미가 있다. 새로운 쌍둥이를 만드는 것이 아니라, 말 그대로 자신과 똑같은 사람을 그대로 복제해야만 진정한 인간 복제라고 할 수 있다는 뜻이다.

SF 영화나 소설에서는 종종 기계와 같은 인간을 수없이 만들어 단순 작업이나 군인으로 이용하고 있는데, 설령 그것이 현실화된다고 해도 진정한 의미의 인간 복제라고 할 수는 없다. 사람의 두뇌는 여러 가지 역할을 하지만, 그 중에서도 가장 중요한 것은 태어난 이래 자신이 경험하거나 보고 들은 것을 저장하는 일이다. 모든 사람은 각각 서로 다른 사고 체계와 정신 세계를 가지고 있으므로 아무리 자신을 똑같이 복제하더라도 자신의 기억을 복제된 몸에 이전하지 못하는 한 의미가 없다는 뜻이다.

이것은 사람을 컴퓨터와 비교해 보면 이해하기가 쉬울 것이다. 기존의 복제 연구는 하드웨어, 즉 사람의 몸뚱이를 복제하는 수준에 지나지 않는다. 하지만 겉모양만 똑같은 컴퓨터를 만들어 내는 것이 아니라 속에 든 소프트웨어와 각종 데이터까지 온전히 옮겨져야 진정한 복제이다. 인간 복제도 이러한 카피가 가능해야만 비로소 의미가 있다.

물론 기억의 이식이 가능하다는 주장도 있다.

1950년대에 톰슨과 맥코넬은 핵산의 일종으로 유전 작용을 하는 RNA가 학습한 동물의 신경 세포 속에서 불어난다는 것을 발견했다. 또한 맥코넬은 플라나리아라는 거머리를 닮은 하등 수생 생물에게 빛을 쬐었을 때 특별한 행동을 하도록 훈련시켰다. 다음에 이것을 잘게 썰어 훈련시키지 않은 다른 플라나리아에게 먹였다. 그런 다음에 이 플라나리아에게 전과 같은 훈련을 시켰더니 이전의 경우보다 훨씬 빨리 이 특별한 행동을 익혔다. 이전의 플라나리아를 먹었을 때 그 플라나리아가 지니고 있던 지식(기억)까지도 모조리 흡수한 것 같아 보였다. 척추동물의 경우에도 기억의 전달이 가능하다는 것, 즉 전달되는 기억은 개별적이라는 것이 밝혀졌다. "학생은 선생님한테서 배우는 것보다 선생님을 먹어 버리는 것이 더 교육적인 효과가 있다"는 농담도 그 후에 나왔다. 선생님들이 남아날지 의심스럽다.

물론 먼 장래에 뛰어난 사람의 뇌세포를 배양하여 거기서 골라낸 상처 없는 기억 물질을 희망자의 뇌에 주사하는 기억 이식법이 가능하리라는 추측도 있다. 실제로 1999년에 미국의 하버드 대학, 프린스턴 대학, MIT 대학, 워싱턴 대학 유전공학 공동 연구팀은 기억력과 학습 능력을 향상시키는 유전자를 쥐의 수정란에 주입 보통 쥐보다 훨씬 뇌 기능이 뛰어난 쥐 '두기'를 탄생시키는 데 성공했다. 이 쥐는 두뇌의 연상 능력을 제어하는 유전자로서 지능 발달에 핵심적인 역할을 하는 NR2B라는 유전자를 갖고 태어났다. 이 똑똑한 쥐는 전에 한 번 보았던 레고 장난감의 한 조각을 알아보고 물 속에 감추어진 받침대의 위치를 찾아내며 가벼운 충격을 받게 되는 경우가 어떤 때인지를 미리 알아차리는 등 보통의 쥐보다 뛰어난 지능을 나타냈다. 학자들은 기억력과 학습 능력 또는 IQ의 향상이 유전자 조작이라는 수단을 통해 가능함을 보였다고 기염을 토했다.

그러나 문제는 한 가지 더 있다.

인간 복제에서 가장 큰 걸림돌은 바로 우리들이 '마음'이라고 말하는 것이다. 우리들은 종종 어떤 일을 결정할 때 '내 마음이야', '내 마음대로 할 거야'라고 말한다. 그런데 마음이란 과연 어떤 것인가? 마음은 어디에 있는가? 고대로부터 많은 사람들이 이런 의문을 품어 왔다. 마음이란 뇌의 작용임은 틀림없지만 그 위치가 없다. 뿐만 아니라 '어디에 있다'는 것을 정한다는 것도 무리이다. 그러나 뇌를 없애면 마음도 없어진다.

이러한 모순점을 학자들은 다음과 같이 추론하고 있다. 외부 세계에서 뇌로 정보가 들어가면 신경 세포가 정보를 처리하고 판단하며 이에 입각하여 어떤 행동이 만들어진다. 그렇게 뇌의 여러 부분이 관계하여 기억이나 지각, 판단, 행동 등 정신 현상을 형성하고 이러한 것을 모두 조합시킨 게 바로 사람의 마음이라는 뜻이다. 따라서 뇌가 없으면 마음이 없어지게 되지만 뇌가 바로 마음은 아니며, 뇌가 작용함으로써 마음이 만들어진다는 것이다.

사람의 뇌에서는 대뇌 피질을 중심으로 지식 정보 처리가 이루어지고 있다. 대뇌 표면을 덮은 두께 2.5밀리미터의 회백질 층은 약 140억 개의 신경 세포와 그것을 지탱하는 약 400억 개의 글리아 세포(Glia cell)로 구성되어 있는데, 이를 대뇌 피질이라고 한다.

그러나 대뇌 피질의 기능 등 인간의 뇌를 잘 알게 된다고 해서 마음의 이전이 간단해지는 것은 아니다. 비록 뇌 구조의 모든 것이 물질적으로 해명되어도 그에 따른 마음이 유물론적으로 환원되지는 않는다는 것이다. 아직도 학자들 사이에서 기억과 마음이 같은 것이냐에 대한 의견의 불일치는 있지만 기억과 마음을 이전하는 것이 불가능하다는 것은 결국 인간 복제가 불가능하다는 것을 뜻한다. 자신이 태어나서 자신의 기억을 갖고 있지 못하다면 인간 복제라는 의미가 없다.[3]

이제 지금까지 여러 장에 걸쳐 설명된 유전학 연구 결과를 토대로『쥐라기 공원』에서 설명된 것과 같은 공룡 복제가 과연 가능한지를 알아보자.

최근까지의 연구를 통해 과학자들은 세포 하나가 계속 복제되어 인간과 같은 복잡성을 가진 동물로 증식된다는 것을 알고 있다. 그것은 그런 단순성에서 어떻게 복잡성이 나타날 수 있는가 하는 질문에 직결된다.

정답은 DNA 청사진 때문이라고 독자들은 자신 있게 대답할 것이다. 그러나 문제는 DNA가 파리나 병아리, 또는 사람을 직접 만드는 것은 아니라는 데 있다. 이것은 송아지 요리가 요리책만으로 만들어지지 않는 이치와 같다. 흔히 공룡의 DNA만 있으면 파리나 공룡을 복제할 수 있다고 생각하지만 파리나 공룡이 DNA로 만들어진 것이 아님을 이해해야 한다.

DNA는 생명 탄생의 모든 과정에 관여해서 매 순간마다 어떤 도구를 사용해야 하는지 구체적으로 지정한다. DNA 배열, 즉 유전자는 작업 과정과 방식을 조절하는 역할을 하는 생화학적 도구를 일일이 지정한다. 그러나 DNA가 생명체를 만드는 설명서 자체를 가지고 있지는 않다. 가령 사람의 코나 귀를 만드는 과정에 관한 청사진이 있는 것이 아니라 모든 DNA 유전자의 공동 작업으로 코나 귀가 만들어지는 것이다.

이것은 특정 생물이 특정한 DNA 키트를 만들거나 역으로 특정 DNA가 특정한 생물을 만들 것이라고 말할 수 없다는 것을 뜻한다. 즉 DNA 염기 배열을 기초로 발생하는 생물의 구조를 구체화할 수 없다는 것이다.

DNA는 스스로 발생을 시작할 수 없다. 그러기 위해서는

---

3) 이에 대한 보다 상세한 내용은 필자의 『피라미드의 과학』(새로운사람들)을 참조하기 바란다.

'DNA를 판독하고 그에 따라 작동하는' 도구 상자가 순조롭게 작동할 수 있어야 한다. 그런 도구들은 세포핵을 둘러싸고 있는 알의 다른 부분들에 의해 제공된다. 거의 모든 동물의 발생은 암컷의 난소 속에서 알세포가 만들어지면서 시작된다는 것이다.

따라서 공룡의 DNA 테이프를 재생하기 위해서는 규격에 맞는 테이프 재생기, 즉 같은 종(種)의 공룡알이 필요하다. DNA는 전체를 만들어 내는 반쪽에 불과한 것이다. 테이프에 맞는 재생기가 없는 상태에서 비디오를 볼 수는 없는 일이다.

그러나 남극이나 시베리아에 냉동된 채 보존되어 있는 매머드를 복제하는 경우는 공룡의 경우보다 훨씬 쉽다. 생존 가능한 코끼리 난자를 생산할 수 있는 호르몬 주입 양생법만 발견하기만 하면 되기 때문이다. 매머드의 경우 코끼리의 자궁에서 성장할 수 있도록 만들 수만 있다면 적어도 유사 매머드를 만들 수 있다.4) 그 후 유사 매머드를 계속 교배시켜서 결국 멸종된 매머드와 매우 유사한 동물을 만들 수 있다.

그러나 공룡에게는 바로 코끼리와 같은 역할을 하는 동물도 멸종하였다. 결국 다행히도 공룡의 DNA를 얻었다고 해도 그 DNA를 공룡으로 키워줄 수 있는 유사 공룡이 없는 한 공룡을 복제하는 것은 불가능하다. 현생 생물 중에서는 조류가 공룡에 가장 가깝지만 공룡의 DNA와 조류를 합하여 공룡이 될지는 의문이다. 결국 '쥐라기 공원'은 불가능한 것이다.

지금까지의 설명을 통해 엄밀한 의미에서 복제라는 것이 불가능한 일이라는 것을 이해했을 것이다. 그러나 만약에 인간 복

---

4) 그것은 매머드와 코끼리가 유사한 종이기 때문인데 말과 당나귀 사이에서 노새가 태어나는 것과 마찬가지이다.

제가 실제로 가능하다면 현실적으로 그 복제된 인간은 얼마의 값어치가 있을까?

어느 학자는 인간을 고도로 정밀한 화학 공장에 비유하고 있다. 이제까지 인간이 발명한 어떠한 기계보다 더 정밀하고 정교할 뿐만 아니라 효율성이 높은 신비한 공장이라는 뜻이다. 물론 인간이 만든 컴퓨터가 아무리 정교하고 편리하더라도 인간의 기능에 비길 수 없다는 것은 누구나 이해를 하지만 냉정한 의미에서 인간의 몸값을 따져보자.

우선 인간의 몸값은 그 성분인 원소를 가지고 우리가 일상 생활에 필요한 공업 제품을 만들었을 때의 가격으로 환산할 수 있다. 박택규 교수에 의하면 체중 70킬로그램 정도의 성인 남자의 몸에서 8개의 비누를 만들 수 있는 지방분, 성냥개비 2,300개 정도의 인, 설사약 한 봉지를 만들 수 있는 양의 마그네슘, 못 한 개 정도를 만들 수 있는 철, 연필 2,300자루 이상을 만들 수 있는 탄소가 포함되어 있다. 이것을 돈으로 환산하면 10만 원도 되지 않는다.

인간의 몸값을 정할 수 있는 또다른 방법은 사람의 신진대사량을 기준으로 해서 에너지의 값으로 계산하는 것이다. 성인 한 사람은 하루에 평균 2,400킬로칼로리의 에너지가 필요한데 이것을 전기로 바꾸면 약 166와트가 된다. 따라서 사람의 수명을 70세로 본다면 100와트 전구 두 개를 70년 동안 켤 수 있다. 현재 일반 가정에서 한 달에 300kwh를 사용할 때 전기요금은 5만 원 정도이므로 한 달에 1만 5천 원 정도가 된다. 사람을 그가 죽을 때까지의 에너지로 환산하면 1,260만 원 정도가 된다.

그러나 시약회사의 카탈로그에 의한 약품 값으로 계산하면 가격은 매우 높아진다. 헤모글로빈 1그램은 3달러, 알부민도 3

달러, 콜라겐은 15달러이며 인슐린은 48달러이며 어떤 호르몬은 수십만 달러에 이른다. 앞에서 이야기한 10만 원짜리 성인의 경우 수분 70%를 빼면 21킬로그램이 실제 유용 성분인데, 이 계산법을 사용하여 물질들의 그램 당 평균값 250달러를 곱하면 거의 525만 달러가 된다. 그러나 세포 단위로부터 조직, 기관, 인체를 만든다고 가정할 경우 그 값은 525만 달러가 아니라 그 1만 배를 들여도 모자랄 것이다.

여기에 이미 설명한 인간의 이성이나 감성의 값도 더해야 한다. 더없이 소중한 생명과 그 존엄성, 이런 것들이 결코 돈이나 그 밖의 무엇과도 바꿀 수 없는 높은 가치를 지니고 있다. 사람을 단순한 몸값으로 따질 수 없다는 것은 당연한 일이다.

인간의 과학기술이 발달할수록 인간이 기계에 예속되고 소외되며 비인간화 현상이 심화되고 있는데 과학기술이 해결할 수 없는 '불가능의 분야'가 있다는 것은 매우 좋은 일이다. 인간을 복제할 수 없다는 자체가 인간 생명의 존엄성을 다시금 깨닫게 하기 때문이다.

인간 게놈 프로젝트

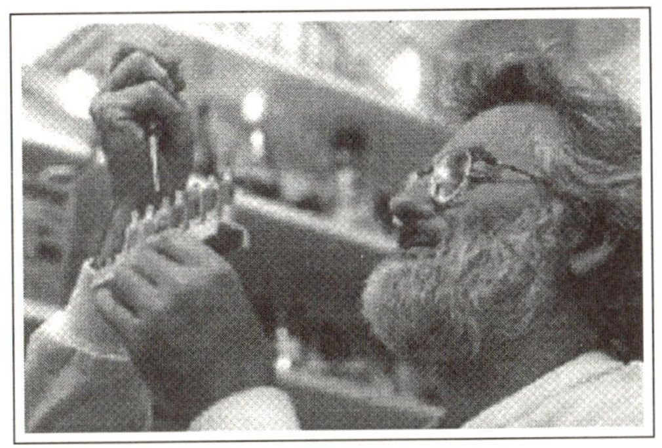

● 인간 게놈 프로젝트

　2000년 6월 26일, 미국의 생명공학기업 셀레라 제노믹스 사와 다국적 공공 컨소시엄 인간 게놈 프로젝트(HGP)는 인간 게놈 지도의 1차 초안을 완성했다고 공식 발표했다. 1차 초안이란 인간 DNA를 이루는 약 30억 개(31억 개라고도 함) 염기 중 일부 빈 고리가 있는 85%의 염기 서열 정보를 규명했다는 뜻이지만 실제로는 단백질을 만드는 유전자의 99%를 포함한다. 즉 유전자의 이름을 확인해 각 유전자의 기능을 분석할 수 있는 토대를 갖춘 셈이다.

　20세기에 들어서 맨해튼 프로젝트(원자폭탄 개발), 아폴로 프로젝트(달 착륙)에 이은 세 번째 거대한 프로젝트로서 한 세기에 한 번 일어날 정도의 쾌거라고 과학계는 흥분했다. 일부 과학자는 게놈 지도의 완성은 산업혁명의 시작과 같은 의미를 갖게 될 것이라고 지적했다. 프로젝트에 참여했던 연구원들은 이번 게놈 지도 초안 발표에 만족하지 않고 나머지 DNA 염기 서열의 확인 작업을 서두르고 있으므로 당초 예상된 2005년보다 빨리 최종 확인이 끝날 것이라고 예상했다.

　이보다 한 달 전인 2000년 5월에는 22번과 21번 염색체의 분석을 완료했다고 발표가 있어 세계를 흥분하게 만들었다. 21번 염색체는 225개의 유전자로 구성되어 있는데, 225개 유전자의 단순한 결합이 아니라 벌집같이 복잡한 구조를 지니고 있다. 특히 이 염색체가 주목을 받는 것은 백혈병, 간질, 루게릭, 다운증후군, 유명한 천체물리학자인 스티븐 호킹이 앓고 있는 근위축성 측색(側索)경화증 등이 이 유전자와 관련이 있기 때문이다. 학자들은 유전자 지도에 의해 각 부위의 기능이 밝혀지면 현재 불치병으로 알려진 위와 같은 질병들이 많은 사람들이 자주 걸리는 감기와 같은 대수롭지 않은 병으로 전락할 것으로 생각한다.

이와 같이 인류에게 상상할 수 없는 혜택을 줄 것으로 예상되는 인간 게놈 프로젝트는 유전자 연구 분야에서 인간의 한정 없는 욕심이 이룩한 쾌거 중의 하나로 볼 수 있다. 유전자 연구 분야가 상상을 초래할 수 없을 정도로 발전을 거듭하자 인간 유전자의 비밀을 통채로 벗겨보겠다는 야심에 찬 계획에 돌입한 것이 바로 인간 게놈 프로젝트이다.

사람의 몸을 구성하는 모든 세포의 핵 속에는 각각 46개의 염색체가 들어 있다. 22쌍의 상염색체와 한 쌍의 성염색체[1])가 그것이다. 하나하나의 염색체는 대체로 5천만에서 수억에 이르는 염기쌍으로 된 매우 긴 DNA 분자가 단백질, RNA와 함께 뭉쳐 있다. 상술한 22번 염색체는 그 중에서 가장 작은 것이다. 그러므로 인간 게놈의 완전한 배열을 위한 염기쌍의 전체 수는 30억이 더 될 것으로 추정된다.

현대 유전학의 개가는, RNA 바이러스를 제외한 모든 생명체의 유기분자인 DNA가 생명을 창조하는 데 필요한 모든 지시를 암호의 형태로 가지고 있다는 것을 알아낸 것이다. 인간의 유전 정보는 약 2미터 정도 길이의 DNA에 아데닌, 구아닌, 티민, 시

---

1) 여자는 2개의 X염색체, 남자는 X와 Y염색체로 이루어져 있다.

토신이라는 4개의 염기로 이루어진 4문자 디지털 암호와 같은 형태로 적혀 있다. 성인은 대략 60조 개의 세포를 가지고 있으므로 모든 체세포에서 추출된 DNA의 총길이는 120조 미터나 된다. 이것은 화성까지 거리의 526배, 태양계에서 가장 멀리 있는 명왕성까지 거리의 20배나 된다. 학자들은 이 디지털 암호를 해석하기만 하면 유전병이나 질병 등 각종 생명 현상을 규명할 수 있다고 생각하는 것이다.

지구상에 생물이 발생한 이래 35억 년의 긴 시간 동안 약 1억 종류의 생물이 지구상에 나타났다고 추정된다. 현재 남아 있는 것은 약 200만 종류뿐이고 나머지 98%는 멸종되었다. 그러나 이 많은 생물이 사용하는 유전정보가 고작 4개의 염기로 쓰여 있다는 것은 참으로 놀랍지만 바로 이 단순성이 게놈 프로젝트라는 거창한 연구를 시작할 수 있는 계기가 된다. 만약 우주에 생물체가 있다면 그들도 지구의 생물체처럼 4개의 유전문자만을 갖고 생명을 만드는지 궁금할 따름이다.

유전자 지도 작성에 관한 아이디어는 생각보다 오래 되었다. 학자들은 이미 1911년에 사람의 유전자 지도 작성에 관한 아이디어가 시작되었다고 생각한다. 에드먼드 윌슨은 아버지의 색맹은 아들에게 유전되지 않으며 여자들에게는 색맹이 드물다는 사실을 발견했다. 그는 이러한 특별한 유전 방식은 색맹 유전자가 X염색체 상에 위치하기 때문이라고 추론했고 그는 이런 차이를 분석하면 유전병에 대해 보다 많은 지식을 얻을 수 있다고 했다.

실제로 선천성 색맹은 대부분 유전병이다. 전색맹(全色盲)은 상염색체 열성유전(常染色體劣性遺傳) 형질로 혈족결혼, 즉 근친결혼에 의한 발현 빈도가 높다. 그에 반해 적록색맹·색약(赤綠色

盲·色弱)은 X염색체 열성유전, 즉 반성유전(伴性遺傳)을 하는 열성유전병이므로 혈족결혼에 의한 발현 빈도가 높을 뿐만 아니라, 남자에 많이 발현된다. 적록색맹의 경우, 여자의 발현 빈도는 남자의 10분의 1에 불과한데, 남자에게는 X염색체가 1개뿐이므로, 모친으로부터 색각이상 유전자를 지닌 X염색체 X′을 받기만 해도 모두 적록색맹·색약이 되는 데 반해, 여자는 X염색체가 2개이므로 양친으로부터 각각 X′을 1개씩 받아 X′X′으로 되어야만 적록색맹·색약이 발현되며, 양친으로부터 X′을 동시에 받게 되는 경우는 매우 드물기 때문이다.[2] 한편, 청황색맹·색약과 전색약은 극히 드물며 유전 방식도 밝혀져 있지 않다.

낫세포 빈혈증이라는 유전병도 있다. 이것은 산소를 운반하는 단백질인 헤모글로빈의 형태가 정상 헤모글로빈과는 달리 낫 모양으로 생겼다고 해서 붙여진 이름이다. 낫세포 빈혈증에 걸린 사람의 헤모글로빈은 정상적인 헤모글로빈에 있는 아미노산 중 글루탐산이 발린(Valine)으로 바뀌어 있을 뿐 그 이외의 아미노산 구성과 배열은 동일하다. 아미노산 한 개의 차이로 단백질의 형태가 달라지며, 그 결과 산소를 제대로 공급하지 못하는 낫세포 빈혈증이라는 유전병이 생기는 것이다.

게놈 프로젝트는 이와 같이 자신의 의지와는 관련 없이 부모로부터 유전병 인자를 물려받은 예비 발병 대상자가 갖고 있는 유전병 인자를 정상적인 인자로 바꾸어 유전병의 고통에서 해방시키자는 의도에서 착수된 것이다. 그것은 한 영역의 유전자가 어떻게 다른 영역의 유전자에 영향을 미치는지를 파악하고 그 형질을 나타내는 유전자가 어디에 위치하는가를 알면 가능

---

2) XX′인 여자는 보인자이며 표현형은 정상색각이다.

한 일이다.[3]

　사람 세포 한 개의 핵 속에 있는 DNA의 무게는 불과 2,000억 분의 1그램이고 그 너비도 1mm의 50만 분의 1에 불과하다. 이 속에 약 30억 개의 염기가 배열되어 있어 막대한 유전정보가 들어 있는 것이다. 이 DNA가 갖는 정보량은 1쪽에 1,000자가 들어 있는 1,000쪽의 책 약 1,000권에 해당하는 양으로, 조간 신문 10년에서 15년의 분량,『대영 백과사전』만한 책 360권 분량이 된다. 이러한 막대한 양의 유전정보는 특별한 경우를 제외하고 하나도 틀리지 않고 정확히 복제되고 다음 세대로 전달된다. 이 것을 해석하는 게놈 프로젝트의 순서는 대략 다음과 같다.

　① 염색체의 어디에 어떤 유전자가 있는가를 나타낸 지도를
　　　만든다
　② 염색체 내의 DNA 단편의 위치를 알아내고 그것을 연결해
　　　서 물리 지도를 만든다.
　③ 같은 DNA 단편을 많이 모으는 클로닝 작업을 한다.
　④ 클로닝한 DNA 단편의 염기 배열을 결정한다.

　물론 이러한 순서는 이미 앞에서 여러 장에 걸쳐 이야기한 연구 결과에 전적으로 기반한 것이다.

　1970년에 DNA를 특정 염기 배열에서 자를 수 있는 제한효소가 발견되어 DNA 구조를 조사하는 도구로 사용되었다. DNA 단편을 길이에 따라 분할하는 방법이 개발되었다는 것은 DNA라는 망망한 바다에서 특정 유전자를 건져 올릴 수 있는 방법을

---

3) 일반적으로 인간의 유전자는 5~10만 개가 있다고 생각된다. 만약 어느 유전자에서 변이나 결함이 있으면 당연히 정상 기능에 장애가 생길 수 있다. 이것은 이론적으로 5~10만 종의 유전병이 가능하다는 의미이다.

발견했다는 것을 의미한다. 즉 어떤 DNA 단편이 특정 유전자를 포함하는지 알아낼 수 있게 되었다는 뜻이다.

단일한 DNA 염기쌍에서 일어나는 변화를 발견하기 위해서는 두 개의 정상 유전자를 포함하는 DNA 단편들을 동일한 유전자를 가진 돌연변이 염색체와 비교한다. 그러면 DNA 표지 유전자 변이와의 관련에 의해 위치가 결정되고, 그 영역이 상세하게 지도로 작성됨으로써 DNA 배열 조사를 통해 돌연변이를 식별할 수 있는 것이다.

이제 DNA 표지에 토대를 둔 유전자 연관 지도라는 개념이 널리 퍼져 나갔다. 질병 유전자를 찾는 사냥꾼들의 숫자, 연구 진행 속도, 그리고 규모는 1980년대 후반에 극적으로 확장되었다. 연구원들간의 경쟁심이 촉발되고 작업은 열광적인 단계로 발전했다.

DNA 지도를 어떻게 이용할 수 있으며 또 얼마나 중요한 효과를 거둘 수 있는지를 로버트 쿡 디간이 유명한 알츠하이머병으로 설명한 것을 인용하여 알아보자.

"그림에서와 같이 14번 염색체 상의 알츠하이머 유전자에 인접한 DNA 표지 유전자는 한 가계 내에서 그 병의 유전 경로로 추적하는 알츠하이머 유전자와 매우 가까이 있어 함께 유전될 확률이 높다. 여기 나타난 가상의 가계도에서는 다섯 가지 표지 유전자가 있다. 반복된 DNA 염기 배열을 각 가계 구성원의 DNA로부터 절단한 DNA 단편들에 한 번, 두 번, 세 번, 네 번, 다섯 번씩 삽입하면 각 단편들은 서로 다른 길이를 갖게 된다.

각각은 모두 14번 염색체를 두 개 물려받았기 때문에 그 혹은 그녀는 두 개의 다른 길이의 표지 유전자를 가질 수 있다. 기술적으로 이것

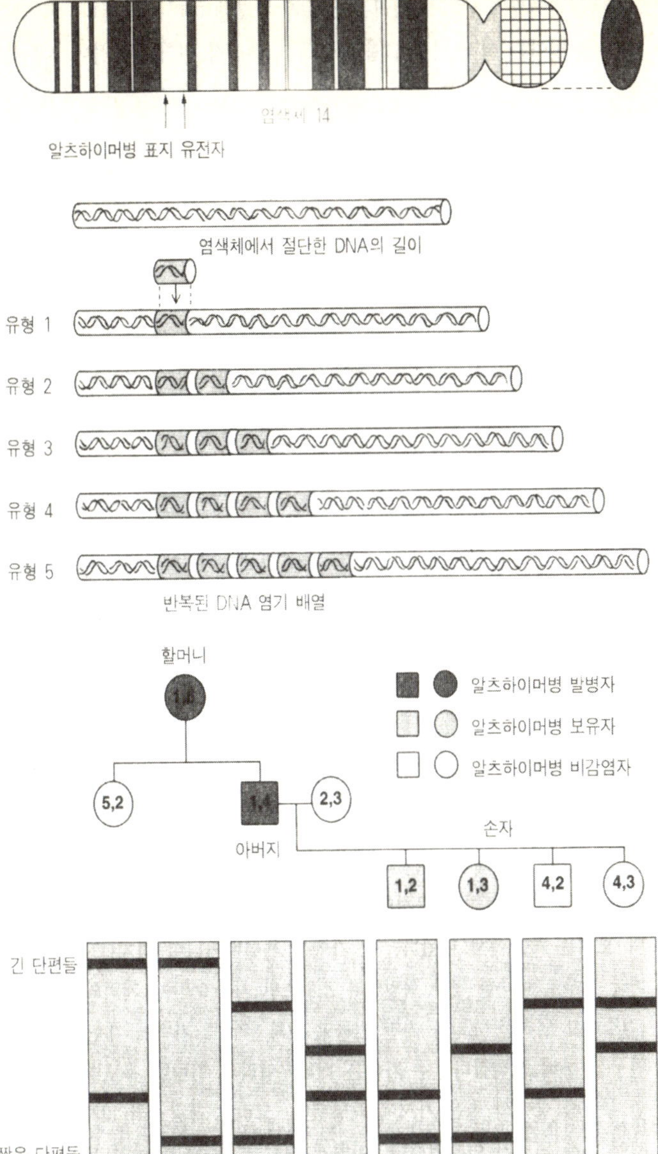

14번 염색체 상의 알츠하이머 유전자에 관한 가상 가계도(『인간 게놈 프로젝트』(민음사)에서 인용)

은 제한효소 절편 다형성, 즉 RFLRs로 알려져 있다. 이 경우 할머니는 제한효소 절편 다형성 유형 1, 5를 나타내며 알츠하이머병을 가진다. 그녀의 아들은 1, 4형을 보이며 역시 병에 걸려 있다. 이것은 다음 두 가지를 시사한다.

첫째는 어머니로부터 유형 1을 가진 14번 염색체를, 아버지로부터 유형 4를 가진 염색체를 물려받았다는 것이고 두 번째는 이 아들이 유형 1에 의해 그 병에 걸렸음이 분명하기 때문에 알츠하이머병은 유형 1과 연관되어 있다. 같은 세대의 정상인 누이는 어머니로부터 유형 5를, 아버지로부터 유형 2의 14번 염색체의 다른 쌍을 물려받았다. 이러한 정보를 통하여 다음 세대의 두 아이는 유형 1을 물려받았기 때문에 알츠하이머 유전자를 보유하게 되고 언젠가 발병하게 되리라고 예측할 수 있다.

마찬가지로 다른 두 자매는 무사할 것이라는 점도 예측 가능하다. 제한효소 절편 다형성과 같은 표지 유전자를 사용하여 염색체의 어떤 부위가 가족원들 사이에 유전되는지를 추적하는 방법은 가족 사이에 다르게 분포하는 표지 유전자를 찾는 데 달려 있다. 많은 다른 가계에서, 그리고 동일 가계 내의 각각 다른 경우에서 이러한 작업을 반복함으로써 연구자들을 14번 염색체의 특정 부위가 알츠하이머병과 연관되어 있다는 확증을 얻을 수 있게 되었다.”(『인간 게놈 프로젝트』(민음사)에서 인용)

물론 이러한 지도 작성은 정보를 줄 수 있는 표지를 발견하고 그것들을 지도로 작성하고 서로에 대해 연관시키는 작업에 엄청난 노력이 필요하지만 유전자 연관 지도는 인류유전학을 인간의 질병이라는 난공불락의 요새를 함락시키는 데 사용하려는 사람들에게는 길을 밝혀 주는 등불과도 같은 역할을 한다.

이미 유전자 추적이 성공한 예도 있다. 상염색체 우성으로 유전되는 중추 신경계 퇴행성 질환인 헌팅톤무도병이 그 경우이다. 이 병은 뇌신경의 **퇴화**로 마치 춤추는 듯한 불수의적인 운동이 일어나는 만성 유전성 질환으로 평균 30~40세에 발병하며 발병 후 10년 내에 사망한다. 청소년기의 발병률은 전체의 10% 정도이며 20세 이전에 증상이 나타나는데 이럴 경우 생존율은 매우 적어진다. 또한 헌팅톤무도병 환자는 대뇌 위축을 보이는 것이 특징인데, 정상인의 대뇌와 소뇌의 무게비가 8대9인데 비해 5대7밖에 되지 않는다. 현재로서는 마땅한 치료법이 없는 이 병은 미국이나 유럽의 경우 10만 명 당 4명 정도로 발병하는데 한국에서도 이와 비슷할 것으로 추정된다.

헌팅턴무도병의 치료가 어려운 것은 이 병으로 진단된 환자 중 상당수가 알코올 중독이거나 정신박약 혹은 노인성무도병, 파킨슨병 등으로 오진될 정도로 임상적으로 감별이 어렵기 때문이다.

이 병은 유전병을 가진 환자와 그 가족의 막강한 영향력 때문에 미국 정부와 민간 연구소가 공동 연구를 착수하여 1984년에 이미 발병 유전자의 거의 정확한 염색체 상의 위치가 발견되었다. 많은 사람들은 일단 유전자의 위치가 밝혀진 이상 기껏해야 몇 년이면 그 유전자를 찾을 수 있으리라 낙관했다.

그러나 실제 유전자를 찾는 사냥은 매우 어려운 일이었다. 결국 십 년 동안의 헌신적인 작업을 거쳐서야 마침내 그 유전자와 헌팅턴무도병을 발병시키는 돌연변이의 본질이 밝혀졌다. 이것은 대규모의 인적 물적 자원이 지원되었기도 하지만 베네수엘라의 마라카이보 호수 근처에서 헌팅턴무도병을 앓고 있는 대가족을 발견했기 때문에 가능한 일이었다.[4]

---

4) 한편 헌팅턴무도병 유전자의 염색체상의 위치가 발견되고 유전자 자체를 찾기까지의 과정은 복잡한 의학적, 가족적, 사회적 선택의 문제

　유전자 연관 지도는 한 생물체에서 특정 형질이 어떻게 유전되는가의 연구와 그 형질을 나타내는 유전자의 위치를 결정하는 데 있어 교량 역할을 한다. 물리적 지도는 영역별로 직접적인 DNA 목록을 작성해 준다.

　이러한 DNA 염기 배열 정보를 포함하는 유전자 지도는 여러 가지 이유에서 매우 유용하다. DNA의 코드는 여러 생물체가 공유하는 부분이 많으므로 그런 유사성을 조사함으로써 새로운 유전자의 기능을 추정할 수 있다. 꼭 인간의 것만을 대상으로

를 야기했다. 특히 검사를 받으려는 사람의 심리까지 예상해야 하는 등 유전병 이외의 부수적인 작업을 해결해야 했다. 이것은 유전병에 대한 유전자 추적 작업이 단순하지 않다는 것을 알려주는 계기가 되었다.

유전자 지도를 만들지 않는 이유도 이 때문이다.

예를 들어 암과 관계된 유전자의 배열이 효모의 성장 조절 유전자와 비슷하다는 사실도 암의 기원을 해명할 수 있는 단서로 이용될 전망이다. 1975년도 노벨 생리·의학상 수상자인 둘베코(Renato Dulbecco)는 만일 유전학자들이 인간 유전자를 해석한다면 암과의 전쟁이 한층 가속될 것이라고 주장했다.

특정 가계에서 발생하는 암의 유전학은 고통 당하는 그 가족들에게 광명을 줄 뿐만 아니라 종종 암을 예방하는 기술적인 방법을 알아내는 데 도움을 줄 수 있으며 암이 다른 환자에게서 나타나는 일반적인 과정을 보여줄 수도 있다. 그야말로 아는 것이 힘인 셈이다. 당장은 암에 대한 치료약이 발견되지 않았지만 게놈 프로젝트를 이용하면 암의 종류에 따라서 완치가 가능한 약을 발견할 수 있다고 예상하는 이유도 이것이다.

이제 인간 게놈 프로젝트로 돌아가자. 인간 게놈 프로젝트는 1985년에 출발했다. 프로젝트를 수행하기 위해 1987년 기준으로 30억 달러라는 엄청난 예산이 소요될 것으로 예상되었는데, 이것은 인간의 염기쌍을 30억 개로 추정하고 1개를 번역하는 데 1달러가 소요된다고 계산한 것이다. 이후 이 프로젝트는 미국에서 단독으로 추진하는 것보다는 세계적인 공조가 중요하다고 생각되어 미국뿐만 아니라 프랑스, 영국 등을 포함한 EC, 러시아, 일본 등이 참여하면서 1993년에는 체계화된 국제 사업으로 모습을 갖추었다. 게놈 프로젝트가 그만큼 인류를 위해 공헌할 수 있다는 것을 단적으로 보여준 것이다.

그러나 인간 게놈 프로젝트에 긍정적인 면만 있는 것은 아니다. 모르는 것을 알아내기까지는 멈춰지지 않는 것이 탐구심이라고 하지만 인간에게 아무리 좋은 목적의 연구라도 눈앞의 이

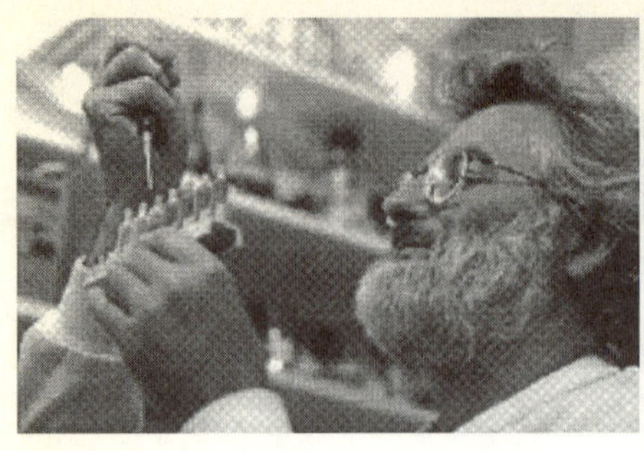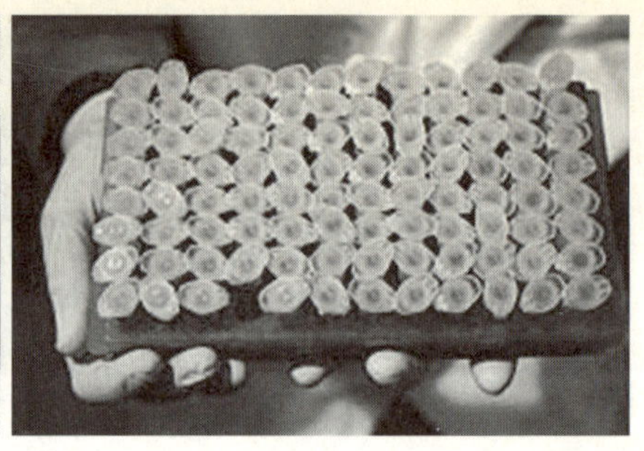

1985년에 미국에서 시작한 인간 게놈 프로젝트는 프랑스, 영국을 포함한 EC, 러시아, 일본 등이 동참하여 이제는 국제적인 사업이 되었다. 인간 게놈 프로젝트가 그만큼 인류를 위해 공헌할 수 있다는 것을 보여 주는 예이다.

익 때문에 변질될 수 있다. 게놈 프로젝트 자체가 인간에게 꼭 도움을 줄 수 있다고 보지 않는 시각도 있는 것이다.

더구나 20세기에 출발한 유전학이 지극히 단순화된 유전자 해석에 발목을 잡혀 우생학과 인종차별주의의 흐름을 나타낼 수 있다는 우려는 이미 앞에서 거론되었다. 오늘의 유전자 치료가 내일에는 지능과 육체적인 능력을 향상시키는 데 사용되어 열등한 유전자를 가진 생물학적인 하층민을 만들어 내는 끔찍한 사태가 정말로 일어날 수도 있다는 것이다.

가장 우려할 만한 것으로는 태어나기 전에 행해진 유전자 지도에 의해 실험이나 검사에 의해 인간의 탄생 자체를 거부 당할 수도 있다는 것이다. 간혹 가다 생기는 무뇌아 같은 경우 아이들의 출생을 방지하는 수단으로 임신중절이 실시되기는 하지만 예를 들어 낭포성섬유증이나 다운증후군이 진행될 아이들이 낙태 당할 수도 있는 것이다.

이런 면에서 유전정보의 이용은 판도라 상자에

비유되기도 하지만 많은 학자들은 게놈 프로젝트의 성과물이 바람직한 일로 쓰일 것을 의심하지 않고 있다. 한 평론가는 게놈 프로젝트의 위험성에 관해 이렇게 이야기했다.

"수많은 노벨상 수상자가 정말로 필요하다고 생각하고 전력을 투입하는 연구 프로젝트라면 나는 약간의 문제점이 있다고 하더라도 그들을 지지하겠습니다."

그러나 모든 일이 상식적으로만 움직이지 않는 데 문제가 있다. 게놈 프로젝트가 범세계적으로 진행되고 있는데 갑자기 강력한 경쟁자가 등장한 것이다. 그들은 게놈 프로젝트가 상업적으로 성공할 수 있다고 판단한 기업체이다.

생명정보가 질병 치료로 직결되면서 몇몇 제약회사, 사설연구소들이 발빠르게 게놈 연구에 착수했다. 그 결과 1999년 9월에서 10월 사이에 일본 헬리스연구소와 미국의 셀레라게노믹스 사는 각각 인간 유전자 6천5백여 개에 대한 특허를 신청했다. 미국의 벤처회사인 인사이트 사는 하나의 단백질을 만드는 데 기여하는 유전자의 일부 조각까지 모두 포함해 120만 개의 특허를 신청하기도 했다.

이쯤 되고 보니 국제 공조와 정보 공유라는 게놈 프로젝트 초기의 거창한 목표는 무색하게 되었다. 현재 셀레나게노믹스 사는 미국 국립보건원의 유전자은행에 있는 유전자 정보보다 훨씬 많은 정보를 확보하고 있다고 알려져 있다. 1998년 5월에 출범한 셀레나게노믹스 사는 HGP팀에 참여했다가 연구 방법의 차이로 뛰쳐나간 크레이그 벤터가 이끌고 있으며 퍼킨엘머라는 과학기기 업체가 자금을 지원하고 있다. HGP팀보다 훨씬 빠르게 인간 유전자 염기를 모두 밝혀냈다고 발표한 셀레라게노믹스사는 제약회사 등에 자신이 확보한 유전자 정보를 판매할 계획이라고 기염을 토했다.

인간 게놈에 대한 기업체 차원의 연구를 북돋우고 있는 기업은 바로 보험회사이다. 그들은 인간의 표준 유전자 지도를 확보한 후 보험 가입자를 대상으로 유전자를 비교하면 어떤 유전병이 발병할 요인이 있다는 것을 예측할 수 있다고 생각하고 있다. 보험회사에서 유전자 지도를 근거로 보다 비싼 보험료를 청구할 때 그것을 막을 수 있는 방법이 있을까? 여하튼 수년에서 수십 년 후 유전자 치료가 일반화되면 우리들은 막대한 유전자 사용료를 지불해야 할 판이다.

보다 현실적인 문제로 들어가서 막대한 돈과 시간을 투입하며 고생한 인간 게놈 프로젝트의 결과물을 선진국이 한국에 공짜로 제공할 리는 없다. 현재 각국에서는 다양한 유전자에 '특허'를 부여하고 있는 추세이기 때문에 난치병을 치료할 때 막대한 '유전자 사용료'를 지불해야 할 형편이다. 그래서 과학기술부는 '21세기 프론티어 연구 개발 사업'의 일환으로 10년 정도의 기간 안에 시제품을 생산해 국가 경쟁력 확보에 크게 기여하려는 계획을 수립했다. 2010년 안에 선진국 5위권을 목표로 1년에 1백억 원씩 1천억 원을 투여할 이 계획에 많은 사람들이 기대를 갖고 있다.

이제 우리의 주요 관심사인 노벨상으로 돌아가자. 1998년까지 인간 게놈 프로젝트 자체로 노벨상을 수상한 사람은 없었다. 그러나 이 프로젝트는 전 장까지 설명한 유전자에 대한 모든 연구를 종합한 것이므로 수많은 노벨상 수상자들이 관여하고 있다. 그들 중에서 게놈 프로젝트에 직접 관여하거나 큰 영향을 끼친 사람으로는 길버트, 왓슨, 생어, 멀리스, 볼티모어, 둘베코, 폴 버그, 자크 모노, 도세 등이 있다.

그리고 마침내 1999년도 노벨 생리·의학상은 게놈 프로젝트 응용에 매우 유용한 기여를 한 블로벨(Gunter Blobel)에게로 돌아갔다. 그는 한 마디로 '단백질의 운명'에 관해 설득력 있는 가설을 제시했다. 그는 세포 내에서 새롭게 만들어진 단백질은 자신이 어디로 갈 것인지를 결정하는 신호를 갖고 있다는 '신호 가설'을 확립했다.

우리 몸을 구성하는 수많은 세포는 각각 소포체, 리보솜, 핵, 미도콘드리아, 페폭시좀, 골지체 등의 다양한 소기관을 갖고 있다. 이 중에서 리보솜은 생명 유지에 필수적인 수많은 종류의 단백질을 끊임없이 만들어서 고유 기능에 따라 세포 내 다른 소기관이나 세포 밖으로 이동시킨다.

하나의 세포에는 대략 10억 개의 단백질이 존재한다. 그렇다면 이 많은 단백질은 어떻게 특정 소기관으로 옮겨갈 수 있을까?

블로벨은 새로 합성된 단백질 끝에 약 10개의 아미노산으로 이루어진 '신호 펩티드'가 반드시 존재한다는 것을 발견했다. 이 신호 펩티드가 먼저 소포체 안으로 들어오고 여기에 붙은 단백질이 함께 딸려 들어오는 방식이었다. 이것은 각 단백질이 어디로 가야 하는지에 관한 정보를 갖고 있다는 뜻으로 마치 우편번호와 같은 기능을 해서 단백질이 제자리를 찾아가게 한다는 것이다.

그의 연구는 각종 질병의 원인을 밝히는 데 중요한 단서를 제공한다. 최근의 연구에 따르면 신장 결석, 에이즈, 알츠하이머병과 같은 난치병의 주요 원인은 바로 단백질이 특정 부위로 이동하는 기능에 이상이 생긴 탓이다. 백인들에게 많은 '낭포성 섬유종'과 같은 유전질환도 이와 같은 우편번호가 잘못돼 생기는 질환으로 추측된다. 그의 연구는 난치병들의 진단과 치료제 개발에 유용하게 사용될 수 있을 것으로 생각되고 있다.

가장 중요한 것은 그의 연구가 게놈 프로젝트와 직결되어 있다는 것이다. 수많은 유전자가 어떤 단백질을 만들어 내는지 알아내는 것이 사실상 게놈 프로젝트의 주요 목적 중의 하나이다. 단백질 하나는 수십, 수백 개의 아미노산으로 구성되어 있다. 이에 비해 신호 펩티드는 단지 10여 개의 아미노산으로 구성된다.

만일 신호 펩티드를 만들어 내는 유전자의 구조를 알고 있다면 게놈프로젝트의 작업은 훨씬 쉬워진다. 신호 펩티드 유전자의 존재만 파악하면 그 주위의 유전자가 어떤 단백질을 만들어 내는지 금방 알 수 있기 때문이다. 게놈프로젝트가 보다 효과적으로 목표를 달성할 수 있을 가능성이 보이는 것이다.

그런데 최근 이러한 유전자를 이용한 프로젝트에 제동을 거는 걸림돌이 나타났다. 부모의 한 쪽에게서는 정상적인 유전자, 다른 한 쪽에게서 돌연변이 유전자를 물려받은 '헤테로' 상태가 오히려 유리할 수도 있다는 연구 결과가 나왔기 때문이다.

이러한 예가 바로 앞에서도 이야기한 낫세포 빈혈증이다. 정상적인 적혈구를 만드는 유전자를 A, 결함이 있는 적혈구를 만드는 돌연변이 유전자를 a라고 한다면 AA를 가진 아이는 정상, Aa를 가진 아이는 낫세포 빈혈증의 형질을 갖는다. 반면에 aa의 유전적 조성을 가진 아이는 심한 빈혈을 일으키고 출생 초기에 100% 사망한다.

이 빈혈증은 두 가지 치명적인 장애를 갖고 있다. 첫째는 개체에 충분한 산소를 공급하지 못하므로 뇌와 신장에 손상을 준

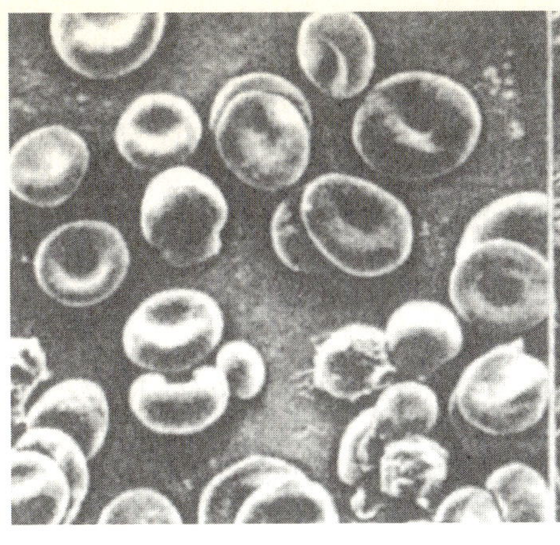

다. 둘째는 몸에 있는 악성 적혈구를 제거하기 위해 많은 에너지를 소비한다는 점이다. 골수(骨髓)는 파괴된 적혈구를 치환하기 위해 새로운 적혈구를 생산하려고 온 힘을 쏟고 심장은 혈액을 더욱 순환시켜 풍부한 산소를 공급하려고 필요 이상의 노동을 한다. 요컨대 불필요한 에너지를 추가로 소요한다는 것이다.

유전학적인 이론으로 볼 때 이 빈혈증을 일으키는 'a' 돌연변이 유전자를 제거하면 병을 치료할 수 있다고 생각할 수 있다. 그런데 아프리카와 아시아 일부에서는 이 빈혈증의 유전자 빈도가 무려 25%가 된다. 이는 25%나 되는 사람의 어린아이는 대다수가 사망해야 한다는 것을 의미한다. 그런데도 결과는 그렇지 않았으며, 그 이유를 발견하지 못한 학자들이 고민에 빠졌다.

그 실마리는 엉뚱한 데서부터 풀리기 시작했다. 이 유전자가 많은 곳은 열대 말라리아가 있는 지방

이다. 다른 말라리아와 마찬가지로 이 말라리아도 원생동물에
의해서 발병한다. 말라리아 모기의 암컷이 사람의 피를 **흡혈**할
때 말라리아를 일으키는 원생동물이 혈액에 들어오게 된다. 사
람의 몸에 들어온 원생동물은 적혈구에 침입하고 거기서 증식
을 하면서 병을 일으킨다. 그런데 놀랍게도 낫세포 빈혈증 형질
보유자에게는 이 과정이 일어나지 않는다. 낫세포 빈혈증 형질
보유자는 적혈구에 원생동물이 들어가지 않기 때문에 말라리아
에 대해 면역을 가지므로 병에 걸리지 않는다.

이 결과만을 갖고 다음과 같은 추론을 할 수 있다. aa의 유전
조성을 가진 사람은 낫세포 빈혈증으로 사망하며, **AA**의 유전
조성을 가진 사람은 말라리아로 죽거나 심한 증세로 고생하게
된다. 그러나 **Aa**의 유전 조성을 가진 사람은 말라리아에도 걸
리지 않을 뿐더러 낫세포 빈혈증에도 걸리지 않는다. 이런 의미
에서 a유전자는 말라리아가 창궐하는 지역에서 대단히 유용하
다.5) 하지만 말라리아가 존재하지 않는 지역에서는 a유전자는
치명적이 된다.

치명적인 돌연변이가 지역적인 특성이나 환경에 따라 달라진
다는 예상치 못한 결과에 게놈 프로젝트를 수행하는 학자들이
골머리 아파하는 것은 당연한 일이다. 몇 가지 돌연변이의 이와
같은 '지킬'과 '하이드'적 행동은 유전자 연구를 단선적으로만
생각할 수 없다는 것을 보여 주는 좋은 예가 되고 있다. 유전적
결함을 치료를 하려는 원대한 목적이라도 그에 앞서 결함 유전

---

5) 이를 역으로 보면 다음과 같이 해석할 수 있다. 집단 중에 a유전자가
　많으면 Aa의 유전조성을 가진 사람이 많이 태어나므로 aa의 유전조성
　을 가진 사람들이 죽는다 하더라도 열대 말라리아로 전멸하는 것보다
　오히려 생존의 가능성이 많다는 것이다.

자를 갖고 있는 보유자의 여러 가지 상황을 종합적으로 검토해야 한다는 것이다.

이제 유전학자는 사람의 유전 내용을 취급할 때 환경을 생각하지 않으면 안 된다. 돌연변이를 초래하는 악성 유전자는 일반적으로 유해하지만 때로는 생물이 환경에 적응하기 위한 새로운 도구를 제공하기 때문이다. 더구나 환경은 항상 변한다. 그러므로 환경을 지배할 수 없는 처지에 유전자를 지배하고 있으면 그것은 오히려 해가 될 수도 있다.

유전자를 연구하는 사람은 이래저래 힘든 작업을 해야 한다. 그러나 그런 골머리 아픈 일이 많기 때문에 오히려 도전 의욕이 생기는 것이다. 그리고 도전의 끝에는 노벨상이 기다리고 있다.

메주곰팡이

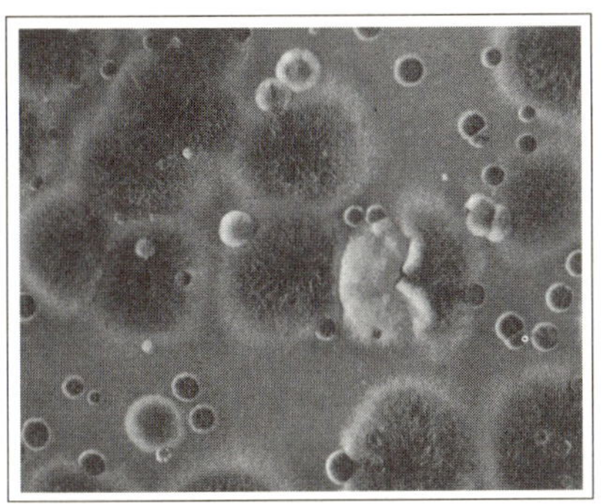

● 메주곰팡이

　예로부터 사람들은 질병에 걸리지 않고 장수하면서, 자식을 많이 낳는 것을 행복한 삶이라고 생각했다. 여기에 남부럽지 않게 쓸 수 있는 재산이 있으면 더 좋다라는 것은 말할 필요도 없는 것이지만 말이다. 그러나 이 중에서 가장 중요한 것을 한 가지만 꼽으라면 아마도 거의 모든 사람이 건강을 선택할 것이다. 재산은 모두 잃어도 다시 복구할 수 있지만 한 번 망친 건강은 다시 복구될 수 없기 때문이다. 이 말은 병에 걸리지 않는 것이 상책이라는 뜻이다.

　인간에게 건강이 가장 중요하다면 당연히 건강한 삶을 방해하는 질병에 대한 치료가 관심사가 아닐 수 없다. 인간의 장수를 방해하는 질병 치료가 노벨상의 주무대가 되지 않을 수 없다는 뜻이다.

　수많은 질병과 싸워 온 인간의 노력은 눈물겹다. 17세기만 해도 작은 곤충이 가장 작은 생명체로 알려져 있었다. 당시에는 너무 작기 때문에 보이지 않는 생명체는 상상할 수 없었다. 그러나 현미경이 발명되자 레벤후크(Anton van Leeuwenhoek)는 웅덩이에 고인 물방울 속에서 맨눈으로는 볼 수 없는 작은 생명체를 최초로 관찰하였고 효모 세포도 관찰하였으며 1676년에는 오늘날 세균으로 분류되고 있는 병원균을 발견하였다. 그러나 미생물이 병을 일으킨다는 전염 이론은 200년이 넘게 결정적인 증거를 찾지를 못해 확립되지는 못했다. 이런 상황에서 세균학의 기초를 닦는 데 기여한 사람이 바로 파스퇴르(Louis Pasteur)이다.

고대인들은 특정 생명체가 생명이 없는 곳에서 나온다는 자연발생설을 믿었다. 가령 오물에서 벌레나 파리가 나온다는 것을 자주 목격하였기 때문에 일반 사람들은 자연발생설을 자연스럽게 인정하였지만 파스퇴르는 대기 중의 공기에는 반드시 미생물이 있다는 것을 입증했다. 파스퇴르는 현미경으로 보아야만 보일 정도로 작은 식물, 동물, 세균을 통틀어 '미생물(microbe)'이라고 이름을 붙였는데 이 이름이 곧 세균에 대한 이름으로 널리 쓰이게 되었다.

파스퇴르는 현대 과학의 세균학, 즉 질병과 미생물을 최초로 명확하게 연결시켜 질병의 원인이 세균이라는 학설을 완성하였다. 원래 화학을 전공한 파스퇴르는 초기에는 식초, 포도주, 맥주 등의 발효같은 실용적인 문제를 집중적으로 연구하다가 인간에게 가장 중요한 전염병의 원인을 규명하고 수많은 질병과 맞서 싸우는 연구로 방향을 돌렸다. 그는 닭의 콜레라를 일으키는 생물을 분리하여 처음으로 백신을 개발했다. 그 후 탄저병을 공략하였는데 자신이 개발한 탄저병 백신의 효능을 공개 실험을 통해 증명함으로써 세계적인 명성을 얻었고 광견병 백신도 개발하였다.

한편 코흐(Robert Koch)에 의해 확립된 세균학이란, 특정 질병은 특정 균에 의해 발병한다는 '특정병인론'이다. 예를 들면 결핵균이 없으면 결핵에 걸리지 않는다는 것이다. 현재는 너무나 당연하게 받아들여지는 이론이지만 파스퇴르가 살아 있을 당시 만해도 이 이론은 인정받지 못했다. 파스퇴르 전까지는 심한 과로나 영양결핍이 결핵의 원인이라고 생각되었다.

한편 코흐는 특정병인론에 기반하여 세균 조사 원칙을 세웠다.

① 특정 질병에는 그 원인이 되는 하나의 생물체가 있다.

② 그 생물은 순수 배양으로 얻을 수 있다.

③ 배양한 그 세균을 실험동물에 투입했을 때 똑같은 질병을 유발시켜야 한다. 예컨대 분리 배양한 결핵균을 실험동물에 주입했을 때 결핵을 일으킬 수 있어야 한다.

④ 그 병에 걸린 실험 동물에서 다시 그 세균을 분리할 수 있어야 한다.

'코흐의 정리'로 알려진 이 원칙은 곧바로 학자들에게 도입되어 세균학 발전의 발판이 되었고, 수많은 질병과 싸울 수 있는 계기를 만들어 주었다. '특정병인론'은 논리적으로 '특효요법'이라는 개념을 낳았다. 특정 원인에 의해 특정 병이 생기므로 그 특정 원인을 제거하거나 교정한다면 특별한 효과가 있다는 치료법이다. 학자들은 제일 먼저 세균을 확인한 후 그 다음 과제로 환자를 다치게 하지 않고 세균만 죽이는 약을 발견하는 데 치중하였다.

이런 효과가 있는 치료약을 '마법의 탄환(magic bullet)'이라고 불렀다. 병과 그 병을 일으키는 원인을 적군이라고 할 때, 아군인 우리 몸에는 아무런 해나 부작용을 일으키지 않는 화학 물질을 사용하여 특정한 적군만을 공격한다는 뜻이다. 이로써 특정 세균에 대한 특정 화학치료법이라는 새로운 개념이 탄생했으며 약학이 마침내 20세기 의학의 한 부분으로 등장하게 된 것이다.

그러나 이러한 신 개념을 창안한 코흐에게도 치명적인 실수가 있었다. 그는 죽은 결핵균에서 투베르쿨린(BCG)이라는 백신을 만들었다고 1890년에 발표했다. 그의 발표를 듣고 모두들 결핵을 원천적으로 치료할 수 있을 것으로 예상하고 환호하였다. 그러나 그가 개발한 투베르쿨린 치료법은 결핵 자체보다 더 위험한 것으로 드러났다. 이미 많은 사람들이 죽은 후의 일이었다.

결국 당대의 슈퍼스타인 코흐는 잠정적으로 은퇴하지 않을 수 없게 된다. 그러나 이 의료 사고는 그 후 충분한 보상을 받았는데 코흐의 치료법이 결핵의 존재를 추적하는 방법으로 쓰일 수 있음이 알려졌기 때문이다. 그가 약하게 만든 세균은 이른바 패치 테스트[1]의 주성분이 되었고 오늘날에도 결핵균 감염 여부를 확인할 때 투베르쿨린이 사용되고 있다. 그는 투베르쿨린이 치료제라고 발표했던 실수 때문에 노벨상 제1회 수상자의 영광을 베링에게 빼앗기고 1905년에야 결핵에 관한 연구로 노벨 생리·의학상을 수상한다.

코흐가 제창한 특정 화학치료법으로 세균성 감염을 치료하는 데 사용된 최초의 약제는 독일의 에를리히(Paul Ehrlich)에 의해서 탄생되었다. 그는 코흐의 정리를 바탕으로 인간의 세포에는 손상을 주는 일 없이, 인체에 침입한 세균만 죽이는 특효약을 찾으려고 노력했다. 6백 번이 넘는 실험과 시행착오를 거듭한 결과, 마침내 1910년 매독 치료에 특효가 있는 '살바르산 606'[2]을 개발했다.

에를리히의 성공에는 약간의 행운도 따랐다. 606호는 1907년에 만들어졌으며 이름은 디하이드록시디아미노벤젠이었다. 하

---

1) 약제를 바른 천이나 종이를 붙여 피부의 알레르기 반응을 알아보는 실험
2) 살바르산은 '안전한 비소'라는 뜻이며 606이라는 숫자는 606번째로 얻어진 물질이라는 뜻이다.

지만 이 화합물을 공들여 만들었지만 초기의 실험
에서 그는 아무런 효과를 보지 못했다. 낙담이 이
만저만이 아니었다. 그는 2년 간이나 자신이 개발
한 제품을 썩일 수밖에 없었다. 그런데 2년이 지났
을 때 일본의 하다가 재실험한 결과, 606호는 세균
중에서도 가장 지독한 매독균인 스피로헤타 병원
균을 죽일 수 있다는 것을 발견한 것이다. 당시 매
독에 대한 공포는 현재의 에이즈에 대한 공포와 비
견될 만큼 대단한 것이었으므로 살바르산 606의
명성은 정말로 대단했다.

50대 이상인 사람이라면 누구나 이름 정도는 기
억할 비소화합물인 살바르산 606호는 매독을 치료
하는 데 효과적이었으며, 페니실린이 보급될 때까
지 신비의 약으로 널리 쓰였다. 이 약은 당시까지
쓰던 수은제제에 비해서 약효가 뚜렷하고 독성이
나 부작용이 적어 '마법의 탄환'으로 불릴 만 했다.

　물론 에를리히의 연구가 순탄했던 것만은 아니다. 그가 매독의 치료법을 개발하는 것 자체를 반대하는 사람들이 많았기 때문이다. 성병의 일종인 매독은 신세계로부터 유입된 후 300년 동안 치료가 불가능한 질병이었다. 당시 사람들은 매독에 걸린 환자들은 부도덕성에 대한 대가로 신의 노여움을 산 것이라고 여겼으며 질병이 갖고 있는 고통은 당연한 것으로 생각하고 있었다.

　여하튼 에를리히는 주위의 압력에도 굴하지 않고 연구에 몰두했는데 그 역시 매우 우연하게 자신의 연구를 촉진할 수 있는 방법을 발견했다. 그는 어떤 염료를 갖고 작업을 하다가 그 염료가 세균 세포는 염색시키지만 사람의 세포는 염색시키지 못하는 성질이 있다는 것을 발견했다. 그 현상을 보고 어떤 염료가 박테리아는 물들이고 사람 세포는 물들이지 않는다면, 박테리아만 죽이고 숙주인 사람에게는 해를 끼치지 않는 선택적인 화학약제를 개발하는 것이 가능하리라 생각한 것이다.

　그는 세포핵이 생물체 내부에서 특수한 기능을 하며 분자 합성물이라고 가정했다. 그의 이 가설은 뒤에 많이 수정되었지만 에를리히야말로 세포핵이 본질적으로 화학적이라는 가설을 세운 최초의 인물이었다. 에를리히는 이 이론을 계속 발전시켜 독소가 존재하는 곳에서는 자연적인 화학반응으로 항체가 생겨난다고 이론화했다. 항체는 보통의 화학적 합성 규칙에 따라 혈류 속에서 독소를 묶고 무력화한다는 그의 이론은 특정 질병을 치료하는 특수한 화합물을 개발하는 것이 환상만은 아니라는 것을 보여주었다.

　에를리히는 메치니코프(Elie Metchnikoff)와 함께 1908년에 노벨 생리·의학상을 받아 그의 공로를 보상받았다. 그의 성공은 모든 질병은 간단히 만들어진 해독제, 즉 마법의 탄환으로 정복될 수 있다는 희망으로 변했고, 많은 학자들은 마법의 탄환을 찾는 연구에 착수했다.

그러나 마법의 탄환은 그렇게 쉽게 얻어지지 않았다.

1930년대에 독일의 생화학자 도마크(Gerhard Domagk)는 생쥐의 박테리아 감염에 대한 약제로서 새로 만들어 낸 일련의 염료를 특정 전염병에 이용할 수 있는지를 에를리히의 화학 요법에 따라 실험하고 있었다. 그 과정에서 도마크는 프론토질이라 불리는 염료가 아주 효과적인 항박테리아성 물질임을 발견했다. 이것은 매우 중요한 발견이었다. 왜냐하면 프론토질은 성홍열을 일으키는 연쇄상구균이라 불리는 종류의 박테리아를 공격할 수 있지만 숙주 동물에게는 대량으로 투여해도 아무런 악영향이 없었기 때문이다.

그러나 프론토질이 의학사에서 중요한 위치를 차지하게 된 것은 그것이 시험관 속의 격리된 박테리아는 죽이지 못하고 생체 내에서만 효과가 있기 때문이다. 그것을 보고 도마크는 생체 내에서 프론토질이 다른 물질로 전환되어 박테리아를 공격하는 항체 효과를 갖는다는 결론을 내렸다. 그는 프론토질을 분해하여 효과적인 화합물을 얻었고 그것을 설폰아미드 염료라고 명명했다.

얼마 후 설폰아미드 염료가 두 부분으로 분해되는데 설폰아미드기 쪽만이 항균제로 유효하다는 것도 발견했다. 또한 이미 알려져 있는 설파닐아미드라고 하는 화합물도 세균성 감염에 대해 프론토실과 같은 효력이 있었다. 프론토질은 최초의 설파제였고 다른 비슷한 약제들이 뒤이어서 만들어졌다. 세균은 이 약에 의해 차례로 정복되었다.[3]

도마크는 프론토질의 항균 효과 발견으로 1939년에 노벨 생리·의학상 수상자로 선정되었다. 그러나 도마크는 노벨상을 직접 수상할 수 없었다.

도마크는 1938년에 프랑스, 미국, 영국의 과학자들에 의해 노벨상 후보로 추천 받았다. 노벨상위원회는 독일인에게 노벨상을 수여하는 것이 문제를 일으키리라는 것을 알았다. 그것은 언론인인 폰 오시체츠키 때문이었다. 그는 1932년에 나치가 집권하자 격렬하게 나치당을 공격했다. 나치가 가져올 국민의 고통과 세계 평화에 대한 절망과 재앙을 예견한 그의 필봉은 히틀러의 감정을 매우 상하게 했다. 그런데 1935년에 노벨 평화상이 폰 오시체츠키에게 수여되자 히틀러는 모욕 당했다고 생각하고 그를 체포한다. 결국 폰 오시체츠키는 1935년에 감옥에서 죽는다.

이것이 빌미가 되어 히틀러는 1937년에 모든 독일인에게 노벨상이 수여되더라도 받지 말도록 명령했다. 그러나 노벨상위원회는 1939년 10월 26일에 '프론토질의 항균 효과 발견'으로 도마크를 노벨 생리·의학상 수상자로 발표한다. 국적에 관계없이 수여한다는 노벨의 취지에 따른 만장일치의 결정이었다.

그러나 독일 정부는 도마크의 연구 업적을 알지 못하고, 독일인에게 상을 수여하는 것에는 뭔가 정치적인 동기가 있다고 의심하였다. 도마크가 소속된 뮌스터 대학에는 내무부나 홍보부서로부터 공식적인 발표가 있을 때까지 함구하라는 명령이 내려졌다. 정부로부터 아무런 지시가 없자 도마크는 정부의 지시

---

3) 설파제는 잘 녹지 않는 성질 때문에 신장에 남아서 해를 끼치는 단점이 있으므로 요즈음에는 설파제를 투여할 때 세 종류의 설파제를 꼭 유효량이 되도록 복합해서 사용한다.

174

에 의해 노벨상은 받을 수 없을지 모르지만 스톡홀름을 방문하여 자신의 연구에 관한 강연회에는 참석하기를 바란다는 편지를 노벨상위원회에 보냈다.

그러나 그는 11월 7일에 비밀경찰에 의해 체포되었다. 체포 이유에 관해서는 아무런 이야기가 없었고 1주일 후에 석방되었다. 그 후 도마크는 노벨상을 거절한다는 편지에 서명하도록 강요받았고 스톡홀름의 강연도 금지 당했다.

도마크는 당시의 부당한 조치에 대해 아무에게도 이야기하지 않았으나 대신 다음과 같은 일화를 소개했다.

> "저녁에 순찰을 도는 간수가 무엇 때문에 체포되었는지 물었다. 그때 나는 노벨상을 받아 갇혔다고 말했다. 간수는 아무 말도 하지 않고 몇 발짝 가서 다른 간수에게 '저 친구 미쳤어. 바로 저 친구 말이야' 하고 말했다."

도마크는 제2차 세계대전이 끝난 1947년 12월 10일에 노벨상을 수여 받았다. 그러나 노벨상 수상 규정에 의하여 상금은 환수된 후였다.

프론토질의 발견은 실제로 화학약품이 매우 다양한 박테리아성 감염에 사용될 수 있음을 입증했고 특히 폐렴에 의한 사망률을 현저하게 줄였다. 그러나 살바르산 606호와 설파제는 다양하게 응용되었지만 종종 예기치 못한 부작용을 일으켰고 이 약제에 영향을 받지 않는 병인성 박테리아들도 여전히 존재했다.

그러나 학자들은 살바르산 606호나 설파제를 통하여 이미 병원균을 치료하는 방법을 찾아냈으므로 '마법의 탄환'이 어디엔가 존재한다는 희망을 갖고 있었다. 역시 학자들의 예상은 옳았

고 바로 제2차 세계대전 때 세계를 깜짝 놀라게 한 마법의 탄환
이 그야말로 우연히 발견되었다. 이 정도 이야기하면 거의 모든
독자들이 무엇을 이야기하려는 것인지 눈치챘을 것이다.

20세기 인간이 만들어 낸 약 가운데 으뜸이라는 페니실린이
바로 그것이다. 페니실린은 현대 의학적 사고의 산물이라고 할
'마법의 탄환', 즉 특효약의 범주에 진정으로 걸맞는 최초의 약
일 뿐만 아니라 수많은 전염병을 치료함으로써 인류의 생명을
가장 많이 구한 약이다.

페니실린은 발견부터 극적이다. 이야기의 주인공인 플레밍
(Sir Alexander Fleming)은 제1차 세계대전 동안에 프랑스로 파견
되어 부상병 치료를 담당한 후 귀국해서 연구소에 근무하고 있
었는데 전쟁 기간 동안 상당수의 부상병들이 부적절한 치료로
희생되는 것을 목격했다.

1922년에 플레밍은 감기에 걸리자 자신의 콧물을 조금 채취
해서 배양하면서 그것을 관찰하고 있었다. 배양 접시는 황색 세
균으로 가득 차 있었는데 어느 날 우연히 그의 눈물 한 방울이
배양 접시에 떨어졌다. 다음날 그가 배양 접시를 조사해 보니
눈물이 떨어진 부분은 깨끗해져 있었다. 그는 세균은 재빨리 분
해하면서 인간의 조직에는 해가 안 되는 물질이 눈물에 함유되
어 있다고 생각하고 눈물에 함유되어 있는 항생 효소를 '리소자
임(lysozyme)'이라고 불렀다. 그것은 그리스어로 '녹인다'라는
의미의 '리소(lyso)'와 '효소'를 의미하는 '엔자임(enzyme)'의 어
미를 딴 것이다. 즉 '세균을 녹이는 효소'라는 뜻의 리소자임은
눈물, 타액, 점액, 달걀 흰자위 그리고 식물들을 포함하는 다양
한 살아 있는 유기체와 체액 속에 존재하는 물질이다.

그는 예상치 못한 대발견을 했다고 좋아했지만 결과는 썩 훌

륭한 것이 아니었다. 리소자임은 그의 기대와는 달리 인간에게 비교적 무해한 박테리아는 죽일 수 있었지만 인간의 질병을 야기하는 대부분의 박테리아는 죽이지 못했다. 플레밍은 리소자임에 관한 연구를 잊어버렸다.

1928년 어느 날, 런던의 세인트메리 병원 의과대학에서 포도상구균 계통의 화농균을 배양하던 플레밍은 한 개의 유리 그릇에서, 푸른곰팡이가 떨어진 곳에 있는 세균의 무리가 죽어 버린 모습을 발견했다. 반면에 그 곰팡이에서 멀리 떨어진 곳에 있는 박테리아들은 살아 있었다.

플레밍은 눈물이나 침에 들어 있는 효소인 리소자임을 연구한 실적이 있었으므로 곧바로 곰팡이에 관한 연구에 착수했다. 이번 연구 결과는 그의 기대를 저버리지 않았다. 문제의 곰팡이를 배양하여 새로운 액체배지에 옮기고 다시 1주일이 지난 뒤 남은 배양액을 1천 분의 1까지 희석시켰는데도 이 액체에 포도상구균을 넣자 그 발육이 억제되는 놀라운 사실을 발견한 것이다. 이 배당액은 사람의 백혈구에는 아무런 영향을 끼치지 않았고, 토끼와 생쥐에게 주사했을 때에도 독성을 나타내지 않았다.

그는 곰팡이 자체가 아니라 곰팡이가 생산하는 어떤 물질이 강력한 항균 작용을 갖고 있다고 생각했다. 그 곰팡이는 페니실리움(penicillium) 속(屬)에 속하는 것이었으므로 플레밍은 곰팡이가 생산하는 물질을 페니실린이라고 불렀다. 계속된 연구를 통해 플레밍은 650여 종에 달하는 페니실리움 속에 속하는 곰팡이의 대부분은 페니실린을 만들지 못하고 특정한 종, 즉 자신이 배양하고 있던 포도상구균의 성장을 억제했던 페니실리움 노타툼(Penicillium notatum)을 비롯한 단 몇 종류의 포자만이 페니실린을 생산한다는 점을 알게 됐다. 플레밍에게는 그야말로

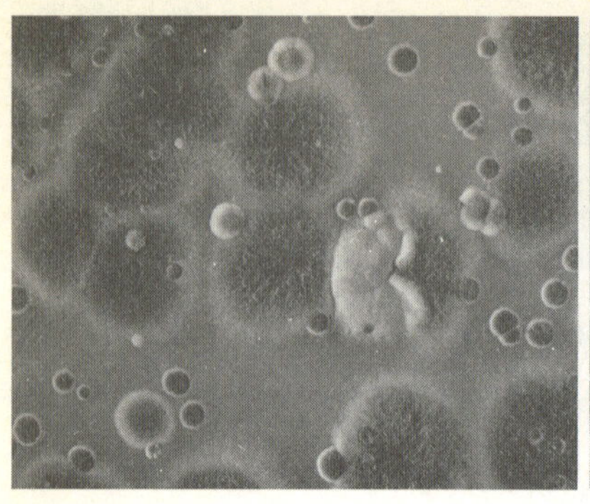

푸른곰팡이와 로크훠르 치즈

푸른곰팡이를 배양하던 플레밍은 우연히 인류의 위대한 발명품 중의 하나인 페니실린을 발견하였다. 그러나 푸른곰팡이류는 매우 오래 전부터 알려져 있는 것으로 치즈를 만드는 데 이용되었다.

엄청난 행운이었던 것이다.

사실 푸른곰팡이류는 매우 오래 전부터 알려져 있는 것이다. 프랑스가 세계적으로 내세우는 것으로 포도주와 치즈가 있는데 로크훠르라는 치즈는 파란색으로 코를 톡 쏘는 독한 맛을 낸다. 가격도 다른 치즈에 비해 월등히 비싼데 로크훠르 특유의 색과 맛은 바로 푸른곰팡이의 일종인 페니실리움 로크훠티(Penicillium roqueforti)가 치즈 전체에 자라면서 만들어 내는 것이다.

이 말을 들으면 독자들은 우리 한국에도 무언가 유사한 것이 있다고 생각할 것이다. 바로 콩으로 만드는 메주이다. 구수한 된장찌개를 만드는 메주에는 곰팡이가 피어 있는데 메주에 곰팡이가 잘 피어야 장맛이 좋다고 한다. 이것은 메주에서 자라는 곰팡이가 콩 단백질을 분해할 수 있는 단백질분해 효소를 분비해 단백질 덩어리를 아미노산으로 쪼개주기 때문이다. 메주에서 콩 단백질을 분해하는 곰팡이를 흔히 누룩곰팡이(Aspergillus)라고 하는데,

인체에 무해한 것은 물론이다.[4]

다시 플레밍으로 돌아가자. 플레밍은 이어서 페니실린이 여러 종류의 세균에 대해 항균 작용을 나타낸다는 사실을 입증했다. 페니실린으로 퇴치가 가능한 세균에는 인간에게 흔하면서 심각한 전염병이 많았다. 특히 폐렴균, 수막염균, 디프테리아균, 탄저균, 가스괴저균 등 인간과 가축들에게 무서운 전염병을 일으키는 병원균들에 효과가 컸다. 반면에 결핵균, 대장균, 인플루엔자균 등에는 거의 효과가 없다는 사실도 알아냈다.

페니실린의 장점은 다른 약물들과는 달리 백혈

---

4) 메주에 항암 효과가 있다는 보고도 있는데, 메주곰팡이가 특정 병원균에 대해 '마법의 탄환'이 될지 모른다는 것이 필자의 생각이다. 메주곰팡이가 노벨상의 반열에 놓여질 순간이 오기를 기대한다.

구에 전혀 해를 끼치지 않는다는 것이다. 페니실린 이전에 개발된 여러 항생물질은 세균의 성장과 발육에 억제 효과를 가지지만 인간의 세포에 대해서도 치명적인 손상을 주는 것이 문제였다. 그러나 페니실린은 이러한 문제점이 없었다.

페니실린은 동물과 박테리아 세포의 차이를 민감하게 식별한다. 페니실린은 직접 박테리아를 죽이지는 않지만 박테리아가 세포벽5)을 만드는 것을 방해하여 결국 박테리아가 적절하게 번식할 수 없게 만들어서 죽게 한다. 페니실린이 사람의 세포를 공격하지 않는 이유는, 사람이나 다른 동물들은 박테리아와 같은 튼튼한 세포벽을 갖고 있지 않기 때문이다.

그러나 플레밍은 페니실린의 실용화에는 실패했다. 플레밍은 다음과 같이 이야기했다.

"페니실린이 언젠가는 치료약으로서 진가를 발휘할 것으로 제가 믿게 된 이유는 그것이 백혈구에 아무런 해가 없었기 때문입니다. …… 저의 생각으로는 이것을 농축할 필요가 있었습니다. 우리는 페니실린의 농축을 시도했는데 알아낸 것은…… 페니실린은 쉽게 분해되며, 그리고 우리의 간단한 방법은 도움이 안 된다는 것이었습니다."

게다가 당시에는 설파제가 큰 성공을 거두고 있었다. 때문에 플레밍의 공동연구자인 레이스트릭은 페니실린을 농축하려는 연구가 실패하자 더 이상 페니실린을 실용화하는 연구를 하지 않았다.

페니실린을 치료약으로 개발하는 역할은 플레밍과 직접 일한

---

5) 박테리아가 자신의 표면을 감싸서 손상으로부터 자신을 보호하는 구조물

적이 한 번도 없는 옥스퍼드 대학의 병리학자 플로리(Lord Howard Walter Florey)와 생화학자 체인(Sir Ernst Boris Chain)이 수행했다.

플로리는 눈물과 침 등 점액에 들어있다는 리소자임에 관한 플레밍의 논문에 관심을 갖고 1937년에 리소자임을 정제하는 데 성공했으므로 이번에도 플레밍이 1929년에 쓴 페니실린에 관한 논문에 주목하였다. 플로리와 체인은 미국의 록펠러 재단에서 연구비를 받아 단 6개월 동안의 노력 끝에 페니실린의 정제된 결정을 얻는 데 성공했다. 이 분말을 200만 배로 희석한 용액도 세균을 죽일 수 있었다. 페니실린이 발견된 지 12년 후의 일이었다.

1941년에 패혈증으로 회복 가능성이 전혀 없는 환자에게 최초로 페니실린이 투여되었다. 그 환자는 입가에 생긴 부스럼에 세균이 침입하여, 황색의 포도상구균과 녹농(綠膿)의 연쇄상구균이 온몸에 퍼져 있었고 설파제도 효력이 없었다. 그러나 환자

페니실린을 처음으로 발견한 플레밍과 페니실린을 실용화한 플로리와 체인. 이들 세 사람은 이 업적으로 1945년도 노벨 생리·의학상을 수상하였다.

는 페니실린이 투여되자마자 빠른 속도로 회복되었다.

마침 제2차 세계대전 중에 전투에서 사망하는 경우보다 병사들이 밀집한 전선에 창궐하는 전염병의 치료와 예방이 더욱 큰 문제가 되자 미국 정부는 페니실린이 그 해답이 될 수 있을 것으로 생각했다. 미국 정부는 페니실린의 대량 생산을 위해 막대한 예산을 투여했다.

페니실린이 실용화되기 위해서는 곰팡이를 대량 배양해야 했다. 그러나 곰팡이는 배양수조의 표면에서만 자라기 때문에 균의 배양에는 한계가 있었다. 더구나 곰팡이들이 자랄려면 공기가 많이 필요했다. 따라서 공기를 수조 속으로 불어 넣으면서 수조액을 휘저어 주어야 하는데 이때 불필요한 세균이 들어가는 단점도 있었다.

플로리와 체인은 이 어려운 문제도 극복하였다. 그들이 개발한 배양 방법에 의해 몇 톤이나 되는 커다란 탱크에서 페니실린이 대량으로 생산될 수 있었다. 특히 칸달루프 멜론에 부착된 푸른곰팡이(페니실리움 크리소게남)를 이용하면 페니실린의 생산량을 20배로 올릴 수 있었다.

대량으로 생산된 페니실린은 1943년부터 전선에서, 1944년부터는 민간에서도 널리 사용되어 수많은 전염병 환자들의 생명과 건강을 지켰다. 페니실린은 당시 영국 수상이었던 처칠의 폐렴을 치료한 약품으로도 유명하다. 1945년에 노벨상위원회는 페니실린의 발견 및 전염병에 대한 치료 효과의 발견과 개발 업적을 토대로 노벨 생리·의학상 수상자를 발표했다. 수상자는 플레밍, 체인, 플로리였다.

이제 학자들은 페니실린의 구조가 궁금하지 않을 수 없었다. 호치킨(Dorothy Crowfoot Hodgkin)이 바로 이 연구에 착수하여 X선 해석으로 페니실린의 구조를 밝혔고 1964년에 노벨 화학상을 받았다.

지금까지 개발된 모든 치료약 가운데 페니실린처럼 놀라운 효과를 거둔 약은 없을 것이다. 그러나 페니실린에도 문제점이 있었다. 페니실린이 특효약이라는 소문이 돌자 가벼운 질병에도 무단 남용되었고, 내성균이 나타나기 시작했다. 페니실린이라는 창이 나타나자 박테리아도 내성이라는 방패를 만든 것이다. 의사들은 몇 가지의 세균 특히 포도상구균에 대한 페니실린의 효과가 사라진 것을 발견했다.

물론 학자들은 박테리아의 내성을 극복할 수 있는 새로운 약품을 연구했고, 성공을 거두었다.

이탈리아 사르디니아의 세균학 교수 주셉 브로추는 하수구와 직접 면한 바다에서 세팔로스포룸 아크레모늄(cephalosporium acremonium) 종의 균을 발견했다. 1955년에 영국의 에이브러햄과 뉴턴은 세팔로스포륨 아크레모늄에서 항생물질을 추출했고, 세팔로스포린이라고 명명했다. 이 항생물질은 장티푸스 환자에게 상당한 효과가 있었고 그람 양성균(gram-positive)과 음성균(gram-negative)을 죽였다. 화학적인 연구 결과, 특히 음성균의 물질이 페니실린과 밀접한 관계가 있다는 것이 밝혀졌고, 페니실린 N이라고 명명했다.

1955년에는 또 하나의 순수한 결정물질인 세팔로스포린 C가 발견되었다. 이것은 당시 페니실린에 저항력이 있는 몇 가지 극독성 세균에 유효했다. 하버드 대학의 우드워드(Robert Burns Woodward)는 세팔로스포린 C의 합성법을 연구하여 1965년에 노벨 화학상을 수상했다.

이제 다시 항생제로 돌아가자. 페니실린의 발견으로 다른 항생제를 찾으려는 연구가 붐을 이루었다. 항생제(antibiotics)라는 말은 1942년에 왁스먼(Selman Abraham Waksman)이 '항(anti)'라는 뜻과 '생명(bios)'이라는 뜻의 단어를 합성하여 명명한 것이다. 1943년 왁스먼은 스트렙토마이세스 속에 속하는 흙 속의 토양 곰팡이에서 '스트렙토마이신'이라는 항생제를 추출하였고 이것은 결핵에 탁월한 효과가 있었다. 페니실린은 우연하게 발견된 반면에 스트렙토마이신은 수많은 흙을 분리하고 선별하여 얻어진 것이다. 한 마디로 대상 물질을 정해 두고 수많은 시료로부터 뜻하는 물질을 얻은 것으로 요즈음에도 의학품을 개발할 때 많이 채택되는 방법이다. 그는 1952년에 스트렙토마이신의 발견으로 노벨 생리·의학상을 받았다.

그러나 이러한 항생제에 대해서도 세균의 내성이 급격히 증가하기 시작했다. 이것은 세균이 내성을 이겨 내는 것이 아니라 내성이 있는 돌연변이 종이 생겨나거나, 내성을 갖고 있는 세균이 정상 세균은 모두 죽었을 때에도 번식하기 때문이다. 세균은 빨리 증식하기 때문에 한 번 돌연변이가 생기기 시작하면 신속하게 형질 전환이 일어난다. 결국 소수의 균주로부터 셀 수 없을 정도로 많은 변종이 생긴다.

물론 하나의 항생제가 실패하면 다른 많은 항생제로 내성을 갖고 있는 변종을 공격할 수 있다. 새 항생제와 옛 항생제의 합성 변이물을 사용하여 치료할 수도 있다. 가장 이상적인 것은 어떤 돌연변이체도 면역성을 갖지 못하게 하는 항생제를 개발하여 특정 세균이 살아남지 못하도록 하는 것이다. 학자들은 첨단 화학의 융통성을 이용하여 새로운 병원균보다 계속 한 수 위를 유지할 수 있는 방안을 찾는 데 노력하고 있다.

이제 노벨상으로 돌아가자. 일반적으로 노벨상은 독창적이면서도 창의적인 업적으로 인류에 공헌한 학자들에게 주어진다. 따라서 인류에게 수많은 공헌을 했음에도 독창적이지 않기 때문에 노벨상 수상자에서 탈락되는 아픔을 겪은 학자들이 많이 있다. 그러나 예외가 없는 법이 없는 것처럼 노벨상에도 예외는 있는 법이다.

바로 항생제를 발견한 공로로 과학자들은 노벨 생리·의학상을 무려 두 번도 아니고 세 번이나 수상했다. 첫 번째는 도마크(1939년)이고 두 번째는 플레밍과 플로리, 체인(1945년)이며 세 번째는 왁스먼(1952년)으로 비슷한 내용의 업적으로 5명이나 수상의 영광을 얻었다. 노벨상 역사상 아직까지 항생제의 발견만큼 노벨상을 반복하여 받은 경우는 없다.

이와 같이 동일 분야를 연구한 학자들이 노벨상을 수상한 이유는 간단하다. 각각의 발견이 인류에 미친 영향이 워낙 컸기 때문이다. 스트렙토마이신을 발견한 왁스만이 1952년에 아무런 논쟁도 없이 수상한 이유도 그의 연구가 결핵균 치료제라는 것을 알면 이해가 된다. 당시에 세계적으로 가장 문제가 되었던 전염병이 바로 결핵으로 전염병 중에서 가장 많은 사람들을 죽음으로 몰아갔는데 스트렙토마이신은 대표적인 결핵균 치료제였다.

이미 선배가 노벨상을 받았다고 실망할 필요는 없다. 자신의 연구가 인류에 어떻게 공헌하느냐는 점이 인정되면 언제든지 노벨상이라는 과실이 열릴 수 있다는 것을 항생제가 보여 준 것이다.

말라리아

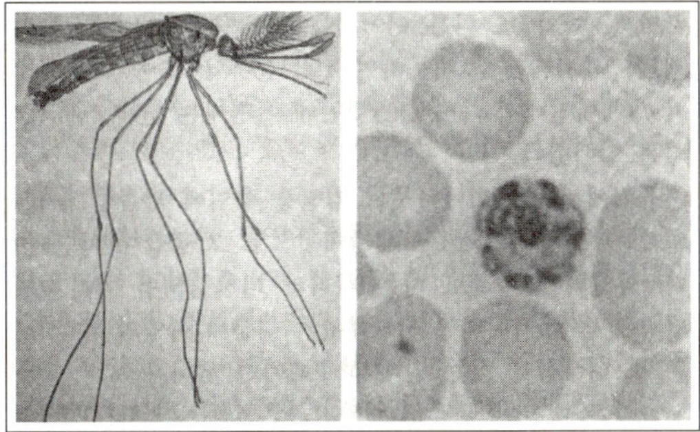

● 말라리아

　학자들은 페니실린의 발견으로 세균에 의해 발병하는 병을 퇴치할 수 있다는 자신감을 갖게 되었지만 질병은 세균에 의해서만 생기는 것은 아니다. 그 대표적인 것이 미생물인 원생동물에 의해 감염되는 말라리아이다.

　선진국의 경우 살충제를 사용하여 모기의 발생을 억제하여 말라리아의 발병을 근절시켰지만, 아직도 세계의 넓은 지역에서 말라리아는 치명적인 병이다. 말라리아는 중앙 및 남아메리카, 중동과 아시아 그리고 지중해 연안 국가들의 풍토병이나 마찬가지이다. 거의 20억 명의 사람들이 말라리아를 옮기는 모기가 번성하는 지역에 살고 있으며 아프리카의 지역에 따라 5세 이하 어린이의 거의 4분의 1이 말라리아로 죽고 있다. 1992년에 세계보건기구(WHO)는 전 세계적으로 거의 3억 명의 인구가 말라리아에 감염되어 있으며 해마다 약 3백만 명 이상의 사람들이 말라리아로 죽는다고 발표했다.

　학자들은 곤충 중에서 가장 위험한 것이 모기라고 말한다. 모기에게 물리면 말라리아 이외에도 상피병(象皮病)을 일으키는 사상충(絲狀蟲)에 감염될 수도 있다. 상피병이란 사상충이 임파선을 틀어막아 피부를 부풀어오르게 해 종종 환자의 다리를 코끼리 다리처럼 퉁퉁 붓게 한다고 해서 붙여진 이름이다. 성기가 사상충에 감염된 사람은 걸어다닐 때 자신의 고환을 손수레에

올려 놓고 끌고 다녀야 할 정도이다. 사상충은 인간을 숙주(宿主)로 삼아 급속도로 번식하는데 피 한 방울에 수천 마리나 되는 실같은 기생충들이 꿈틀거리고 있을 수도 있다.

고대 그리스인들과 로마인들은 말라리아의 특징적인 고열과 오한의 간헐적 돌발을 잘 알고 있었다. 기원전 116년에서 27년까지 살았던 로마의 학자 바로는 '눈에 보이지는 않지만 늪지대에 살고 있는 어떤 미세한 동물이 입과 코를 통해 몸 속에 들어와 병을 일으킨다'라고 말했고, 1880년까지도 말라리아의 원인은 습한 지역의 나쁜 공기라고 생각되었다. 말라리아라는 이름도 이탈리아어로 '나쁜 공기'에서 유래한 것이다.

말라리아는 19세기 말 대단한 공포의 대상이었다. 영국이 인도를 통치하기 위해 군대를 파견할 때 가장 두려워한 것은 말라리아였다. 인도군 및 인도 주둔 영국군 병사 17만 8천 명 중 7만 6천 명이 말라리아로 입원하였다는 보고가 있을 정도였으므로 영국인들이 인도로의 파견을 극히 기피한 것도 이해할 수 있는 일이다. 이탈리아에서도 매년 1만 5천 명이 말라리아로 사망했다는 자료가 있고 미국에도 말라리아가 흔한 질병이었다.

그러나 당시만 해도 모기가 말라리아를 매개한다는 것은 상상도 하지 못했다. 당시의 질병학에서는 모든 질병은 세균에 의한 것이라는 의견이 지배적이었기 때문이다.

그러나 라브랑(Charles Louis Alphonse Laveran)은 말라리아 환자들의 피를 조사하다가 그들의 적혈구 안에서 미소 유기체를 발견했다. 그는 말라리아가 기생 원생동물에 의해서 유발되며 '플라스모디아'로 불리는 유기체가 말라리아의 원인이라고 생각했다. 말라리아는 세균이 아닌 미생물(말라리아의 경우 원생동물)에 의한 전염병이라는 것이 밝혀진 것이다.

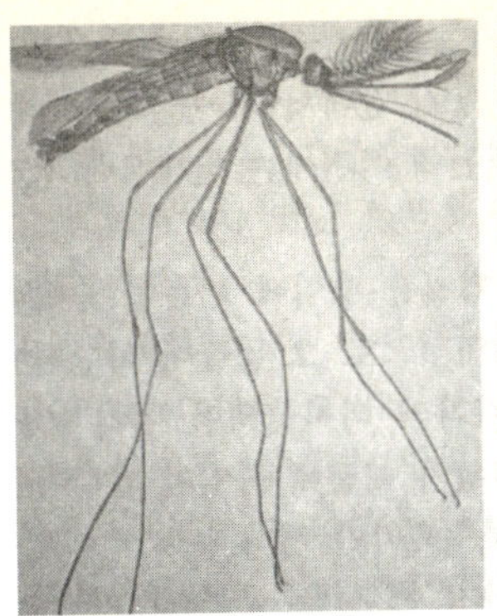 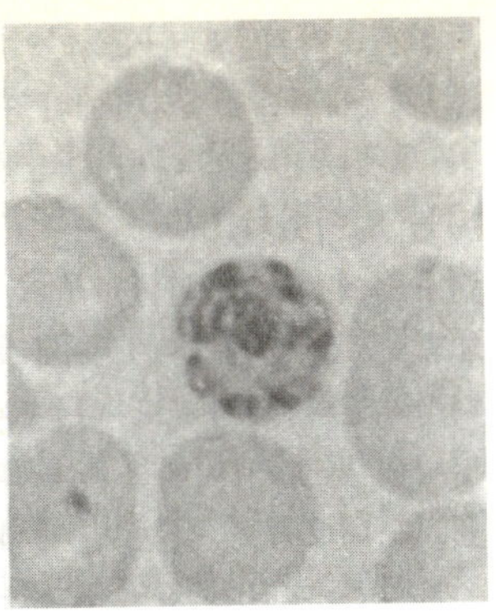

1992년에 세계보건기구(WHO)에서 발표한 바에 따르면 전 세계적으로 약 3억 명이 말라리아에 감염되어 있으며, 해마다 약 3백만 명이 이 병으로 사망하고 있다.

플라스모디아는 생물학적으로 박테리아보다 더 복잡한 원생동물이라고 불리는 단세포 유기체 무리에 속한다. 라브랑의 발견은 사람의 병을 일으키는 원생동물을 발견한 첫 사례로, 그는 이 발견으로 1907년에 노벨 생리·의학상을 받는다.

인간의 질병이 세균이 아닌 미생물로부터도 발생한다는 것은 학자들에게 충격을 준 동시에 좋은 연구 주제가 되었다. 라브랑의 발견을 발전시킨 사람은 로스(Sir Ronald Ross)이다.

그는 말라리아가 모기와 연결이 있다면 라브랑이 발견한 플라스모디아가 모기 속에서 검출되어야 한다고 생각했다. 그는 직접 휴대용 현미경을 만들어 플라스모디아가 말라리아에 감염된 환자의 피를 빨아먹은 모기에서 발견될 수 있음을 밝히는 작업에 몰두했다. 결국 그는 모기의 위장 속에 말라리아 플라스모디아가 존재한다는 것을 확인했다. 그는 1902년에 플라스모디아가 말라리아 병원균이라는 것을 발견한 라브랑보다 먼저 노벨 생리·의

학상을 받았다. 그가 제2회 노벨상을 받았다는 것은 그만큼 모기에 감염되는 말라리아 연구의 중요성을 보여 주는 것이다.

로스는 말라리아를 퇴치하는 가장 빠른 방법은 모기를 죽이고 환자들에게 항(抗)말라리아 약제인 키니네를 주는 것이라면서 말라리아 퇴치를 위한 공공보건계획을 제안했다.

다행하게도 말라리아에는 키니네라는 특효약이 존재했다. 키니네는 남아메리카에서 자라는 키나나무에서 채취한다. 그러므로 말라리아가 각국에서 창궐하자 키니네는 국제 정치에서 중요한 요인이 되었다. 남미산 키나나무의 수입이 곤란하게 되자 세계의 다른 지역, 특히 네덜란드령 동인도(인도네시아) 등에 나무가 이식된 이유 중에 하나이다.

학자들은 키나나무로부터 키니네를 확보하는 데 열중하는 것 외에도 인공적으로 키니네를 합성하는 데 전념하였다. 이 연구에 가장 적극적인 나라가 독일이었다. 독일은 제1차 세계대전 중에 연합군의 방해로 키니네의 공급이 중단되어 많은 어려움을 겪었다. 독일은 이때의 쓰라린 경험을 알고 있었으므로 합성 대체품 제조에 심혈을 기울였고, 그중에서 성공한 것의 하나가 키나크린이라고도 불리는 아테브린이다.

말라리아는 전염병의 치료에 화학물질을 사용하여 성공한 최초로 예이다. 사실상 오늘날 유기합성 화학이 다각적인 산업으로 발전한 이유는 천연 키니네가 현저히 부족한 데다 가격이 비쌌기 때문이다. 독일이 이 분야에 관한 한 세계를 주도했는데, 이런 기반이 없었다면 독일은 두 차례의 세계대전에 훨씬 더 치명적인 패배를 맛보았을 것이다.

미국도 말라리아로 곤욕을 치르기는 마찬가지였다. 그러나 미국은 수입을 통하여 키나나무로부터 키니네를 제조하는 데 문제점이 없었기 때문에 독일이 합성 치료약을 개발한 것에 관심을 두지 않았다.

그러나 갑자기 상황이 변하는 돌발사고가 생겼다. 제2차 세계대전 동안에 미국은 북아프리카나 남태평양에 있는 섬들에서 전투를 해야 했는데 이 지역의 키나나무 재배지는 일본군의 지배 하에 있었기 때문이다. 그래서 미국은 유효한 합성 항말라리아제를 개발해야 할 필요가 있었다.

이때 미국은 북아프리카에서 미군의 포로가 된 이탈리아 병사로부터 항말라리아로 여겨지는 환약을 입수했다. 그 약은 아테브린을 생산하는 회사에서 새로 개발된 항말라리아 약으로 아테브린보다 효력이 10배이며 부작용도 적은 클로로킨이었다. 미국은 곧바로 클로로킨의 대량 생산에 들어갔다.

그런데 이 약에 관해서는 재미있는 에피소드가 있다. 미군 병사들에게 말라리아 치료약을 보급하였지만 장병들이 이를 전혀 복용하지 않으려 했다. 이것은 유명한 일본의 라디오 선전원 '도쿄 로즈'가 미군 병사들에게 지급된 말라리아 치료제를 먹으면 황달이 걸린 것과 같이 피부색이 누렇게 될 뿐만 아니라 성불구가 된다고 말했기 때문이다. 전자는 옳은 말이지만 성불구가 된다는 말은 틀린 것임에도 병사들이 이 치료약을 복용하지 않았다. 성불구가 된다는 데 말라리아 치료제를 복용할 사람이 있을 리 만무했다. 결국 미군이 뉴기니아에 상륙했던 2주일 동안에 전 병력의 95%가 말라리아를 앓게 되었지만 치료제의 효과는 거의 없었다.[1]

항말라리아제는 미국에서 대량 생산되어야 할 중요한 군수품으로 한국전쟁과 월남전쟁에서도 사용되었다. 그러나 이들 약은 수년간 사용하면 약효가 떨어졌다. 이는 말라리아를 전염시키는 모기 중에 이런 약에 대한 저항력이 있는 종류가 출현했기 때문이다. 그런 반면에 키니네는 이와 같은 내성이 출현하지 않기 때문에 말라리아에 대한 투쟁에서 아직도 그 중요성을 잃지 않고 있다.

한편 여름마다 우리를 괴롭히는 모기를 퇴치하는 데 혁혁한 공을 세우는 것이 모기향이다. 모기향의 원리는 과거에 우리의 선조들이 모기를 쫓는 데 사용하던 방법과 유사한 것이다. 시골에서는 여름날 마당에 볏짚을 태워 모기를 쫓곤 한다. 이것은

---

1) 당시 말라리아가 군사적으로 중요한 의미를 지니고 있었던 것은 말라리아에 걸린 1천 명의 해병대원을 치료하는 데 필요한 인원이 1천 명의 전사한 해병대원을 수습하거나 보충하는 데 필요한 인력보다 더 많았기 때문이다.

194

벗짚에 모기를 없애는 성분이 있는 것이 아니라 모기가 연기를 쫓아가는 특성을 이용해 모기를 다른 곳으로 유도하는 것이다.

여름에 습도가 높고 무더운 우리 나라에서는 창을 열어 바람을 맞는데 모기향은 바로 이런 한국인의 생활 습관을 이용한 것이다. 코일의 끝에 불을 붙여 연기를 피우면 바람이 불어도 꺼지지 않고 살충 성분을 계속 공중에 확산시킬 수 있다. 그러나 모기향에서 나는 연기는 사람의 눈과 코를 맵게 만든다. 이런 단점을 없앤 것이 전자모기향(매트)이다. 가열판이 있는 전기장치(훈증기)에 납작한 매트를 넣고 전기열로 살충 성분을 피워 파리나 모기를 박멸하는 형태이다. 전자모기향은 모기향처럼 연기를 내지 않는다는 점, 살충 성분을 동일한 비율로 휘발시킨다는 점 때문에 많은 호응을 받고 있다.

이와는 달리 모기를 원천적으로 박멸하는 살충제가 있다. 미국의 길버트 첸버스와 돈 믹스가 공동 개발한 MLO라는 살충제가 그것이다. 그들은 모기가 얕은 물에서 부화되어 스스로 날기까지 5일에서 10일 걸린다는 것에 착안하여 모기가 숨을 쉬지 못하도록 호흡 기능을 차단하는 방법을 연구하였다. 20도의 수온에서 가장 살충 효과가 강한 MLO는 무색의 액체로 냄새가 거의 없는데 물위에 뿌리면 엷은 막을 이루지만 산소가 뚫고 들어가는 데는 아무 방해가 되지 않는다. 그러므로 물고기가 숨을 쉬는 데는 이상이 없지만 모기 유충이 물위로 떠올라 공기를 마실 때 함께 마시면 100% 질식해 죽고 마는 것이다.

1973년 캘리포니아에서 MLO에 의한 대대적인 모기 퇴치 작업이 전개되었다. 기존의 약은 1주일 밖에 효과가 없었는데, MLO는 2주일 동안 모기가 얼씬하지 못하면서도 공해가 없어 모기약 살포에 따른 경비가 50%나 절감되었다는 보도가 있었

다. 사람과 농사일에 막대한 지장을 준 모기가 지구상에서 완전히 박멸될 날이 올 지 모르겠다.

역사상에 기록된 모든 전쟁에 의한 사망자의 수보다 말라리아에 의한 사망자 수가 더 많다는 기록을 보면 이 무서운 병을 억제하는 약이나 살충제의 가치를 과소평가해서는 안 된다. 말라리아를 박멸하기 위해 사용되는 살충제가 새나 타 동물에 해를 끼치므로 사용을 억제해야 한다고 주장하는 환경단체도 있으나 살충제를 사용함으로써 구원받은 수많은 사람의 인명을 생각하면 오히려 권장해야 한다는 일부 학자의 주장도 이해가 가는 측면이 있다. 물론 창과 방패의 사용 문제는 필자가 이곳에서 거론할 문제가 아님을 다시금 천명한다.

마지막으로 영국이 인도를 정치적으로 그토록 오랫동안 지배한 것은 영국인이 진토닉을 마시는 습관 때문이라는 말도 있다. 처음에는 영국인들도 말라리아로 고통을 받았으나 이상하게 술을 잘 마

시는 장병들은 말라리아에 잘 걸리지 않았다. 그것은 토닉
(tonic)이 키니네 성분을 갖고 있기 때문인데 진토닉을 마시면
말라리아에 걸리지 않는다는 것이 알려지자 진토닉이 치료제
로 대량으로 소비되는 덕분에 영국인은 말라리아 걱정을 하
지 않아도 되었다고 한다. 반면에 통치를 당하는 인도인들의
대부분은 이 영국 음료의 냄새를 싫어해 말라리아의 감염으로
고생했다.

암 바이러스

● 암 바이러스

　말라리아가 세균이 아닌 미생물에 의한 질병으로 밝혀지자 의학자들은 세균과 미생물이 아닌 다른 원인에 의해서도 질병이 일어날 수 있을지 모른다는 생각을 하기 시작했다.

　1898년에 리오데자네이로에서 황열병이라는 전염병이 돌았고 환자 중 95%가 사망할 정도로 위세가 대단했다. 1899년에 쿠바에서도 이 병이 나타났다. 미국의 세균학자 리드를 단장으로 하는 연구진은 이 병이 환자나 의사 혹은 의복이나 침구를 통해서는 매개되지 않음을 밝혔다. 리드는 말라리아를 일으키는 모기가 이 병의 매개 곤충이라고 생각했다.

　그는 일부러 의사들로 하여금 황열병에 걸린 사람을 물은 모기에 물리게 했는데 그의 예상대로 의사들은 황열병에 걸렸고 조사자 중에서도 사망자가 나왔다. 그러나 모기가 전염병을 옮긴다는 리드의 생각은 틀린 것이었다. 황열병은 비세균성인 데다가 원생동물에 의해 발병되는 것도 아니었다. 이 병의 원인은 세균보다 훨씬 작은 것이었다.

　발진티푸스도 마찬가지 경우였다. 이 질병은 북아프리카 지역에서 주로 발병하였지만 이 병의 전염성이 얼마나 강했던지 폴란드와 러시아에서는 제1차 세계대전을 전후로 하여 300만 명 이상이 이 병으로 사망하였다. 이 숫자는 군사 작전으로 인한 사망자와 맞먹을 정도였다.

이런 중요한 병에 대해 학자들이 주목하지 않을 리 없었다. 프랑스 세균학자 니콜(Charles Jules Henri Nicolle)은 튀니스에서 근무할 때, 시내에서 발진티푸스가 만연하는데도 병원에서는 아무도 발병되지 않음을 발견했다. 의사와 간호사들은 날마다 발진티푸스 병균과 접했고 병원은 환자로 만원을 이루고 있음에도 병원의 근무자들에게는 이 병이 퍼지지 않았다. 니콜은 환자가 병원에 왔을 때 어떤 처치를 하는가 관찰했다.

환자가 병원에 들어오면 일단 말끔히 씻기고 이가 잔뜩 붙어 있는 의복을 없애는 조치가 취해졌다. 따라서 니콜은 이가 발진티푸스를 옮긴다고 생각했는데 그의 가설은 옳았고 그는 이 발견으로 1928년에 노벨 생리·의학상을 받았다.

니콜의 발견과 DDT의 덕택으로 2차 세계대전 때에는 발진티푸스가 창궐하지 않았다. 발진티푸스 역시 황열병과 마찬가지로 세균보다 더 작은 매개체에 의해 발병하는 것이었다. 이 작은 매개체를 지금은 바이러스라고 부른다.

세균은 보통 세포 크기만한 것에서부터 아주 작은 것까지 다양하다. 크기는 직경이 보통 2마이크로미터 정도이며 가장 작은 세균은 직경이 0.4마이크로미터 정도이다. 이 정도의 크기가 생물체로서 독립된 생활을 유지하기 위한 대사 기구를 갖는 최소한의 부피이다.

이보다 더 작은 것은 스스로 살아가기에 충분하지 못하기 때문에 다른 생명체에 기생해야 한다. 그것들이 자랄 수 있는 유일한 장소는 살아 있는 세포이고 살아 있는 세포는 기생 생물이 가지고 있지 않은 효소를 공급해 준다. 따라서 기생 생물은 숙주를 희생시켜야만 성장과 증식을 할 수 있다. 더욱이 이 생명체는 효소 기구 가운데 꼭 필요한 것을 제외하고는 포기하므로 아무리 영양이 풍부할지라도 인공 배지에서는 증식을 하지 못한다. 시험관 내에서는 증식이 불가능하다는 뜻이다.

1914년에 독일의 크루스는 감기가 바이러스에 의해 발생한다는 것을 증명했다. 이후 홍역, 이하선염, 수두, 인플루엔자, 천연두, 폴리오, 광견병 등을 포함하는 40여 개의 질병이 바이러스에 의한 것임이 밝혀졌다. 그러나 바이러스의 성질이 무엇인가를 규명하는 데는 실패하여 궁금증은 더해졌다.

우선 바이러스가 생물인지 무생물인지에 대한 논쟁이 관심을 끌었다.

일반적으로 어떤 개체가 생물이려면 적어도 다음과 같은 세 가지 조건을 충족시켜야 한다.

① 스스로 증식할 수 있어야 한다.

② 자신의 몸을 유지하고 자랄 수 있는 대사 능력이 있어야 한다.

③ 보다 나은 생활을 위해 진화하는 능력이 있어야 한다.

이와 같은 정의에 의할 경우 바이러스는 첫째, 둘째에는 부합되지 않지만 셋째 조항에는 그런 대로 부합된다. 바이러스가 가지고 있는 유전자에서 돌연변이가 일어나 조금씩 다른 변종의 자손들이 만들어지는 것을 확인할 수 있기 때문이다. 그러나 엄밀한 의미로 따진다면 결론적으로 '바이러스는 완전한 생물이 아니다'라고 말할 수 있다. 이것은 1946년의 노벨상이 바이러스가 무생물이라는 강력한 증거를 제시한 미국의 생화학자 스탠리(Wendell Meredith Stanley)에게 돌아감으로써 확정되는 듯 했다.

스탠리는 모자이크병에 걸린 담배의 잎을 모아서 그 액을 짰다. 그는 화학분석법으로 이물질을 제거하여 1톤의 담배 잎에서

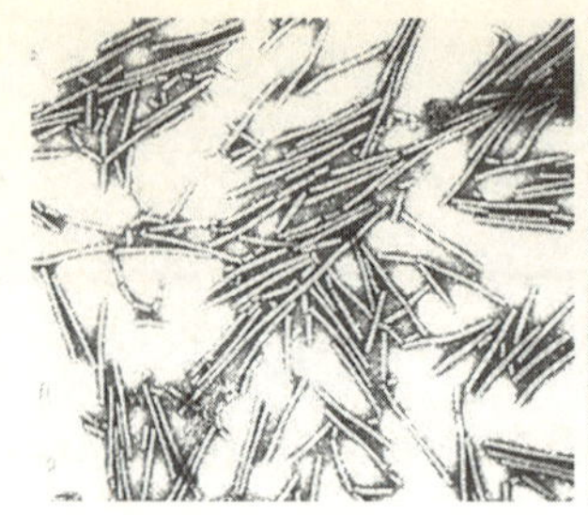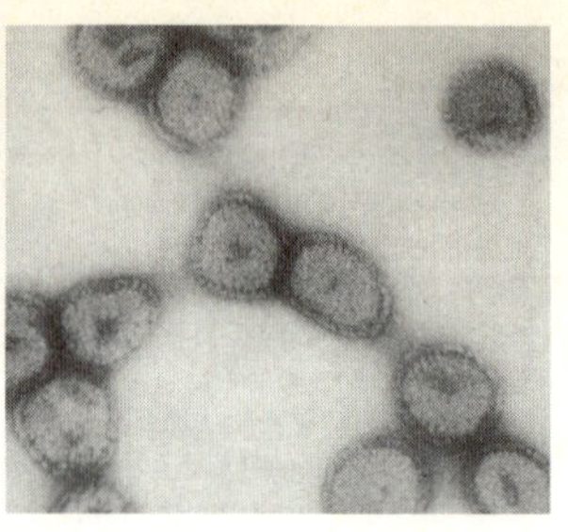

담배모자이크 바이러스(左)와 인플루엔자 바이러스(右)
바이러스는 비록 스스로 증식하거나 대사 능력을 가지고 있지는 못하지만 유전자 돌연변이를 통해 변종의 자손을 만들어 낼 수 있다. 이러한 바이러스의 특징으로 인해 이것을 생물로 보아야 하는가, 무생물로 보아야 하는가가 학자들 사이의 논쟁의 대상이 되었다.(『과학동아』1997년 12월호에서 인용)

한 숟가락 정도 분량의 단백질 결정을 얻었다. 바이러스가 결정이 될 수 있다는 사실은 바이러스가 단순히 죽은 단백질이라는 사실을 증명하는 것으로 생각할 수 있다.

그런데 놀라운 것은 이 무생물을 물에 녹인 후 담배 잎에 발랐더니 전처럼 전염성이 생긴 것이다. 살아 있는 것은 결정이 될 수 없는 데도 불구하고 바이러스는 결정이 된 이후에도 전염성이 있으며 성장하고 증식했다. 따라서 이 단백질의 결정은 모자이크병의 병원체라고 할 수 있다. 스탠리는 '바이러스는 단백질의 일종이다'라고 논문을 발표했다. 바이러스는 단백질이지만 다른 한 편으로 볼 때는 성장과 증식은 삶의 본질이므로 바이러스는 두 가지 성질을 모두 갖고 있다고 볼 수 있다.

이 논문은 많은 학자들에게 충격을 주었다. 미생물이라고 생각한 바이러스가 무생물인 단백질이라고 하니 사람들이 놀라는 것도 무리는 아니었다. '단백질의 결정에 세균이 섞여 있는데, 그 세균이 모자이크병의 병원체이다'라고 주장하는 학자도 있었다.

이렇게 바이러스의 생명체 여부 논쟁이 가열되고 있을 때 영국의 생화학자 보덴과 피리는 담배모자이크 바이러스에 리보핵산이 있음을 증명했다. 담배모자이크 바이러스는 94%의 단백질과 6%의 RNA로 이루어진 핵단백질이었다. 그 후에 유전자가 핵산이라는 것을 알려졌고, 결국 바이러스란 단백질이라는 옷을 걸친 유전자라는 것이 밝혀졌다. 이후의 연구로 모든 바이러스가 RNA 또는 DNA를 갖고 있으며 간혹 가다 두 가지를 모두 갖고 있는 경우도 있다는 사실도 알려졌다.

핵단백질과 단순한 단백질의 차이는 살아 있는 것과 죽은 것을 구별하는 중요한 단서이다. 그런데 바이러스는 유전자와 같은 성질로 되어 있는데 유전자는 생명의 본질이었다. 학자들의 사고에 혼동이 오기 시작했고 그것은 학자들의 연구 의욕을 더욱 부추겼다. 바이러스 유전자의 구조와 기능을 알면 유전자에 대해 더 많은 정보를 얻을 수 있다고 생각한 것이다. 즉 바이러스 유전자를 규명하는 것이 훨씬 정교한 유전자를 가진 다세포 생명체의 유전자를 분석하는 첫 단계가 될 수 있다는 뜻이다.

유전자가 생명의 특성을 갖고 있으므로 이제 바이러스는 생명체라는 주장도 가능해졌다. 아직도 생명을 정의하는 데는 여러 가지 특징이 있어야 하므로 논란의 여지는 있지만 복제 가능한 핵단백질을 갖고 있다면 살아 있다고 간주하는 것도 무리는 아니라는 설이 지배적인 것은 사실이다. 바이러스를 생명체로 대접하자는 뜻이다.

바이러스의 형태도 전자현미경의 발달로 파악될 수 있었다. 담배모자이크 바이러스는 0.28마이크로미터의 길이와 0.015마이크로미터의 두께를 가졌고 가는 막대 모양이었다. 폴리오와 황열병을 옮기는 바이러스는 직경이 0.025~0.020마이크로미터의 작은 구형으로 사람의 유전자보다도 작았다.

여기에서 잠시 시대를 약간 거슬러 올라가자. 1909년에 미국의 의사 라우스(Peyton Rous)는 닭의 종양을 갈아 여과한 액을 건강한 닭에 주사하면 그 중 일부에서 종양이 나타나는 것을 발견하였다. 마치 어떤 입자가 종양의 시작에 관여하는 것처럼 보였다. 라우스는 이 입자가 세균보다 더 작은 무엇이라고 생각했다. 그는 이때 바이러스라는 표현을 사용하지 않았는데 학자들도 그의 발표에 회의적이었다. 그러나 라우스와 같은 방법으로 다른 동물에게도 암을 일으킬 수 있다는 연구 결과가 계속 발표되었다.

암이란 악성 종양을 일컫는 것으로 양성 종양은 혹 또는 종양이라고 부른다. 암을 가르키는 cancer라는 말의 기원은 그리스어로 게를 뜻하는 karkinos에서 유래하였다. 암세포가 정상세포 안을 게처럼 마구 헤집고 다니는 것을 뜻하는 것으로 보인다.

여하튼 바이러스가 생명체이든 아니든 암의 발생에 어떤 역할을 한다는 것이 알려졌고 1911년에 바이러스 설을 발표한 라우스는 55년 후에도 생존하여 1966년에 87살의 나이로 노벨 생리·의학상을 받았다. 87살이라는 고령에 노벨상을 받은 라우스는 노벨상 수상자로서 가장 행운아라는 별칭을 받았다. 그가 행운아라는 것은 여러 가지 면에서도 알 수 있다.

첫째, 그의 나이 87살에 노벨상을 수상했다. 미국인의 평균 수명을 생각하면 그때까지 살아 있었다는 것이 행운이 아닐 수 없다. 두 번째, 그는 20년 동안 바이러스에 대한 연구에서 손을 떼었는데 그 동안 바이러스학이 눈부시게 발전한 것이다. 그가 다른 분야에 신경을 쓰는 동안 바이러스학이 발전하지 않았다면 그가 처음으로 바이러스에 대한 논문을 제출했다고 해도 아무도 관심을 기울이지 않았을 것이다. 세 번째는 그가 20년 동안 병리학 이외의 분야에서 일했지만 노벨상을 수상할 때는 다시 암 분야에서 연구를 하고 있었다는 점이다. 87살이라는 나이도 그렇지만 그가 노벨상 수상 대상자로 추천되었을 때 그 분야에 종사하고 있었다는 것은 그야말로 기적이라고 밖에 볼 수 없다. 일반적으로 아무리 좋은 연구라도 수상 대상자로 추천되었을 때 다른 분야에 종사하고 있다는 것이 판명되면 수상자에서 제외되기 때문이다. 과학자들이 라우스를 노벨상을 타기 위해 태어난 사람이라고 부러워하는 것도 일리가 있다는 뜻이다.

라우스의 발견은 인간의 암 발생을 분자 수준에서 이해할 수 있는 단서를 제공한 것이다. 바이러스 암유전자와 닮은 정상 인간 염색체 내의 유전자가 자연 돌연변이에 의하여 정상유전자가 암유전자로 바뀌는 것을 알아냈기 때문이다. 이 돌연변이에 의하여 세포분열이 조절되지 않고 무한정으로 분열이 계속되면 결국 숙주인 생명체는 죽게 된다

암의 발생 요인이 완전하게 규명된 것은 아니지만 학자들은 대체로 두 가지의 가설을 갖고 있다.

하나는 체세포 돌연변이의 축적에 의한 것으로, 계속적으로 진행되는 돌연변이의 결과 최후에 암으로 변한다는 것이다. 두 번째는 정상세포가 암바이러스의 감염을 받아 암이 발생한다는 것, 즉 새로운 유전물질의 삽입에 의해 발암한다는 것이다.

유전정보는 DNA에서 RNA로, 그리고 단백질로 전달된다는 것이 생화학의 핵심이다. 암의 요인을 밝히기 위해 학자들이 주목하고 있는 것은 DNA 종양바이러스는 구조적으로 많은 종류가 있는 데 반하여, 암을 유발하는 능력을 갖고 있는 RNA 바이러스는 형태적으로 거의 유사하다는 점이다. 따라서 RNA 바이

러스는 동일한 조상의 바이러스에서 유래된 것으로 보이는데, 중요한 것은 이 RNA 바이러스가 종양을 일으킬 때는 세포의 DNA를 변화시키면서 결국은 암으로 귀착되게 만든다는 것이다. 이 현상의 중요성은 DNA에서 RNA로 유전정보가 전달되는 것이 아니라 반대로 RNA로부터 DNA로 전달되기 때문이다. 이미 앞에서 상술했기 때문에 독자들은 이 내용을 잘 알고 있을 것이다. 바이러스를 '레트로바이러스'라고 부른다.

학자들은 이 현상을 관찰하고 레트로바이러스가 외부에서 세포 안으로 들어와서 한동안 시한폭탄처럼 가만히 있다가 결정적인 순간에 활동을 시작하여 암을 일으킨다고 예상했다. 결정적인 순간이 없다면 암을 일으키지 않는다는 뜻이다.

그러나 비숍(J. Michael Bishop)과 바머스(Harold E. Varmus)는 일부 암은 외부의 바이러스만에 의한 것이 아니며 세포 자체의 정상적인 기능 안에도 발암 요인이 내장되어 있다고 믿었다. 즉 세포 안에 있는 건강한 유전자 몇 개가 시한폭탄 역할을 한다는 것이다. 그들의 생각은 옳았고 이 이론을 제창한 그들은 1989년에 노벨 생리·의학상을 받았다.

현재로서는 어느 가설도 발암 원인을 모두 설명하지를 못하고 있다. 어떤 형태의 암은 주로 체세포 돌연변이의 결과로 보이며 또 다른 것은 종양바이러스에 감염된 것으로 보이기 때문이다. 또 자외선이나 이온화 방사선은 피부암을 일으키며, 일부 식품에 들어 있는 화학물질이나 피부를 자극하는 광물성 기름, 숯불로 구운 식품에 존재하는 벤츠필렌, 묵은 땅콩과 피스타치오에서 발견되는 아프라톡신 B_1, 질산염을 비롯한 발암물질 등에 의해 암세포가 생기기도 한다. 발암 물질로 판명된 것을 식품에 첨가하지 못하게 하는 것은 이 때문이다.

또한 학자들은 암세포가 증식하는 것은 신체의 저항력이 일시적이나마 저하되었을 때에 한한다고 믿고 있다. 신체 내에서 수없이 새로운 암세포가 나타나지만 신체의 정상적인 방위력, 즉 세포에 결합된 항체에 의한 면역 반응으로 이를 물리칠 수 있다는 것이다. 그러나 스트레스나 긴장이 쌓이게 되면 신체의 면역 조직이 갖고 있는 방위력이 퇴화하게 된다. 따라서 스트레스 등으로 불안한 신체를 갖고 있을 때 암이 생기면 급속도로 진전하는 것이다. 몇 달 전까지만 해도 건강한 사람이 갑자기 급성 암으로 사망했다는 이야기를 자주 듣는 이유도 이 때문이다.

스트레스라는 개념을 정립한 사람은 한스 셀리에이다. 스트레스는 매우 대중적이어서 그것이 의학적으로 강력한 토대를 갖고 있다는 것을 잊고 있는 사람들이 많다.

그는 왜 많은 환자들이 다양한 질병의 초기 단계에 같은 증상에 시달리는가 하는 의문을 던졌다. 환자들의 혀에는 뭔가가 끼고 전반적인 아픔과 통증이 있으며 위장 장애가 오고 몸무게가 감소한다. 그러나 이 공통된 증세에 의사들은 별로 주목하지 않았다. 그는 여러 질병에 대한 많은 치료법들이 동일하다는 것에도 생각이 미쳤다. 환자들은 휴식을 취하고 소화가 잘되는 음식을 먹고 몸을 따뜻하게 유지하라고 권고를 받는다.

셀리에는 스트레스 반응을 3단계로 설명한 일반적인 증후군 개념을 발표했다. 스트레스의 제1단계는 경고 반응이고, 뒤이어 저항 단계, 마지막으로 탈진 단계로 이어진다. 이런 막연한 용어들은 신체가 유용한 피질 호르몬을 분비하고 다시 보충하고 마침내 소모하는 과정과 관련이 있다. 그는 신경 전달 물질이 부신피질 자극 호르몬의 분비를 규제하는 신경 호르몬의 분비

를 지배하며, 이 부신피질 자극 호르몬이 스트레스 반응을 일으
킨다고 생각했다.

그는 스트레스를 불확실한 세계에서 생활하는 데 따르는 형
벌이라고 했다. 스트레스는 아주 민주적이어서 세상으로부터
격리된 사람이나 축복 받은 사람들을 제외한 모든 사람이 감염
될 수 있다. 우리들은 누군가에게 일어날 수 있는 나쁜 일 거의
전부에 대해 적어도 부분적으로는 원인을 제공하고 있다.

이와 같은 스트레스 이론이 즉시 학자들에게 받아들여진 것
은 아니다. 그러나 셀리에는 수많은 장애들, 심장병과 모든 종
류의 심장 관련 질환, 염증성 질환, 알레르기, 보통 감기와 같은
전염병들 가운데서 스트레스 인자를 확인하였다. 소화 불량에
서 비만, 성기능 장애에 이르기까지 다양한 종류의 심신 장애들
은 자주 스트레스와 관련되어 있다. 여기에는 일부 암도 추가된
다. 스트레스 학자들은 호르몬 계통이 감정적 자극에 고도로 민
감하다고 지적하면서 스트레스도 어떤 특정한 반응을 일으킨다
고 생각하고 있다.

스트레스에 관해서는 이 정도로 줄인다. 뇌에 관련된 모든 연
구가 아직 기초적이듯, 스트레스의 화학 작용에는 아직도 밝혀
야 할 것들이 많으므로 스트레스에 관한 연구는 계속 이어질 것
이다. 그러나 적어도 과도한 스트레스를 받지 않는 것이 암에
걸리지 않을 확률을 높이는 것은 기억해 둘 만한 일이다.

한편 한국인과 마찬가지로 일본인들에게 위암의 발생률이 높
은 것은 암의 발병에 환경상의 원인이 있음을 시사해 주고 있
다. 미국에 살고 있는 일본인들도 백인들보다 위암 발생률이 높
은데 이것도 역시 식생활의 차이에서 오는 것으로 추측된다.

한편 암이 유전하는 것이 아닌가 하고 불안해 하는 사람들이

있을 것이다. 물론 어떤 특수한 암은 유전하기도 하지만 대부분의 암은 아직까지는 유전한다는 증거가 없다. 암은 대단히 많이 발생하는 병이며 같은 암도 여러 가지 원인으로 발병할 수 있다. 영국의 한 암 연구자는 8인 가족의 경우 4명 이상이 일생 동안에 어느 암이든 암에 걸리게 될 확률은 12분의 1이라고 계산했다.

암의 정체는 아직도 완전히 규명되어 있지는 않지만 많은 학자들이 세포의 병으로 규정하고 있다. 사람의 몸은 약 60조 개의 세포로 이루어져 있는데 이들 모든 세포가 모두 각자 독립된 생명, 성질, 사명을 갖고 있다. 이들 세포가 서로 서로의 질서를 지키면서 인간 공화국을 건설하고 공화국의 건강한 발전을 위해 각자가 맡은 소임을 충실하게 수행한다.

그런데 어떤 이유로든지, 가령 스트레스라던가 외부의 환경 요인이라던가 또는 음식물 때문에 이들 세포 중에서 질서를 깨뜨리는 미친 세포가 하나 나오더니 자기 공화국을 지켜야 하는 소임도 버리고 공화국 자체를 파괴하기 시작한다. 문제는 이 미친 세포의 번식력은 엄청나서 곧바로 인체 공화국 각 곳의 취약 지점으로 번진다는 것이다. 이 미친 세포가 바로 암세포이며 인체 공화국에서 이런 암세포가 활발히 활동하고 있을 때 암에 걸렸다고 한다.

암세포는 커지면서 마치 태아처럼 염치없이 인간 공화국이 공급할 수 있는 모든 영양분을 독식하려고 한다. 이 암세포가 먹어 치우는 양이 엄청나기 때문에 인간 공화국의 기본 영양 공급 방식인 음식을 섭취하는 것만으로는 한계가 오게 된다. 간은 그 부족분을 보충하기 위해 노력하다가 결국 커지게 된다. 간은 혹사 당한 나머지 지치게 되고 곧바로 영양분을 제대로 섭취할

수 없는 단백질 결핍 상태로 이어진다. 이제 인간 공화국은 여위어 가며 빈혈을 일으키고 암 조직이 내뿜는 독소로 인해 중독 상태에 빠지며 결국 사망하게 된다.

암은 일찍 발견하여 칼로 도려내거나 방사선으로 태우는 것 등이 치료 방법이다. 그러나 암세포들이 한 곳에만 뿌리를 내리는 것이 아니라는 데 문제가 있다. 암세포는 충분한 무기를 갖고 있는 결사대와 같기 때문에 기회만 있으면 마치 적진에 침투한 게릴라처럼 인간 공화국의 여러 곳으로 이동하여 새로운 거점을 구성한다. 온몸 각처에 흩어져 뿌리를 박는 암세포의 전이를 막을 수 없다는 것이 바로 암 환자가 치명상을 입는 이유이다. 실제로 암세포를 몸에서 찾았을 때 이미 늦은 경우가 많으며 암세포가 몸에 있다는 것을 알면서도 박멸하지 못하고 수수방관하고 있는 실정이다.

그러나 학자들은 이러한 현상을 잘 알기 때문에

오히려 의욕을 불태운다. 학자들은 만일 바이러스가 암의 시작에 어떤 형태로든 관여한다면 바이러스의 행동을 억제하는 약을 개발하여 암의 시작이나 이미 시작된 암의 성장을 멈추게 할 수 있다고 생각하고 있다.

1957년에 영국의 아이작은 바이러스의 침입 자극을 받고 있는 세포는 광범위한 항바이러스 성질을 갖고 있는 단백질을 만든다는 것을 증명했다. 이 단백질은 감염을 일으킨 바이러스뿐만 아니라 다른 바이러스에 대해서도 작용을 하는데 이 단백질이 바로 유명한 인터페론이다. 학자들이 이 단백질에 주목하는 것은 그것이 항체보다 훨씬 빨리 만들어지기 때문이다. 그러므로 인터페론은 바이러스의 복제를 억제하는 항바이러스 단백질을 만드는 mDNA 합성을 지시하는 것으로 추측된다.

인터페론은 항생제만큼이나 효과가 있으며 저항을 일으키지 않는다. 그러나 오직 인간이나 영장류에서 만들어진 인터페론만이 유효하다는 단점이 있었으며, 더욱 큰 문제점은 인간의 세포에서 만들어지는 인터페론의 양이 아주 적어 임상적으로 사용하기에 충분하지 않다는 점이었다.

인터페론이 암을 치료할 수 있을지 모른다는 기대를 갖게 된 전 세계의 학자들은 유전자 조작을 통하여 인터페론을 정제하는 방법을 연구하기 시작했다. 그 결과 인터페론과 매우 밀접한 단백질이 발견되었고 뒤이어 여러 가지 인터페론의 아미노산 순서가 밝혀졌다. 또한 인터페론의 형성에 관여하는 유전자의 위치가 확인되어 DNA 재조합 기술을 이용하여 대장균에 이 유전자가 삽입되었다. 또다시 대장균이 인간을 위해 등장한 것이다.

대장균은 학자들이 예상한 대로 순수한 인간의 인터페론을 만들었다. 드디어 1981년에 대망의 임상 실험이 이루어졌지만 과학자들의 기대와는 달리 아직까지 기적적인 치료 결과는 나타나지 않고 있다. 바이러스는 이번에도 인간의 정복에 굴복하지 않은 것이다.

그러나 과학자들은 절망하지 않고 있다. 적어도 바이러스를 굴복시킬 정상적인 궤도에는 돌입해 있다는 것을 잘 알고 있기 때문이다. 인터페론을 사용하던 안 하던 누군가가 마법의 탄환을 개발하는 방법을 찾아낼 수 있다고 믿고 있는 것이다. 그리고 그에게 노벨상이라는 영광이 돌아갈 것은 의문의 여지가 없기 때문에 이 순간에도 수많은 과학자들이 연구에 몰두하고 있다.

현미와 백미

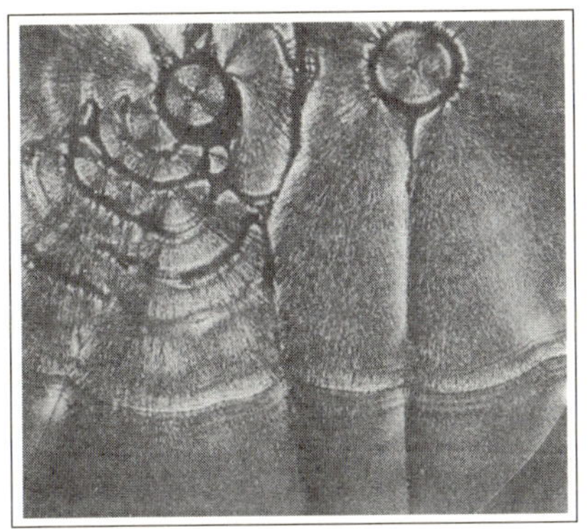

● 현미와 백미

　질병의 치료에 식이요법이 사용되는 것 중에서 가장 잘 알려져 있는 것이 다음 장에서 설명되는 당뇨병이다. 사실 식이요법은 당뇨병에 대한 직접적인 치료라기보다는 당뇨병을 더 이상 악화시키지 않도록 주력하는 것이다. 당뇨병에 걸린 환자가 적절한 식이요법을 할 경우 평소의 생활에 크게 지장을 받지 않는다. 그래서 의사들은 환자에게 식이요법에 충실하도록 권고하는 것이다.

　그러나 특정 음식물로 특정 질병을 치료하는 경우가 있다. 인간에게 필요한 물질이 결핍되어 질병에 걸렸을 때가 그 경우이다. 결핍증은 인체의 화학 기구에 미량으로 필요한 필수 물질이 부족하면 발생한다.

　잘 알려져 있는 괴혈병은 모세혈관이 약해지면서 잇몸에서 피가 나고 이가 흔들리며 상처가 잘 낫지 않아 결국 환자가 사망하게 되는 병이다. 이 질병은 전쟁 중 포위된 도시에서나 원양 항해를 하는 경우에 빈번히 나타난다.

　괴혈병은 바스코 다 가마가 아프리카를 돌아 인도로 항해하던 중 처음 발견되었으며 마젤란의 경우도 선원들이 일반적인 영양실조보다 괴혈병으로 더 고생했다고 보고하였다. 괴혈병은 신선한 야채 등을 먹지 못할 경우에 발병한다. 그 당시는 현재와 같은 냉장 시설이 없었으므로 장기간 항해를 하는 경우 썩지

않는 음식인 딱딱한 빵과 소금에 절인 돼지고기를 가지고 갈 수
밖에 없었다.

1536년에 프랑스 탐험가 카르티에는 캐나다에서 겨울을 보냈
는데 대원의 대부분이 괴혈병에 걸렸다. 이때 인디언들이 치료
법을 알려주었는데 그 방법이란 솔잎을 우려낸 물을 마시게 한
것뿐이었다. 그럼에도 불구하고 카르티에는 괴혈병과 음식물을
연관시키지 못했다.

1747년에 스코틀랜드 의사 린드는 괴혈병에 신선한 오렌지와
레몬이 효과적임을 발견했다. 유명한 항해가 쿠크 선장도 선원
들에게 주기적으로 양배추 절임을 먹게 하여 괴혈병에 걸리지
않도록 했다. 이후 영국 해군은 수병들에게 매일 라임 주스를
공급하여 해군의 두통거리였던 괴혈병을 퇴치할 수 있었다. 그
러나 많은 학자들이 음식물로 질병을 퇴치한다는 생각 자체를
거부했다. 그것은 파스퇴르가 질병의 원인이 세균임을 밝힌 후
에는 더욱 심했다.

지금은 이 병이 비타민의 부족으로 인해 발병한다는 것을 잘
알고 있다. 비타민은 쌀을 주식으로 하는 민족에서 많이 발생하
는 각기병을 연구하던 아이크만(Christiaan Eijkman)에 의해 처음
으로 발견되었다.

네덜란드의 식민지였던 인도네시아에서 각기병이 유행했을
때, 아이크만은 각기병 조사 위원회의 조수로 인도네시아를 방
문했다. 그 위원회는 각기병은 세균에 의해 발병한다고 믿었는
데 마침 환자의 혈액 속에서 다형성(多形性) 세균을 발견하고
그것이 원인이라는 결론을 내렸다. 그 후 아이크만은 귀국하지
못하고 계속 인도네시아 머물며 세균설 입장에서 각기병의 치
료 방법을 연구했지만 실패했다.

어느 날 아이크만이 키우던 닭들이 갑자기 마비성 질병에 걸려 죽었다. 그렇지만 그때 살아남았던 닭들은 약 4개월이 지나자 건강을 되찾았다. 각기병의 원인균을 찾는 데 실패한 그는 닭의 먹이를 조사하기 시작했다. 그는 흰쌀만 먹인 닭에게서 각기 증상이 일어났지만 쌀겨를 섞어 먹이면 증상이 회복하는 것을 발견했다. 또한 사람의 경우도 흰쌀밥을 먹은 그룹에 각기병 환자가 압도적으로 많은 것이 발견되었다. 아이크만은 그 동안 연구의 토대였던 세균설을 과감히 버렸다.

여기에서 그의 위대한 점이 발견된다. 학설을 바꾸는 일은 쉬운 일이 아니다. 연구를 처음 시작하기 위해서는 가정이 필요하다. 그러나 가정은 어디까지나 가정이어서 실험을 시작하기 위한 준비 단계에 지나지 않는다. 실험 결과가 가정과 일치하지 않으면 가정을 과감하게 버리고 실험 결과에 맞는 가정을 새로이 세워 다시 연구를 진행하는 것이 필요한데 그것이 쉽지 않다는 것은 많은 사람들이 인정하고 있다. 자신이 택한 가설을 버릴 경우에 돌아오는 파급 효과가 긍정적일지 부정적일지 모르기 때문이다.

그런 정황을 생각하면 아이크만이 세균설을 버리고 방향을 바꾸어 백미 속의 독소가 각기병의 원인이라고 하는 독소설(毒素說)을 채택하고 쌀겨 속에 각기병의 독소를 중화시키는 치료 물질이 존재한다고 주장한 것은 대단히 용감한 일이었다.

그러나 그가 비록 각기병을 치료하는 물질이 쌀겨 속에 있다는 것을 지적하였지만 그것을 단순한 독소 중화 물질로 간주하였을 뿐 영양소로 생각한 것은 아니었다. 즉 그는 '비타민'을 발견한 것은 아니었다.

아이크만의 동료 그린스는 각기병이 독소에 의해서 일어나는

것이 아니라 쌀겨 속의 미지의 성분, '보호인자'의 결핍에 의해서 일어난다고 생각했다. 그는 껍질에서 문제 해결의 실마리가 될 만한 요소를 물로 녹이는 데 성공했다. 그것은 단백질이 통과하지 못하는 막을 통과할 수 있는 물질이었다. 그러나 그린스는 독소 중화 물질이 신경 영양인자가 된다는 것까지는 알았지만 그것이 '비타민 B_1'이라는 것을 알지 못했다.

한편 홉킨스(Sir Frederick Gowland Hopkins)는 영양의 에너지원으로서의 측면뿐만 아니라 질적인 측면도 중요하다는 것을 강조하였다. 그는 동물이 단백질, 지방, 탄수화물과 소금의 혼합물로 이루어진 이른바 '종합적' 식사를 했을 경우 제대로 성장하지 못함을 입증했다. 그러나 다양한 보통 식품에서 발견되는 또 다른 물질을 그 식단에 지극히 소량만 추가해도 동물의 성장에 유익하게 기여할 수 있었다. 그가 '부(副)영양인자'라고 명명한 이 물질들은 현재 비타민이라고 불리고 있다. 1929년에 아이크만은 '항신경염 비타민(B_1)의 발견'으로, 홉킨스는 '성장촉진 비타민의 발견'으로 노벨 생리·의학상을 받았다.

학자들은 '부영양인자'를 추출하려는 노력을 경주했다. 일본의 스즈키가 쌀겨로부터 알코올 추출과 인-올프람(텅스텐)산 침전 방법으로 각기병을 치료할 수 있는 물질을 추출하였다. 가금류의 각기병의 치료에는 이 물질 5~10mg이면 충분하였다.

한편 풍크는 스즈키와 거의 같은 방법으로 이 물질을 결정하는 데 성공하였고 각기병을 비롯한 각종 질병을 결핍증(缺乏症)이라는 새로운 개념으로 포괄시켰다. 그는 결핍증은 별개의 예방인자의 결핍에서 일어난다고 말하고 그 인자가 NH_2를 갖는 '아민'으로 밝혀졌기 때문에 '생명의 아민'이라는 뜻의 '비타민(Vitamines, 후에 Vitamins로 개명)'이라고 명명했다. 그는 각기병은 물론 괴혈병, 펠라그라, 구루병 등이 모두 비타민의 결핍으로 생긴다고 추측했는데 그의 생각은 정확했다. 풍크는 자신의 각기병 연구와 홉킨스의 영양학적 연구를 결부시켜 각기병 치료물질을 동물의 대사에 필요한 인자, 즉 영양소의 하나로 재파악했다.

1913년에 미국의 매콜럼과 데이비스는 버터와 계란 노른자에서 또 다른 필수 요소를 발견하였다. 이 물질은 물 대신 기름 용매에 녹았다. 맥콜럼은 항각기병 요소를 수용성 B, 이 물질을 지용성 A라고 했다. 1920년에 영국의 드러몬드는 이 물질의 이름을 '비타민 A, B' 등으로 바꾸었다. 한편 항괴혈병 요소는 3번째 물질이므로 '비타민 C'로 불렸다.

비타민 A는 눈 주변의 결막과 각막이 비정상적으로 마르는

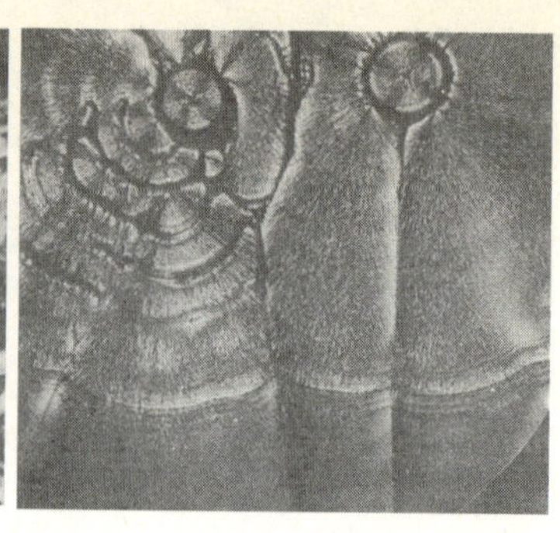

현미경으로 촬영한 비타민 D, 비타민 A, 비타민 C의 모습

안구 건조 증세를 예방한다는 것이 밝혀졌다. 1938년에 미국의 생물학자 월드(George Wald)는 비타민 A가 부족하면 시홍의 양이 줄어 결과적으로 야맹증이 생기게 된다는 것을 발견했다. 눈의 망막에는 원추 세포와 간상 세포 등 두 종류의 세포가 있다. 간상 세포 안에는 시홍이 들어있는데 약한 빛에서 기능을 발휘한다. 따라서 시홍이 부족하면 '야맹증'이 된다. 월드는 이 공로로 1967년에 노벨 생리·의학상을 받았다. 비타민 A는 버터, 계란 노른자, 당근, 간유 등 노란색의 음식물에 풍부하다. 이것들이 노란색을 띠게 되는 것은 주로 '카로틴'이라는 탄화수소 때문이다.

1920년에 매콜럼은 구루병을 치료하는 것으로 알려졌던 대구 간유의 성분이 안구 건조증과 구루병에 모두 효과가 있음을 밝혔다. 이 항구루병 요소는 4번째 비타민이라는 뜻의 '비타민 D'로 명명했다. 비타민 D는 비타민 A와 마찬가지로 지용성 물질이었다.

영국의 생화학자 로젠하임과 웹스터는 스테롤과

222

아주 유사한 에르고스테롤이 햇빛에 의해 비타민 D로 바뀌는 것을 발견했다. 독일의 화학자 빈다우스(Adolf Otto Reinhold Windaus)도 동일한 발견을 하였다. 그는 스테롤은 동물이나 식물계에서 널리 분포되어 있는 질소를 갖지 않는 거대한 알코올과 같은 것이라고 생각했다. 그는 1928년에 노벨 화학상을 받았다.

1934년에 벨 사의 윌리엄스는 벼 껍질에서 비타민 B_1을 분리하여 비타민 B_1의 구조를 밝혔다. 비타민은 적은 양으로만 얻어지기 때문에 화학적 조성과 구조를 밝히는 것은 간단한 일이 아니었다. 예를 들면 1톤의 벼 껍질에서 겨우 5g의 비타민 B_1을 얻을 수 있을 뿐이다.

한편 미국 피츠버그 대학의 킹은 양배추에서 얻은 물질이 괴혈병에 좋은 치료제가 되는 것을 발견했다. 더욱이 이 물질은 레몬 즙에서 얻은 결정체와 똑같았다. 그것은 비타민 C였다.

1937년에 미국의 홈즈와 코벳은 비타민 A를 물고기의 간유에서 결정체로 추출하는 데 성공했다. 또한 비타민 D를 연구했던 학자들은 쥐를 햇빛에 노출시키면 비타민 D가 부족한 사료로 키워도 구루병에 걸리지 않는다는 것을 발견했다. 학자들은 태양에너지가 몸 안의 전구 물질을 비타민 D로 바꾸는 것이라고 추측했다. 이 발견은 매우 중요한 실마리가 되었다. 학자들은 비타민 D가 지용성이기 때문에 음식물 중의 지용성 물질에서 비타민 전구 물질을 찾는 연구를 수행했고 그것이 스테로이드임을 알았다.

1930년에 덴마크의 담(Henrik Carl Peter Dam)은 닭을 이용한 실험에서 비타민이 혈액 응고와 관련이 있다는 사실을 발견하고 이 '응고 비타민'을 비타민 K로 명명했다. 세인트루이스 대학의 도이지는 비타민 K의 구조를 결정하였고 그들은 1943년에 노벨 생리·의학상을 받았다.

1932년에 바르부르크는 수소 원자의 전달을 촉매하는 황색 조효소를 발견했다. 오스트리아 화학자 쿤(Richard Kun)은 곧 이어 비타민 B_2를 추출했다. 그는 비타민 B_2의 구조도 밝혔고, 리보플라빈이라는 이름을 붙였다. 쿤은 1938년에 노벨 화학상을 받았다.

리보플라빈의 합성은 스위스 화학자 커레(Paul Karrer)가 성공하였다. 그는 1937년에 이 업적과 다른 비타민 연구로, 비타민 C의 구조 결정에 관한 연구를 한 영국의 하워스(Sir Walter Norman Haworth)와 함께 노벨 화학상을 받았다. 같은 해에 비타민 C를 발견한 헝가리 출신의 미국 생화학자 센트-되르디(Albert von Szent-Gyorgyi)도 노벨 생리·의학상을 수상했다.

이제 생화학자들은 체내에 극미량 밖에 없는 비타민이 어떻게 신체 작용에 중요한 영향을 미치는가에 대해 관심을 갖게 되었다. 가장 중요한 것은 비타민이 소량으로 존재하는 효소와도 관계가 있다는 것을 발견했다. 그것은 단백질을 연구하는 화학자들 중에서 오래 전부터 몇 종류의 단백질이 헤모글로빈처럼 아미노산으로만 이루어지지 않고 아미노산이 아닌 비단백질 부분이 있음을 알고 있었기 때문이다.

그것은 하든(Sir Arthur Harden)이 1904년에 효소에는 커다란 단백질 분자뿐만 아니라 막을 투과할 수 있을 정도로 작은 조효소 분자도 있다는 것을 발견한 데서 기인한다. 조효소는 효소 활성에 필수적인 요소인데 이 구조는 스웨덴 화학자 오일러-켈핀(Hans Karl August Simon von Euler-Chelpin)이 밝혔다. 그들은

1929년에 노벨 화학상을 받았다.

하든은 조효소가 수소를 전달하는 역할을 한다는 것을 발견했다. 효소와 조효소는 상호 보완적으로 둘 가운데 하나가 부족하면 수소 전달을 통해 음식물로부터 에너지를 얻는 과정이 느려지게 된다. 그러나 인체가 이들 조효소를 모두 만드는 것은 아니므로 부족분을 음식물에서 찾아야 하는 것이다. 테오렐(Axel Hugo Theodor Theorell)은 노란 조효소의 구조를 연구하여 그 속에 인산기가 첨가되어 있음을 밝혔다. 테오렐은 이 연구로 1955년에 노벨 생리·의학상을 받았다.

이렇게 비타민으로 수많은 노벨상을 받게 되는 이유는 비타민이 인체 내부에서 나름대로의 고유한 기능을 가지고 있어서 인간 세포는 이것이 없이는 살 수 없기 때문이다. 특히 인간 질병의 원인이 세균이나 미생물 또는 바이러스 등에 의한 것뿐만 아니며 인체에서 필요로 하는 어떤 특정 물질의 결핍도 원인이 된다는 것을 증명했다는 점에서도 매우 중요하다.

물론 비타민이 부족하다고 해서 모두 급성결핍증에 걸리는 것은 아니다. 1936년에 발견된 비타민 E는 그리스어로 '아이를 갖게 한다'라는 뜻의 토코페롤이라고 불린다. 그러나 토코페롤이 정말로 아이를 갖는 데 도움이 되는 것인지는 아직 확인되지 않았다. 이것을 확인하기 위해서는 토코페롤을 인간에게 주입한 사람과 주입하지 않은 사람을 실험하여 그 결과를 분석해야 하기 때문이다. 그런데 사람을 대상으로 불임을 유발하는 실험을 직접 시행할 수는 없는 일이다. 더구나 동물의 불임이 바로 토코페롤 때문이라고 확증할 수도 없는 일이다.

지금까지 14종의 비타민이 발견되었지만 그 기능이 비교적 잘 알려진 것은 비타민 A와 B뿐이다. 아직 비타민 C, D, E, K

등의 화학적 기능은 잘 알려져 있지 않다. 노벨상이 이들 비타민의 정확한 역할을 규명하는 사람에게 돌아갈 것임은 의심할 여지가 없다.

건강에 신경을 많이 쓰는 현대인들이 비타민을 상용하는 경우가 많다. 학자들은 비타민 B와 C는 수용성이기 때문에 충분량 이상 섭취해도 체내에 저장되지 않고 쉽게 배설되므로 부정적인 효과가 없다고 한다. 그러나 비타민 A와 D는 지용성이므로 체내에 저장되고 비교적 이동하지 않기 때문에 지방과 같은 역할을 한다. 비타민 A는 어류의 간에 많이 저장되어 있으므로 어류를 많이 먹는 동물에도 많이 저장되어 있다. 그래서 남극이나 북극 지방을 탐험하는 사람들이 곰의 간을 먹고 심하게 앓거나 죽기까지 했다는 이야기도 있다. 습관적으로 간유구와 같은 비타민을 계속 복용한다고 좋은 일만은 아니라는 뜻이다.

어느 것이나 지나치면 부작용이 생긴다는 것은 비타민도 예외는 아니다. 따라서 일상의 식생활에서 필요로 하는 양만큼의 비타민을 섭취하는 것이 중요하다.1) 특히 음식물은 비타민 외에도 다양한 영양소를 함유하고 있으므로 균형 잡힌 식사를 하는 것이 좋다는 것이 학자들의 주장이다.

무엇이든지 과다하거나 과소한 것은 문제를 일으킨다는 것을 명심할 필요가 있다.

---

1) 일반적으로 적정 섭취량보다 3배 이상 섭취하는 것은 좋지 않다.

인슐린

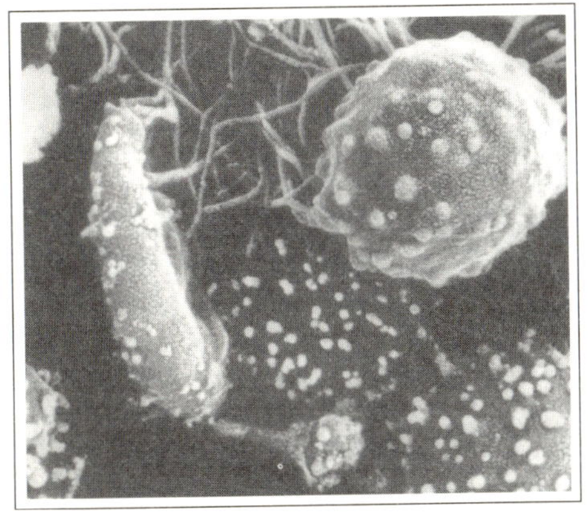

● 인슐린

효소와 비타민 등의 물질이 극소량만으로 생명체의 삶과 죽음을 결정하는 것은 대단히 놀라운 일이다. 하지만 그에 못지않게 중요한 물질이 하나 더 있다. 이 물질도 소량이지만 생명 기능을 관장하는 능력을 갖고 있다. 호르몬이 바로 그것이다.

호르몬은 동물과 식물의 수많은 기능을 화학적으로 조절한다. 인간의 호르몬은 대부분 내분비선에서 생산되어 혈류를 통해 몸 구석구석으로 분배되는데, 이 과정에서 호르몬은 성장과 대사, 생식, 그밖에 여러 기관들의 작용을 조절한다. 호르몬은 적은 양으로도 효력을 발휘하며 복잡한 유기체의 통합된 기능에 필수적인 구성과 통제의 기본 방식을 나타낸다.

이와 같이 중요한 호르몬이 발견된 것은 다른 물질보다 매우 늦은 편이다. 영국의 생리학자 윌리엄 베일리스는 음식물이 위를 떠나 작은창자로 들어가는 바로 그 순간에 위 바로 아래에 있는 췌장(이자)에서 십이지장으로 소화액을 내보낸다는 것을 알았다. 그는 '췌장이 어떻게 음식물이 위를 떠나는 것을 알았을까' 하는 질문을 던졌다.

그때까지 체내에서의 의사 소통은 신경계에 의한 정보 전달만이 유일하다고 생각되었다. 베일리스는 위에서 나오는 음식물이 작은창자로 오면 이 음식물이 신경 말단을 자극하여 뇌나 척수를 통해 췌장으로 정보를 전달할 것이라고 생각했다. 그러나 베일리스의 실험은 이 가정이 틀렸다는 것을 분명히 보여 주었다. 이 가설을 증명하기 위해 췌장에 이르는 모든 신경을 제거했는 데도 췌장은 여전히 정확한 때에 소화액을 분비하는 정상적인 기능을 발휘했기 때문이다.

베일리스는 정상적인 경우, 장으로 들어가는 음식물이 어떤 물질을 분비하는 계통을 자극하여 그것이 혈류를 타고 췌장에 전달되어 췌장액을 분비하는 샘을 작동시킨다고 결론을 내렸다. 그는 이 물질을 추출하고 '세크레틴'이라고 불렀는데 그것은 후에 '호르몬'이라 알려진 물질의 하나이다. 이 이름은 '활성을 일으킨다'라는 그리스어에서 따온 것으로 그의 공동 연구자인 어니스트 헨리 스탈링이 1905년에 명명했다.

그들의 발견은 학자들에게 많은 관심을 불러 일으켰다. 포유류의 신체 기능, 특히 인체의 기능을 조절하는 호르몬이라는 물질이 있다는 것은 그때까지 알려지지 않은 것이기 때문이다. 학자들은 소화샘, 땀샘, 침샘 등은 도관을 통해 분비물을 내보내지만 어떤 것은 도관이 없이 분비물을 혈류로 직접 내보내고 혈류는 이 물질을 온몸으로 전달한다는 것을 발견했다. 곧바로 호르몬이란 바로 이 도관이 없는 내분비선에서 내보내는 물질이며, 머리에 있는 송과선, 뇌하수체, 목 부위에 있는 갑상선, 부갑상선, 흉선, 부신 등 인체의 많은 부위에서 호르몬을 생산한다는 것도 발견했다.

호르몬을 설명하려면 우선 당뇨병을 언급하는 것이 순서일 것이다.

당뇨병은 영양이 지나치게 많기 때문에 생기는 풍요성 질병으로 많이 먹으면서도 질병이 진행됨에 따라 체중이 감소하는 특징을 갖고 있다.[1] 물론 당뇨병은 유전적 요인도 크게 작용하며 영양 과잉이나 비만 현상이 없이 생기는 경우도 있다.

당뇨병의 역사는 매우 오래되어 기원전 1550년경 이집트의 파피루스에도 다뇨(多尿) 증세를 치료하는 여러 가지 처방이 적혀 있다. 기원전 1000년경의 인도 의학서적에도 당뇨병이 현재와 비슷하게 두 가지 유형으로 구분되어 있다. 한 가지는 선천적인 어린이형이며 또 한 가지는 주로 식생활 양식에 기인하는 성인형으로 두 가지 모두 유전된다고 생각되었다. 기원전 5세기의 인도의 유명한 명의 수스르타는 '당뇨병 환자의 소변은 달다'라고 말했다.

2세기에 활동한 현재 터키의 카파도키아 지방 출신인 아레타에우스는 당뇨병을 '불가사의한 병'이라 정의하면서 '살점과 사지가 소변으로 녹아 내리기 때문에 생긴다'고 설명했다. 그는 병이 발현될 때까지는 오랜 세월이 걸리지만 일단 병이 생기면 죽을 때까지 구역질, 불안, 목마름 등으로 심한 고통에 시달린다고 묘사했다. 그는 섭취한 음료보다 배설한 소변의 양이 많다는 사실도 기록하였고 당뇨병의 특성과 증상의 경과를 정확히 알고 있었다.

영국의 찰스 2세의 주치의였던 토머스 윌리스는 당뇨병 환자의 소변이 꿀이나 설탕처럼 매우 달다는 사실을 확인하고 '소변'을 뜻하는 그리스어(diabetes)에 '달콤하다'는 라틴어(mellitus)를 덧붙여 당뇨병(diabetes mellitus)이라는 병명을 만들었다. 당뇨병 환자의 소변이 단 이유는 단당류인 포도당이 유출되기 때문이며, 이것은 신체가 음식물을 효율적으로 사용하지 못함을

---

1) 우리 나라도 최근 식생활이 개선되면서 당뇨병이 급증하여 인구 10만 명당 17명이 사망할 정도이며 전체 사망 원인 가운데 7위를 차지하고 있다.

뜻한다.

건강한 사람의 혈액 속의 당분은 빈속일 때 100cc 중 100mg으로 0.1% 정도이며 식사 후 2~3 시간이 지나면 보통 110mg으로 유지되지만 160mg을 넘는 일이 없다. 그러나 당뇨병 환자의 혈당 값은 식후 상당한 시간이 지나도 내려가지 않는다. 병원에서 당뇨병 환자인지를 판정하기 위해 시간 간격을 두고 두 번에 걸쳐 혈당을 재는 것은 바로 이런 이유 때문이다.

1889년에 리투아니아의 내과 의사 민코프스키와 독일의 생리학자 폰 메링은 개를 대상으로 췌장의 소화 기능을 알아보는 실험을 하고 있었다. 그런데 췌장을 제거한 개의 오줌에는 파리가 몰려드는데, 정상적인 개에서 나온 오줌은 그렇지 않다는 점을 발견했다. 오줌을 조사해 보니 놀랍게도 당이 12%나 포함되어 있었다. 그는 연구를 계속하여 개에서 췌장을 떼어내면 사람의 당뇨병과 비슷한 병에 걸리게 됨을 발견하였다. 그러나 췌장의 외분비관을 잡아맨 뒤 12지장을 잘라내어도 당뇨병엔 걸리지 않았다. 췌장으로부터 분비되는 소화효소와는 다른 '무엇'이 당뇨병을 저지하는 것이 틀림없었다.

학자들은 췌장의 기능이 정상인 사람은 당뇨병에 걸리지 않는다는 사실에서 췌장에서 분비되는 어떤 물질을 분리할 수 있다면 당뇨병을 치료할 수 있는 길이 될 수 있다고 생각했다.

췌장 속에 있는 세포집단(細胞集團)에는 혈당을 조절하는 두 가지 세포가 있다. 알파세포는 혈당을 늘리는 호르몬 글루카곤을 분비하고, 베타세포는 혈당을 떨어뜨리는 인슐린을 생성한다. 즉 인슐린은 혈액 속의 포도당을 태워 없애 혈당 값을 내려 주는데, 글루카곤은 혈당 값을 올려 준다.

이 두 호르몬이 항상 적절히 운영되어야만 적절한 혈당 값을

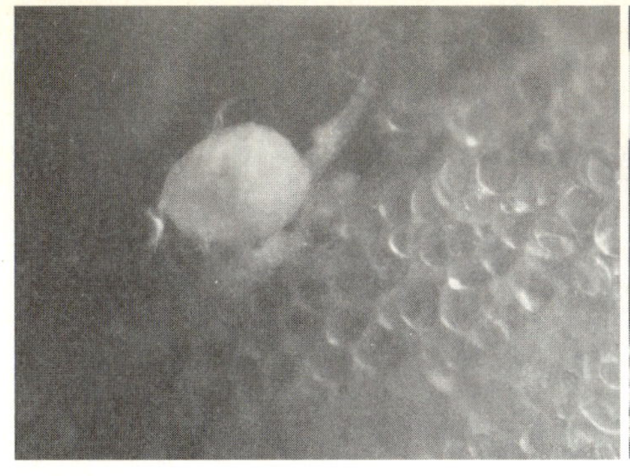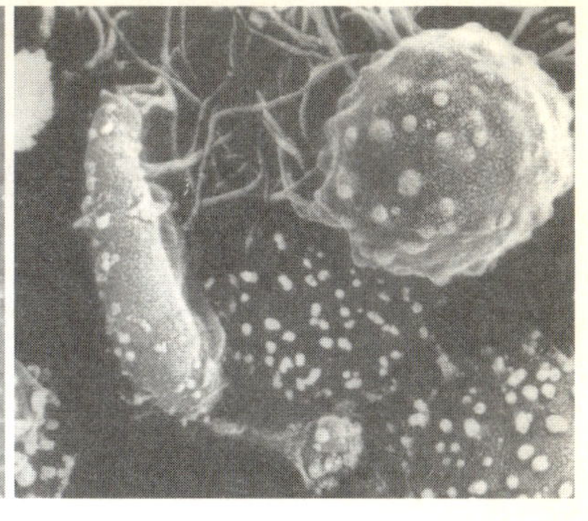

랑게르한스섬(左, 하얀 부위)과 랑게르한스섬 세포 표면으로 분비되는 인슐린(右, 점 모양의 하얀 부위)(『과학동아』 1998년 7월호에서 인용)

유지할 수 있는데 만약 어떤 이유로든지 인슐린의 생산량이 줄거나 생산이 되더라도 적절히 방출이 되지 않는 등 문제가 생기면 혈액 중의 포도당의 소비가 정상적으로 이루어지지 않는다. 이 경우 포도당이 혈액 속에 괴게 되어 고혈당이 되는데 혈당 농도가 정상보다 50% 이상 올라가면 신장에서 재흡수할 수 있는 당의 양을 넘게 되므로 포도당이 오줌으로 배설되는 것이다.

학자들은 제일 먼저 순수한 인슐린을 추출하는 작업에 매달리기 시작했다. 그러나 같은 랑스한게르섬[2]에서 나오는 두 가지 추출물을 완전하게 분리하는 일이 쉽지는 않았다. 가장 큰 이유는 인슐린은 단백질이므로 췌장에서 분비되는 단백질 분해 효소가 이것을 분해하기 때문이다.

처음으로 인슐린을 추출한 사람은 캐나다 토론토 의과대학의 프레데릭 밴팅(Sir Frederick Grant

---

2) 랑게르한스가 발견한 췌장의 외분비세포들과 구분되는 섬 같은 구조의 조직으로 이곳에서 인슐린이 분비된다.

Banting)이다. 밴팅은 우연히 췌장 기능에 관한 논문을 읽으면서 인슐린을 순수하게 분리하는 것이 어려운 이유는 인슐린을 추출하는 과정에서 인슐린이 췌장액에 의해 분해되기 때문일 것이라고 생각했다.

당시에도 췌장에서 단백질을 분해하는 효소인 트립신의 존재는 알려져 있었다. 아무도 트립신과 인슐린을 연관시키지 못했지만 밴팅은 췌장관을 묶어 트립신의 분비를 막는다면 인슐린을 추출할 수 있다고 가정했다.

그는 자신의 가설에 확신을 가지고 1921년 봄에 생리학 교수 맥클리어드(John James Richard Macleod)를 찾아갔다. 맥클리어드는 밴팅이 세운 가설의 의미를 알고 밴팅에게 실험실, 실험 장비, 실험 동물을 마련해 주었고 대학원생 찰스 베스트를 실험 조교로 임명했다. 벤팅의 가설은 정확하게 맞아 들어가 2달 후에 췌장에서 인슐린을 추출하는 데 성공했다. 추출된 인슐린을 당뇨병에 걸려 있는 개에게 주사하자 혈당치가 떨어지면서 개가 원기를 회복했다. 그들은 혈당을 내리는 호르몬을 '랑게르한스섬으로부터 방출되는 단백질'이라는 의미에서 '아이레스틴'이라고 명명했지만 인슐린이라는 라틴어 이름이 더 많이 쓰인다.

그들은 1922년에 당뇨병 때문에 빈사상태에 빠진 소년에게 치료 겸 임상 실험으로 인슐린을 주사하였는데 기적이라고 할 만큼 환자의 병세가 호전되었다. 그 후 불과 몇 달 동안에 수백 명의 환자에게 인슐린을 투여되어 환자의 생명을 구할 수 있었다. 이로써 오랫동안 불치병으로 여겨지던 당뇨병이 치료 가능한 질병으로 변모된 것이다.

인슐린의 임상 효과가 분명히 밝혀진 이듬해인 1923년도 노벨

생리·의학상은 밴팅과 맥클리어드에게 돌아갔다. 일반적으로 노벨상은 상당한 업적을 세워도 짧게는 몇 년, 길게는 몇십 년이 지나야 받을 수 있는 것이 보편적으로, 인슐린의 경우처럼 단 2년 만에 수상하는 예는 거의 없었다. 그들이 이렇게 빨리 노벨상을 수상할 수 있었던 것은 그들의 연구가 의학적으로나 사회적으로 가치가 있다고 인정을 받았기 때문이다.

추후의 연구에 의해 당뇨병에 걸린 동물의 뇌하수체를 제거하면 병이 가벼워지고, 뇌하수체 추출물을 주사하면 병이 심해지거나 새로운 당뇨병의 증상이 나타난다는 것이 발견되었다. 이것은 뇌하수체 전엽에서 인슐린과 반대의 작용을 하는 호르몬이 분비되고 있다는 것을 의미한다. 이 효과의 발견으로 아르헨티나의 우사이(Bernardo Alberto Houssay)는 1947년에 노벨 생리·의학상을 받았다.

인슐린의 효과가 탁월하다는 것이 증명되자 당연히 인슐린의 구조가 어떻게 되어 있는지가 학자들의 연구 대상이 되었다. 여기에 도전한 사람이 노벨상을 두 번이나 수상하게 되는 생어(Frederick Sanger)이다.

인슐린은 본래 혈액 속의 당의 양을 조절하는 호르몬이며 그 정체는 단백질이다. 단백질은 아미노산이 결합하여 만들어지는데 단백질에 사용되는 아미노산은 20종류가 있다. 20종류의 아미노산이 어떤 순서로 배열되어 있느냐에 따라 단백질의 성질이 달라진다. 물론 결합되어 있는 아미노산의 수에 따라서도 단백질의 성질이 달라진다.

단백질을 구성하고 있는 아미노산의 배열 방법을 1차 구조라고 한다. 생어는 아미노산이 결합된 단백질의 끈(펩티드 사슬)의 양쪽 끝(아미노 말단=N말단과 카르복실 말단=C말단) 중에서 N말단에 있는 아미노산이 무엇인지를 알아내는 DNP 방법을 개발하여 인슐린의 1차 구조를 결정했다. 20종류의 합성 아미노산으로 DNP-아미노산을 만들어, 크로마토그래피 위에서의 이동도를 조사함으로써 DNP-아미노산으로 된 N말단의 아미노산이 무엇인지를 알아낸 것이다. 그는 인슐린이 A사슬(아미노산 21개)과 B사슬(아미노산 30개)의 두 사슬이 S-S결합으로 연결되었다는 것도 밝혔다. 다시 말하자면 인슐린의 1차 구조는 51개의 아미노산이 결합되어 있고 분자량이 6,000이라는 것을 밝힌 것이다.

생어의 업적은 단백질이 일정한 아미노산 배열을 가진 단일 화학물질이라는 것을 확립한 점과 아미노산을 포개고 분해하는 DNP 법을 사용하여 인슐린의 1차 구조(아미노산 배열 순서)를 해석한 점이다. 그는 이 업적으로 1958년에 노벨 화학상을 수상했다.

인슐린에 관한 연구는 계속되어 이미 1964년에 노벨 화학상을 수상한 호지킨이 1971년에 X선 해석법을 사용하여 인슐린의 입체 구조를 밝혔다. 1957년에 버슨(S. A. Berson)과 앨로 (Rosalyn Yalow)는 인슐린을 투여받고 있는 당뇨병 환자에게 나타나는 항인슐린항체를 측정하는 과정에서 동위원소를 표지 (labeling)한 인슐린을 잘만 이용하면 혈중 인슐린 농도를 측정할 수 있을 것이라는 생각을 했다. 이것이 방사면역측정법(radi-oimmunoassay)의 시발이며 앨로는 1977년에 노벨 생리·의학상을 수상했다. 공동 연구자인 버슨은 사망한 사람에게 노벨상 수상하지 않는 규정에 의해 제외되었다.

1977년에는 미국의 분자생물학자들이 동물로부터 인슐린 유전자를 추출하여 대장균의 유전자 속에다 주입하는 데 성공했고, 1978년에는 대장균 속에서 인간의 인슐린을 합성하는 것도 성공했다. 그때까지도 돼지의 췌장에서 분비되는 호르몬을 분리해서 사용하던 것을 유전공학적인 방법으로 인슐린을 추출한 것이다.

한편 아미노산으로 이루어져 있는 인슐린을 화학합성법으로 만드는 방법은 메리필드(Robert Bruce Merrifield)에 의해 발견되었다. 그는 이 연구를 비롯한 단백질 합성법의 개발로 1984년에 노벨 화학상을 수상했다. 인슐린을 동물의 췌장에서 분리, 수거하던 방법은 이제 순수도나 생산 단가 면에서 경쟁력을 상실하게 된 것이다. 더구나 화학합성법의 중요성은 의료용 단백질 합성의 효시라는 면과 때로는 신뢰할 수 없었던 동물 재료에 의존하지 않고도 인슐린의 대량 공급이 가능하게 되었다는 점이다.

그러나 학자들의 연구가 여기에서 끝나지는 않을 것 같다. 아직 풀리지 않는 의문점이 많이 있기 때문이다. 인슐린은 단백질 구조가 완전히 밝혀진 최초의 호르몬이지만 세포막 위에 인슐린 수용체가 존재한다는 것도 발견했다. 더구나 인슐린은 어느 세포의 기능 보전에도 없어서는 안 되는 매우 중요한 물질이라는 것이 밝혀졌다. 그 작용 기능의 해명이 바로 노벨상으로 연결될 것이라는 데 이의를 다는 학자들은 거의 없는 것 같다.

당뇨병처럼 많은 연구가 이루어진 병은 거의 없지만 아직 당뇨병의 원인이 되는 혈당을 감소시키는 방법은 알려져 있지 않다. 그러나 현대 의학의 발달로 당뇨병의 진행은 대부분 억제될 수 있으며, 제대로 치료를 받지 않으면 발병 후 얼마 되지 않아 사망할 사람들이 큰 고통을 느끼지 않고도 거의 천수를 누릴 수 있다.

먹는 피임약

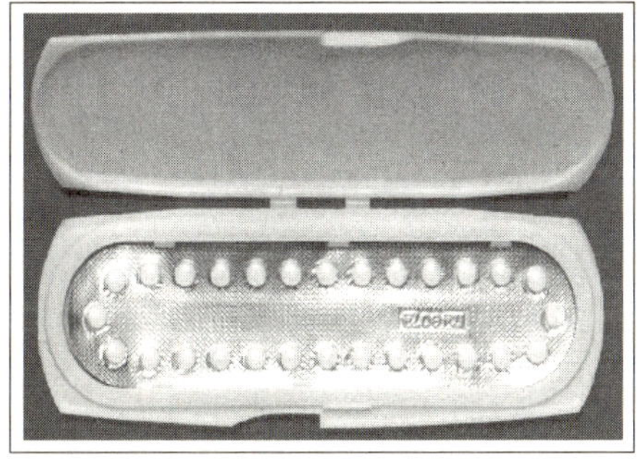

● 먹는 피임약

　호르몬은 인체의 여러 곳에서 각각의 용도에 따라 분비되는
데 인슐린과 같은 단백질이 아닌 데도 매우 중요한 역할을 하는
것이 있다. 스테로이드계 호르몬이 그것이다. 사실 스테로이드
는 다소 이름이 긴 cyclopentanoperhydrophenanthrene을 포함하는
화합물로 자연 상태에 널리 분포되어 있는 천연물의 일종이다.
스테로이드는 다양한 생물학적인 활성을 가지고 있어서 인간의
생식 기관의 발육 및 억제와 곤충의 허물 벗는 과정, 수생균류
의 번식 등에 관여한다.

　1927년에 독일의 존덱과 아쉬하임은 임신한 여인의 오줌에서
추출한 물질을 쥐의 암컷에게 주사한 결과 쥐가 발정을 하는 것
을 발견했다. 곧바로 독일의 부테난트(Adolf Friedrich Johann
Butenandt)와 미국의 도이지(Edward Adelbert Doisy)이 이 호르몬
을 추출하였고 ‘에스트론’이라고 이름을 붙였다. 이 이름은 ‘여
성의 발정’을 뜻하는 ‘에스트루스’라는 단어에서 유래된 것이
다. 에스트론은 에스트로젠이라는 여성 호르몬의 한 종류이다.
또한 부테난트는 남성 호르몬도 발견하여 안드로스테론이라 명
명하였다. 그는 모든 스테로이드라는 것은 비슷한 종의 물질에
속하며 그들의 생리학적 기능은 달라도 그들의 화학적 구조는
비슷하다는 사실을 발견했다.

　부테난트는 호르몬의 화학적 구조에도 초점을 맞추어 호르몬

을 합성하는 데 주력했다. 결국 그는 생리 주기를 방해하는 에스테라디올과 유산을 방지하는 프로게스테론과 같은 의약품 개발에 성공하였다. 그는 성호르몬을 발견한 연구로 1939년에 노벨 화학상을 받았고 도이지는 비타민 K의 화학적 본성 발견으로 1943년에 노벨 생리·의학상을 받았다.

여성의 성호르몬은 주로 난소에서, 남자의 성호르몬은 주로 정소에서 생산된다. 남자들은 수염이 나고, 여자의 가슴이 커지도록 하는 것이 바로 성호르몬이며, 여성의 복잡한 생리 주기도 몇 가지 에스트로젠의 상호 작용에 의한 것이다. 성호르몬들은 신진대사에 의해 변형되며 많은 양은 소변을 통해 배설되는데 어느 것은 호르몬전구체로서 생물학적 활성을 가지며 어떤 산물들은 비활성이다.

스테로이드계의 성호르몬을 이용한 것 중에서 가장 유명한 것이 경구 피임약이라고 불리기도 하는 먹는 피임약이다. 1960년대부터 널리 보급되기 시작하여 지난 2,000년 간 인류 문명을 바꾼 최고의 발명품 중 하나라는 먹는 피임약은 미국의 마커로부터 시작된다.

그는 1930년경 물에 비누 같은 거품을 만드는 사포게닌 디오스게닌(Sapogenin diosgenin)이라는 아주 흔한 스테로이드류인 여성 호르몬으로부터 생리불순이나 유산 예방 등에 효과가 있는 프로게스테론을 합성하는 데 성공했다. 마커는 프로게스테론이 임산부의 임신 중에는 배란을 억제하는 작용을 한다는 것을 발견했다. 그는 이 성질을 이용하면 피임약으로도 이용할 수 있다는 가정했고 그의 예상은 역시 옳았다.

마커는 프로게스테론의 대량 생산에 열중했는데 마침 사포게닌이 멕시코에서 야생하는 참마에 많이 함유되어 있다는 것을

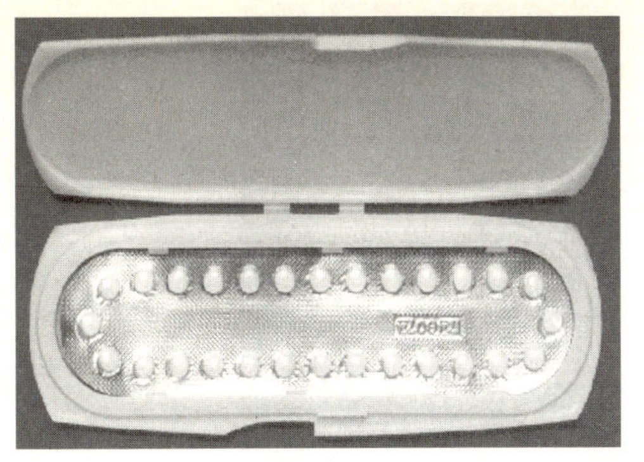

발견했다. 그는 참마로부터 프로게스테론을 합성했으며 남성 호르몬인 테스토스테론을 만드는 데도 성공했다.

마커의 후임인 제러시는 프로게스테론과 흡사한 19-노르프로게스테론이라는 프로게스테론보다 더 효과가 강한 스테로이드를 만들었다. 그러나 이 물질은 혈관에 직접 주사해야 한다는 단점이 있었다. 그 후 제러시는 19-노르프로게스테론을 화학적으로 변형하여 노르에신드론을 만들었는데 이것은 강력한 프로게스테론형 활성을 갖고 있으면서도 먹어도 안전하였다. 그 후 여러 가지 경구 피임약이 개발되었지만 아직도 피임약이라면 노르에신드론이 주요 성분이다.

피임법에 대한 역사를 볼 때 경구 피임약의 도입만큼 산아 제한에 심대한 영향을 미친 사건은 없다. 그러나 기독교를 비롯한 종교 단체에서 산아 제한에 대해 강력히 반대하기 시작했다. 생명에 관한 규제를 신의 영역에 대한 모독이자 도전으로 받

아들였기 때문이다.

　그뿐만 아니다. 미국에는 1873년에 통과된 '콤스턴 법안'이 있었는데 이 법은 모든 피임 정보를 '외설적'인 것으로 규정하고 있었다. 그 결과 피임에 대한 정보는 출판 금지되었고 많은 의사들이 피임에 관한 자문에 응했다가 기소될까봐 산아 제한에 대해 거론하는 것조차 거부하는 실정이었다.

　그러나 인간의 역사에는 항상 선구자가 있게 마련이다. 가족 계획의 창시자인 마가레트 생어는 공개적으로 피임 정보를 유통시켰다. 그녀는 콤스턴 법안을 위반한 죄로 7회나 기소되었지만 단념하지 않고 원하지 않는 임신을 반대하는 홍보를 계속했다. 그녀의 열성에 의해 마침내 미국의 법정도 의사들이 피임이 아니라 '질병의 예방과 치료'를 위해서 여성에게 임신 예방책을 제공할 수 있다고 판결을 내렸다. 그녀는 그 후 경구 피임약이 개발되자 1966년 사망할 때까지 그 발명품을 옹호했다.

이러한 선구자들의 역할로 인해 일부 종교 단체들의 극심한 반대에도 불구하고 경구 피임약은 20세기를 대표하는 발명품 중 하나로 선정되어 현재 약 10억 이상의 여성들이 사용할 정도로 여성들로부터의 호응을 얻고 있다.

경구 피임약은 인류의 가장 큰 문제인 인구 증가를 억제할 수 있게 만들어 준 것은 물론 여성의 사회적·경제적 역할을 변화시켰다. 자녀 수가 감소되고, 자녀간 터울이 길어짐에 따라 여성들이 육아와 가사노동에서 해방돼 직업과 여가시간을 가질 수 있게 됐다. 공중보건 측면에서도 원하지 않은 출산을 예방할 수 있게 돼 다산으로 인한 산모의 사망을 줄여 여성의 사회 참여도를 높임으로써 20세기 여성 해방 운동을 더욱 활발하게 만드는 데 결정적인 기여를 했다. 경구 피임약의 개발이야말로 호르몬의 연구가 얼마나 중요한 것인지를 알려주는 증거로 자주 인용된다.

그러나 성호르몬이 유일한 스테로이드 호르몬은 아니다. 성과 관련이 없는 분비물이 부신에서도 발견된 것이다. 부신은 속 부분인 부신수질과 바깥 부분인 부신피질로 이루어져 있는데 부신피질 호르몬은 모두 스테로이드계 화합물이다. 과학자들은 부신피질에서 20종이 넘는 여러 가지 화합물을 추출했는데 이 중 적어도 4가지가 호르몬의 성질을 갖고 있다. 이것들은 화합물 A, B, E, F라는 이름으로 불린다.

화합물 A는 미국의 메이요 진료소에 근무하는 켄들(Edward Calvin Kendall)에 의해 1944년에 합성되었다. 화합물 E도 합성되었는데 이 물질이 코티손이다. 이것은 원래 1930년에 하트만이라는 사람이 피부가 흑갈색으로 변하면서 죽음에 이르는 에

디슨병에 걸린 환자라도 송아지의 부신피질 추출물로 목숨을 구할 수 있다는 것을 발견하고 코르틴이라는 이름을 붙인 것을 공업적인 제법으로 생산한 것이다.

그러나 켄들은 코티손의 합성에는 성공하였지만 임상 희망자를 구할 수 없어 임상 실험에 착수하지 못하고 있었다. 이 때 같은 진료소에 근무하고 있는 헨치(Philip Showalter Hench)가 류마티즘에 걸린 환자가 임신을 하거나 황달에 걸려 있는 동안에는 증상이 어느 정도 완화된다는 것을 발견했다. 그는 이 증상의 일시적 소실이나 경감에 미지의 물질 X가 관련되어 있다고 믿고 황달과 임신에 관계되는 물질을 조사하였지만 효과를 얻지 못하였다.

마침 켄들이 부신피질 호르몬 속의 화합물 E를 합성했다는 소식을 듣고 그는 그것이 류마티즘에 도움이 될지 모른다는 생각으로 공동 연구를 제안했다. 헨치의 예상은 부분적으로 성공을 거두었다. 비록 인슐린이 당뇨를 치료하는 것과 같은 탁월한 효과를 낼 수는 없었지만 코티손도 류머티즘 환자에게 대단한 효과를 보여 준 것이다.

한편 스위스의 라이히슈타인(Tadeus Reichstein)은 부신피질 호르몬의 경쟁에 가장 늦게 뛰어 들었으나 26종이나 되는 화합물을 추출하였고 그 중 11가지 화합물의 구조를 규명했다. 가장 활성이 강한 코티손의 구조도 이 속에 포함된다.

부신피질에서 나오는 스테로이드에 관한 연구의 광범위한 효과 때문에 켄들과 헨치, 라이히슈타인은 1950년도 노벨 생리·의학상을 받았다.

여기에서 노벨상이라 해서 순수 학문상의 업적만을 평가하는 것은 아님을 알 수 있다. 특히 노벨 생리·의학상인 경우에는 더욱 그렇다. 부신피질 호르몬인 코르틴이 효과가 있다는 것은 하트만이 발견했지만 켄들은 그의 이론을 토대로 광범위하게 활용될 수 있는 코티손이라는 실용적인 약품을 만들었다. 헨치는 부신피질 호르몬의 효능을 입증했으며 실제로 코티손의 구조를 규명한 것은 라이히슈타인이다. 세 명의 연구는 원리적인 측면만이 아니라 실용적인 측면이 보다 더 인정되어 노벨상을 수상한 것이다.

이런 면을 볼 때 노벨상 수상에는 인류에게 어느 만큼 직접적으로 공헌하는가 하는 척도가 매우 중요하게 작용한다. 인간에게 중요한 영향을 미치는 발견이나 발명은 비록 우연이나 실수로 얻어진 것이라고 곧바로 인정받을 수 있다는 것이다. 바로 이것이 학문 영역을 다루는 많은 상들과 노벨상이 다른 점이며 또 그렇기 때문에 노벨상에 대해 전 세계인들의 관심이 높은 것이다.

스테로이드 중에서 인간이나 동물의 심장 근육에 강력한 작용을 하는 것을 카르디악 액티브(cardiac active) 또는 카르디오토닉 프린시플(cardiotonic principles)이라고 한다. 이런 효과를 갖는 심장 글리코사이드는 식물의 씨앗, 잎, 줄기, 뿌리, 나무껍질에서 극소량 발견된다. 이러한 식물들은 아포시내세아(Apocynaceae), 스크로풀라리아(Scrophulariae), 리리아세(Liliacea), 모라세아(Moraceae) 등으로 주로 아프리카와 남미 지역에 서식하고 있다.

이러한 스테로이드들은 병든 극소량을 심장에 사용했을 때 유효한 결과를 가져와 치료약으로 사용되지만 과도한 용량은 심장수축에 영향을 끼쳐 죽음을 야기시킨다. 이런 유의 약품을 복용한 운동선수들은 순간적인 에너지 폭발력을 얻을 수 있어

경기력 향상에 도움이 되지만 장기 복용의 경우 치명상을 입기 때문에 올림픽과 같은 스포츠에서 철저한 검증을 하는 것이다.

스테로이드의 사용에 관해 좀더 알아보자. 인간이 심장 글리코사이드를 사용한 것은 생각보다 오래되었다. 로마와 이집트에서 심장 글리코사이드를 포함하고 있는 식물을 약으로 사용하였다는 기록이 있고 중국에서도 구조적으로 심장 글리코사이드와 관련된 물질을 많이 포함하고 있는 두꺼비의 피부 분비물을 약제로 사용했다는 기록이 있다.

심장 글리코사이드의 심장에 대한 탁월한 효과는 심장 글리코사이드의 심장 근육에 대한 특정한 친화력에 기인한다. 심장 글리코사이드를 정맥주사로 투여할 때 심장 조직에 의해 흡수되는 양이 다른 조직이나 기관에 의해 흡수되는 양의 10~40배에 달한다. 반면에 일부 스테로이드들은 이처럼 심장에 고착되는 성질이 부족하여 단지 일시적인 효과만을 갖고 있으므로 치료약으로는 사용되지 않는다. 이것이 스포츠계에서 스테로이드 물질을 사용하지 못하도록 금지하는 커다란 이유가 된다. 도핑 테스트는 스테로이드 물질의 남용을 막는 것으로 결국 인간을 위한 것이다.

한편 동물의 피부 색소 침착에 영향을 주는 색세포 자극 호르몬이 뇌하수체 호르몬에서 검출되었고 젖 분비 촉진 호르몬도 발견되었다. 젖 분비 촉진 호르몬은 임신 후에 필요한 여러 활동을 자극하는데 어린 암쥐에게 이 호르몬을 주사하면 새끼를 낳지 않아도 보금자리를 만드느라 분주히 움직인다. 한편 새끼를 낳기 직전에 뇌하수체를 제거하면 새끼 쥐에게 전혀 관심을 보이지 않는다.

체세포 자극 호르몬도 발견되었다. 이 호르몬은 생장 호르몬

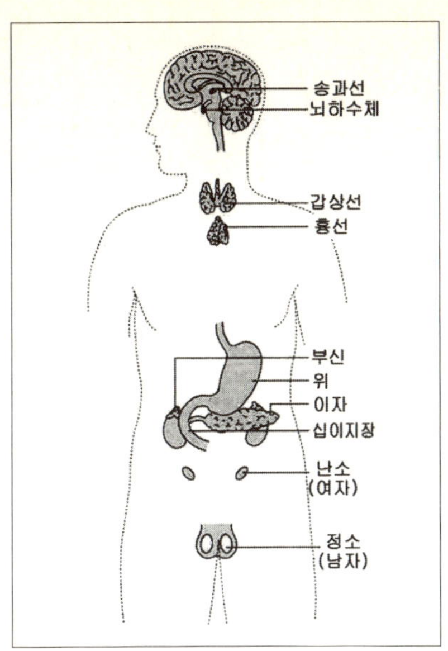

인체 내의 내분비선
내분비선에서 분비되는 호르몬은 비록 소량이기는 하지만 인체의 여러 곳에서 매우 중요한 역할을 하고 있다. 그러나 아직까지도 호르몬의 조절 작용은 완전하게 규명되지 않고 있다.

이라고도 불리는데 이 호르몬을 만들지 못하면 난쟁이가 되고 너무 많이 생산되면 거인이 된다. 사람이 완전히 성숙했는데도 생장 호르몬이 과다 분비되면 손이나 발, 턱 등의 말단 부위가 기묘하게 커지는 말단 거대 증상을 보인다.

이와 같이 인체 내에 많은 호르몬이 존재한다는 것을 알아내자 학자들은 다양한 호르몬을 무엇이 조절하는가에 주목하였다. 호르몬은 일단 분비된 후 혈액에 의해 표적기관으로 운반되어 적절한 농도가 될 때까지 모여야 한다. 그러나 신경 작용은 매우 빠르다. 이와 같이 느린 조절과 빠른 조절은 다양한 상황에 처해있는 신체에 모두 필요하지만 그 메커니즘은 밝혀지지 않고 있었다.

거의 모든 내분비선을 조절하는 뇌하수체는 뇌

에 매우 가까이 있어 뇌의 한 부분처럼 보이는데 영국의 해리스는 뇌하수체의 시상하부에서 호르몬이 생산된 다음 혈액을 통해 직접 뇌하수체로 운반될 것이라고 제안했다. 그의 가설은 정확하였고 뒤에 이 호르몬이 발견되었다. 이 호르몬은 '분비인자'라고 명명되었는데 이것이 뇌하수체 전엽에서 분비되는 갖가지 호르몬의 생성을 유발하므로 신경계는 어느 정도까지 호르몬계를 조절한다고 추측할 수 있다.

하지만 아직 호르몬의 조절 작용이 완전하게 규명된 것은 아니다. 뇌는 단순히 신경 세포가 복잡하게 연결된 스위치 박스가 아니라 여러 가지 복잡한 작용이 시행되는 매우 분화된 화학 공장이다. 그러므로 뇌에 관한 연구가 보다 본격적으로 이루어지면 이런 작용에 대한 정확한 연구 결과가 나올 것이고 그것이 노벨상으로 이어질 것임은 의심할 여지가 없다.

스웨덴의 생리학자 오일러(Ulf von Euler)는 전립선에서 지용성 물질을 분리했는데 이 물질은 적은 양으로 혈압을 낮추고 특정 민무늬 근육을 수축시킨다. 이 물질은 모두 불포화 지방산으로 형성되어 있으며 전립선에서 나왔다고 해서 '프로스타글란딘'이란 이름으로 불린다. 오일러는 1929년에 알코올 발효에 관한 연구 업적으로 노벨 화학상을 받은 오일러-켈핀의 아들로 1970년에 노벨 생리·의학상을 받았다.

1960년에 인산기에서 아데닐산과 같은 뉴클레오티드가 발견되었다. 발견자인 서덜렌드 2세(Earl W. Sutherland Jr.)는 이 물질을 '환상 AMP'라 불렀는데, 이것이 여러 가지 다른 효소와 함께 세포 대사에 중요한 영향을 미치고 있다는 것도 확인되었다. 즉 호르몬의 활동은 환상 AMP를 형성하도록 하는 아데닐 사이클라아제를 활성화시킨다는 것이다. 그는 이 연구로 1971

년에 노벨 생리·의학상을 받았다. 그의 수상 연구 제목은 '호르몬 작용의 메커니즘에 관한 연구'이다.

호르몬이 어떻게 작용하는가도 학자들의 주 관심사이다. 현재까지는 호르몬이 효소와 같은 방식으로 작용하지 않으며 호르몬이 직접 특정 반응을 촉매하는 것도 아니라는 것은 알려졌다. 현재로서는 호르몬은 효소가 아니지만 효소에 영향을 준다는 것이 지배적인 생각이다.

학자들은 호르몬에는 그 호르몬의 작용을 조절하는 여러 가지 호르몬이 있다고 추정하지만 그에 관한 정확한 결론은 아무것도 없다. 호르몬 연구는 또한 무궁무진한 산업화 가능성 때문에 생명공학으로 황금을 노리는 현대 연금술사들의 표적이다. 사이토긴이라 불리는 면역-조절계를 조절하는 여러 종양괴사인자, 백혈구집락자극인자는 벌써 수많은 벤처회사들을 돈방석에 앉혔다.

그러나 보다 큰 매력은 노벨상을 받을 수 있는 확률이 매우 높다는 것이다. 현재도 수많은 과학자들이 새로운 호르몬을 발견하여 그 연구 결과에 의해 노벨상 수상자가 될 것으로 생각하고 호르몬의 정체 규명에 앞장서고 있다.

알레르기

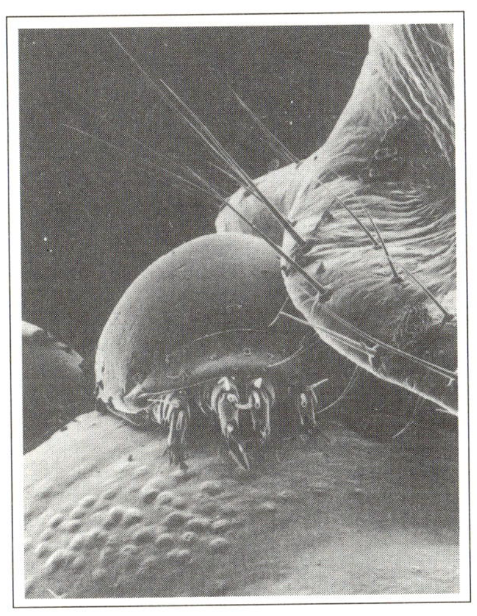

● 알레르기

　학자들이 수행하는 인간에 관한 연구는 그 분야가 다양하다. 인간이 워낙 복잡하고 미묘한 동물이기 때문이다.

　인간을 위협하는 질병은 수없이 많지만 질병의 요인인 항원이 인체 내에 들어오더라도 모든 사람들이 질병에 걸리지 않는다는 것을 학자들은 예전부터 알고 있었다. 같은 질병에 걸렸음에도 불구하고 어떤 사람들은 약간 아프고 어떤 사람들은 심하고 또 어떤 사람들은 죽기까지 하는 등 차이가 많았다.

　중세 시대에 유럽을 강타한 페스트는 현대 의학 상식이 없었던 유럽의 인구 밀집 지역을 공포의 도가니로 몰고 갔다. 일부 사람들은 전염병이 퍼지는 지역에서 도망칠 수 있었지만 페스트는 순식간에 도시를 덮쳤고 전체 인구 중 4분의 1이 죽었다. 이때 페스트로 죽은 사망자 수는 4천5백만 명으로 추산된다. 교황 클레망 4세가 얼마나 많은 사람이 죽었는가 물었을 때, 한 사람은 전 세계 인구의 절반이 죽었다고 대답했을 정도이다.

　그러나 이를 거꾸로 말하면 인구의 4분의 3은 동일한 조건에 처해져 있었는 데도 살았다는 뜻이다. 이런 정황을 감안하면 인간은 어떤 질병에든 자연적인 저항을 할 수 있는 항체를 몸에 가지고 있다는 가정을 내릴 수 있다. 항체란 신체에서 특정 항원에 대항하기 위해 만들어지는 물질로 항원이 작용하지 못하도록 막는다. 이 항체가 자신의 역할을 제대로 수행하지 못할

때 질병에 걸리는 것이다.

항체는 항원의 독성을 중화시켜 그것이 신체에 해를 주는 어떠한 작용도 하지 못하게 한다. 항체는 바이러스나 세균의 표면 부위에 결합하기도 한다. 항체는 2개의 다른 부위에 결합하는 능력도 갖고 있는데 한 부위는 미생물의 표면 부위에, 다른 하나는 다른 미생물의 표면에 결합하여 미생물을 서로 붙게 한다. 이렇게 서로 붙은 미생물은 증식 또는 세포 내로 들어가는 능력을 잃어버린다.

그러나 이러한 항체가 너무 빨리 어떤 항원에 반응하면 불리한 경우가 발생하기도 한다. 가끔 신체에 들어오기는 하지만 신체에는 해롭지 않은 단백질에 대해서도 항체가 형성되는 경우가 있는데, 이렇게 되면 신체가 특정 단백질에 민감하게 되어 원래 해가 없는 단백질에 격렬한 반응을 한다. 이것이 바로 알레르기이다.

알레르기를 일으키는 원인 물질에 대해서는 주로 면역글로블린이 담당하고 있다. 알레르기 원인 물질에 노출되면 이를 기억하는 면역글로블린이 신체 내 B림프구에서 생산되는데 이는 증상을 유발하는 세포를 선택적으로 자극한다. 면역글롤블린이 신체가 알레르기 원인 물질에 접촉할 때마다 증상을 유발하는 작용을 하므로 알레르기 증상은 다른 전염성 질환과는 달리 반복해서 나타날 수 있는 것이다.

보다 구체적인 실예를 들어 알레르기 현상을 알아보자.

미네아폴리스에 있는 프랑스 식당에서 한 남자가 '프렌치 누브'라는 밝은 갈색의 소스를 친 스테이크를 주문했다. 그는 음식이 나오자 맛있게 먹더니 몇 분 후 갑자기 숨을 쉬지 못하며 헐떡거리기 시작했다. 그는 양손으로 테이블 가장자리를 붙잡고 숨을 쉬려고 필사적으로 애썼다. 스테이크 조각이 목에 걸린 것으로 생각하고 종업원이 흉부압박법을 시도해 보았지만 아무 소용없었다. 그 남자는 헐떡거리다가 의식을 잃고 말았다.

다행히도 식당 안에 의사가 있어서 그의 이마와 뺨에 붉은 반점들이 나타난 것을 보고 급성 알레르기 반응임을 직감하였다. 나중에 확인되었지만, 그 남자는 조개류나 갑각류에 대한 알레르기를 갖고 있었는데 프렌치 누브 소스 안에 바닷가재가 들어간 것을 모르고 식사를 주문했던 것이다. 병인이 무엇인지를 아는 의사가 아드레날린 주사를 한 대 놓자 그는 금방 의식을 회복하였다.

이 알레르기 반응을 '아나필락시(anaphylaxis, 과민증)'라 하는데, 이것은 우리의 면역 체계가 잘못 작동했을 때 발생하는 것이다. 정상적으로는 외부에서 해로운 미생물체가 우리 몸 안으

로 들어올 때 면역체계가 작동하는 데 과민 반응을 일으키는 사람은 어떤 이유로 인해 알레르겐(allergen)이라고 불리는 해롭지 않은 물질에 대해서도 면역 체계가 작동된다.

집 밖에서 알레르기 반응을 가장 많이 유발하는 원인은 꽃가루이다. 주로 공중을 떠다니는 삼목, 노송나무, 소나무 등의 꽃가루가 원인 물질이 된다. 꽃가루는 온도가 높고 바람이 강한 날에 잘 날리며 눈, 코, 목 등의 점막을 자극한다.[1]

집안에서는 먼지, 더 정확하게 말하면 먼지벌레

---

1) 최근 우리 나라에서도 꽃가루에 의한 알레르기가 증가하고 있다는 보도가 있었다. 그러나 봄에 거리에 날리는 솜털 같은 것은 꽃가루가 아니라 버드나무의 씨앗으로, 눈과 코에 자극을 주어 안염을 일으키거나 알레르기 증상을 악화시키는 원인이 되는 것이지 직접적으로 알레르기를 일으키지는 않는다.

(dust mite)라 불리는 다리가 8개 달린 아주 작은 벌레가 알레르기를 일으키는 주범이다. 먼지벌레들은 먼지가 많이 있는 곳에서 번식하는데 비듬과 같은 사람 몸에서 떨어져 나간 피부 부스러기를 먹는다.

고양이 알레르기는 일반적인 상식과는 달리, 고양이 털이나 비듬 때문에 일어나는 것이 아니라 고양이가 자기 털을 핥을 때 나오는 침, 즉 털에 묻은 고양이 침 속에 있는 어떤 단백질 때문이다. 따라서 고양이를 한 달에 한 번 정도 목욕을 시켜주면 알레르기를 일으키지 않는 고양이로 만들 수 있다.

종종 알레르겐은 한 곳에 머물러 있지 않고, 핏줄을 따라 몸속을 돌아다니며 알레르기 매개 물질을 광범위하게 분비시킨다. 만약 혈관에서 액체가 새어나와 성대 조직으로 흘러 들어가는 것이 심해지면 성대가 부어 올라 기도를 막을 수도 있다. 앞의 프랑스 식당에서 프렌치 누브를 먹었던 사람도 바로 그런 경우다. 또한 혈관에서 액체가 새어나가는 것은 혈압 강하를 초래할 수도 있으며 이러한 과민 반응 쇼크로 사망하기도 하는 것이다.

이와 같이 알레르기 증상으로 사망하는 사람도 적지 않지만 대부분의 알레르기 증상은 훨씬 가볍게 나타난다. 대체로 콧물이 나오거나, 눈이 따갑거나, 재채기를 하거나, 두드러기가 나거나, 위나 내장의 통증 등의 형태로 나타난다.

알레르기가 인체에 치명상을 줄 수도 있으며 이것은 인체 내의 항원이 과민 반응을 벌였기 때문이라는 것을 발견한 사람은 리세(Charles Robert Richet)이다.

리세는 1913년에 노벨상을 받은 후의 강연에서 자신이 알레르기를 연구하게 된 경위를 다음과 같이 말했다.

"열대 지방의 바다에 수면 위를 떠다니는 피사리아라고 하는 강장동물이 있습니다. 이 동물은 몸통에 공기주머니가 있어서 풍선처럼 물 위에 떠다니는데 촉수는 2~3 미터 정도이며 그 끝에 물체가 닿으면 마치 흡반처럼 달라붙습니다. 각각의 흡반에는 바늘이 숨겨져 있어서 흡반이 물건에 달라붙으면 이 바늘이 튀어나와 물체에 독을 주입합니다. 희생자는 이 바늘에 찔리는 것과 동시에 심한 통증을 느끼는데 바다에서 헤엄치다 해파리에 찔린 증세와 비슷합니다. 이 현상을 잘 알고 있는 모나코의 알버트 왕자가 요트를 타고 함께 항해할 때 나에게 속칭 전기해파리라고 하는 피사리아의 독소를 연구해 볼 것을 권유했던 것입니다."

알버트 왕자의 권유에 흥미를 느낀 리세는 곧바로 연구에 착수하려고 했으나 연구는 쉽지 않았다. 그의 연구소가 파리에 있어서 쉽사리 해파리를 구할 수 없었기 때문이다. 연구 재료인 해파리를 구하기조차 힘들자 그는 해파리 대신에 유럽 해안에 흔한 말미잘의 촉수에 있는 독소를 연구하기로 했다. 그는 이 독을 글리세린에 녹였는데 이 글리세린 용액을 주사하면 피사리아에 쏘였을 때와 똑같은 증상이 나타났다.

실험 대상으로는 개가 사용되었는데 리세는 독소의 강도를 측정하기 위해 개를 여러 부류로 나누어서 실험했다. 그런데 한 실험에서, 실험용 개 중 몇 마리가 치사량 이하를 투여해서인지 또는 그 밖의 어떤 이유에서인지 죽지 않았다.

수 주일이 지난 후 이 개들이 건강을 회복하자 리세는 다시 한 번 새로운 실험에 착수했다. 그런데 전혀 예상하지 못했던 이상한 일이 생겼다. 처음에는 일정량의 독소를 투여했는 데도 살아남은 개가 두 번째에는 훨씬 적은 양의 독소를 주었는 데도 즉각 구토, 혈성 설사, 의식상실, 그리고 죽음에 이를 정도로 심한 증상을 나타냈다.

몇 번의 실험을 거쳐 리세는 1902년에 '아나필락시'의 기초가 되는 세 가지 기본적 사실을 확립했다. 첫째, 전에 주사했던 동물은 새로운 동물보다도 독소에 대해서 심각할 정도로 민감하다. 둘째, 두 번째 주사에 의해 나타나는 증상은 처음의 주사에 의해 나타나는 증상과는 전혀 다르며 신경계 전체의 신속한 기능 저하를 보인다. 셋째, 이 아나필락시 상태가 되는 데는 3~4주일의 잠복기가 필요하다는 것이다.

리세는 극히 미량의 단백질 주사에 대하여 생체가 과민해지는 현상을 '아나필락시'라고 붙였다. 아나필락시는 예방을 말하는 프로필락시(prophylaxis)의 반대말로 '보호 능력이 없어진다'는 뜻이지만 현재는 유사어이며 보다 넓은 개념인 알레르기가 일반적으로 사용되고 있다.

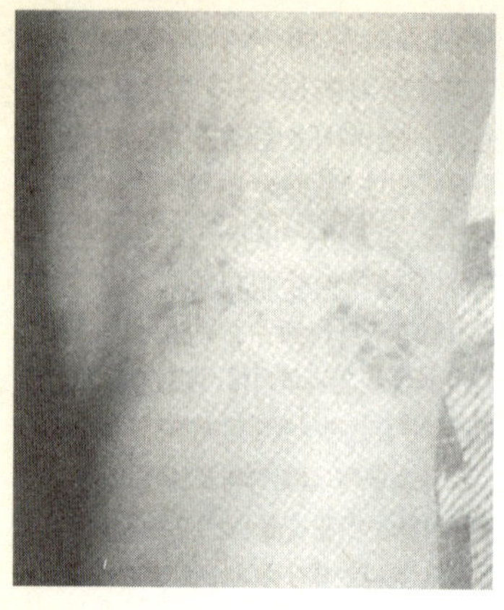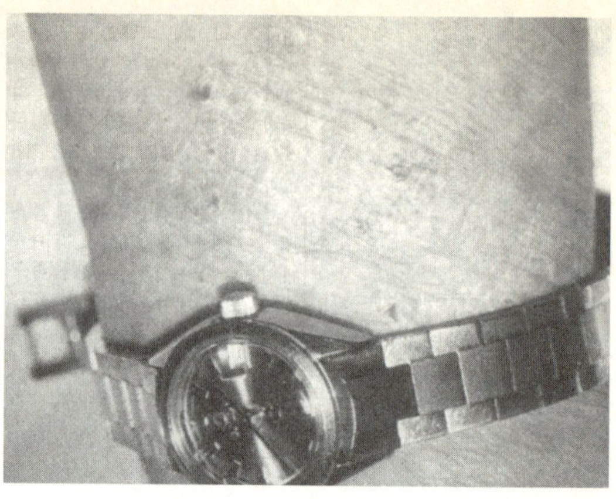

아토피피부염(左)과 시계의 금속 성분 때문에 생긴 접촉피부염(右)

알레르기를 치료하는 방법에는 알레르기 원인 물질을 장기간에 걸쳐 인체에 주사함으로써 면역이 생기게 하는 방법과 항히스타민제를 사용하는 방법 등 두 가지가 있다. (『과학동아』 1990년 5월호에서 인용)

또한 리세는 민감해진 동물의 혈액을 채취하여 그것을 정상인 동물에 주사하면 그 동물이 아나필락시 상태가 되는 것을 확인함으로써 그 효과가 전염된다는 것을 증명했다. 이에 따라 이것의 본체가 혈액 속에 있는 화학물질이라는 것을 알 수 있었다.

알레르기 반응은 많은 측면에서 인체 내의 면역 반응이 어떤 오해로 아군끼리 총격전을 벌이는 상황과 유사하다. 즉 알레르기 반응에서는 우리의 신체를 지키는 면역 체계를 담당하는 세포들과 그 분비물들이 잘못 작동하여 우리의 몸에 해를 끼치는 것이다.

알레르기의 치료에는 주로 두 가지 방법이 사용된다.

그 중 하나는 항원을 알았을 때 과민성을 억제하는 방법으로 알레르기 반응을 일으킨다고 추정되는 물질을 몇 개월 또는 몇 년을 주기로 아주 조금씩 주사하면서 면역이 생길 때까지 그 양을 점차 증가하여 투여하는 것이다.

두 번째의 치료법은 항히스타민제를 사용하는 것이다.

알레르기 매개 물질 중에서 가장 많이 연구되었고, 또 악명 높은 것은 히스타민(histamine)이다. 히스타민이 알레르기 증상을 일으키는 악역을 담당한다는 사실은 1911년경부터 알려져 있었으며, 항히스타민제란 알레르기를 나타내는 물질에 대해서 환자 신체 속에서 방출되는 히스타민의 효과를 상쇄하는 약물을 말한다. 항히스타민제는 누구에게나 친숙한 약이며 처방약과 비처방약 모두 약품시장의 큰 부분을 차지하고 있다. 파스퇴르 연구소의 보베(Daniel Bovet)는 히스타민을 중화시키는 항히스타민제의 연구에 착수하여 성공적인 항히스타민제를 만들었다. 그는 이 연구와 뒤이은 화학 치료법에 관한 연구로 1957년에 노벨 생리·의학상을 받았다.

한편 알레르기 반응은 무작위적으로 일어나기는 하지만 같은 가족 간에 비슷한 알레르기 반응이 유전되는 경우도 있다. 학자들은 알레르기 반응에 일부 관련이 있는 유전자를 발견했는데 앞으로 알레르기에 관련된 다른 유전자들도 발견될 것으로 예측하고 있다.

이제 항체와 항원 문제로 돌아가자. 알레르기와 같은 과민 반응을 보이는 예외를 제외하고 항체는 항원이라는 범죄자가 들어왔을 때, 인간을 안전하게 지키는 임무를 갖고 있는 경찰이다. 학자들이 이들 경찰에게 좀더 유익한 무기를 지급하기 위해 항체의 성분을 알고자 함은 당연한 일이다.

화학자들은 항체를 단백질이라고 확신하고 있었다. 가장 잘 알려진 항원이 단백질이므로 단백질을 상대하는 것도 단백질이라고 생각하는 것은 당연한 일이다. 단백질만이 특정 항원과의 결합에 필요한 미묘한 구조를 구성할 수 있다는 뜻이다.

어떻게 항원이 항체를 구성하도록 할까?

에를리히(Paul Ehrlich)는 신체가 필요한 모든 항체를 가지고 있어 항원이 침입하면 적정 항체가 반응하고 이 과정이 신체로 하여금 필요한 특정 항체를 만들게 한다고 생각했다. 그러나 신체가 모든 가능한 항원에 대해 각기 특이성을 갖는 항체를 모두 준비하고 있다고는 보기 어려운 일이었다.

폴링(Linus Carl Pauling)은 신체가 어떤 일반 형태의 단백질 분자를 가지고 있는데 이것이 어느 항원에도 잘 들어맞도록 변형된다는 가설을 1940년에 발표했다. 그는 특정 항체가 같은 기본 분자의 변형이라고 생각했다. 다시 말하면 항체는 장갑이 손에 맞듯이 항원에 꼭 맞는다는 뜻으로 항원이 특정 항체의 형태를 결정하는 원판이 되어 그 결과 항체가 형성된다는 것이다.

단백질 분석법이 발달하자 1969년에 에덜만(Gerald Edelman)은 1,000개 이상의 아미노산으로 구성된 특정 항체에 대한 아미노산 구조를 밝혔고 그는 이 연구로 1972년에 노벨 생리·의학상을 받았다.

여기에서 잠시 장기 이식에 대해 살펴보자.

오스트리아의 버닛(Sir Frank Macfarlane Burnet)은 발생 중인 배의 조직에 외부 조직의 기억을 남기면 이 조직을 살아 있는 동물에 제공할 수 있지 않을까 생각했다. 영국의 생물학자 메더워(Sir Peter Brian Medawar)는 태중의 새끼쥐를 이용하여 이 사실을 증명했고 이 두 사람은 1960년에 노벨 생리·의학상을 받았다.

그러나 장기 이식이 쉬운 일은 아니다. 어떤 의미에서 모든 사람은 다른 사람에게 알레르기의 원인이 될 수 있다. 사람들이 농담으로 미운 사람이나 만나고 싶지 않은 사람을 지칭할 때 '그 사람만 보면 알레르기가 생긴다'라고 말하는데, 이 말이 결코 과장이 아닌 것이다.

그러나 인체가 사람이 생각하는 감정을 갖고 있을 리 만무하다. 신체는 자신과 다른 이물질이 삽입되면 자신의 적으로 판단하고 거부 반응을 일으키는 것이다. 사람과 사람간의 조직 이식이 일란성 쌍둥이에서 가장 쉬운 것은 이들이 동일한 유전자를 가지고 있어 똑같은 단백질을 만들기 때문이다.

최초의 신장 이식이 1954년에 이루어졌고 1963년에는 간장이식, 1967년 12월에는 남아프리카의 버나드에 의해 심장 이식이 시행되었지만 수여자들이 장기간 살 수 없었던 것도 거부 반응 때문이다. 인체가 자신의 조직이 아닌 것에 대해 일으키는 거부 반응을 해결하려는 수많은 시도가 있었지만 이 문제가 해결되지 않아 수여자들은 대부분 오래 살지 못했다. 거부 반응으로 생존율이 오르지 않는 가운데 소송이 잇따르자 장기 이식은 종말을 고하는 것 같았다.

그러나 1978년에 면역억제제로서 '20세기 신비의 약'이라고 불리는 시클로스포린이 개발되어 인간의 장기 이식에 혁명을 가져왔다. 이 약은 곰팡이가 생산하는데 인체 내에 다른 이물질이 들어올 때 생기는 항체, 즉 거부 반응을 억제할 뿐만 아니라 부작용이 없다. 시클로스포린을 사용하면 신장 이식 수술의 성공률이 80%에서 90%가 되는 데 반해 사용하지 않으면 성공률은 50%에 지나지 않는다. 또한 심장 이식에서 거부 반응이 발견된 예는 한 건도 없었다. 현재 전 세계적으로 매년 신장 1만여 건, 간장 3천여 건, 심장 2천여 건, 폐 500여 건의 장기 이식

수술이 뇌사자 및 생존자의 기증으로 이루어지고 있다.[2]

시클로스포린의 화학 구조는 11가지의 아미노산 성분으로 된 고리형 분자인데, 이것을 발견하게 된 것에는 약간의 에피소드가 있다. 스위스의 산도스 사는 각국의 흙에 항생물질이 포함되어 있는가를 알아보기 위해 전 세계로 학자들을 파견하였다. 그후 세계 각지에서 수집된 엄청난 양의 토양 샘플이 산도스 사에 수집되었고 그것을 일일이 검사한 결과 1970년에 미생물학자 장 보렐이 시클로스포린을 발견했다. 한 가지의 의약품을 발견하기 위해 얼마나 많은 노력이 경주되어야 하는가를 보여 주는 예이다.

한편 알레르기와 관련하여 흥미로운 것이 식물들의 생존 방식이다. 식물들은 움직일 수 없는 속성 때문에 일반적으로 군락을 이루어 살고 있다. 따라서 식물은 자신에게 해로운 벌레나 병균의 침입을 받으면 피하거나 움직일 수 없으므로 자신을 보호하는 장치가 있지 않으면 종 자체가 전멸할 우려가 있다.

나뭇잎은 벌레에게 공격을 받으면 아무런 저항 없이 먹히고 만다. 이러한 공격에서 식물이 방어 능력을 발휘하지 못한다면 식물은 온통 벌레에게 공격 당하게 될 것이다. 하지만 특별한 경우가 아니면 해충의 공격으로 식물의 종이 전멸하는 일은 거의 없다. 그 이유는 적에게 공격 당한 식물이 자신이 공격 당하고 있다는 것을 주변에 알림으로써 아직 공격받지 않은 동료들이 이에 대처하도록 하기 때문이다.

식물은 자신이 공격을 받으면 특수한 향기를 내어 벌레의 공격을 알린다. 이 향기는 벌레의 공격으로 손상된 부위에서 생산

---

2) 우리 나라의 경우에는 1969년에 신장 이식 수술이 성공하여 장기 기증 및 이식의 역사가 시작되었다.

되어 주위로 쉽게 날아 가는데 이 향기를 맡은 인접 식물들은 곤충이 싫어하는 물질들을 축적하여 그들의 공격에 대비한다. 식물들이 곤충을 쫓는 가장 큰 무기는 소화를 억제하는 효소로, 벌레의 입맛을 떨어뜨려 다른 곳으로 가게 한다. 그럼에도 불구하고 소화 억제제가 들어 있는 식물을 계속하여 먹은 벌레는 성장이 늦어지고 약하여 오래 살지 못한다.

그뿐이 아니다. 아스피린은 감기 치료 및 진통, 해열제로 잘 알려져 있는데 식물도 아스피린과 기능 및 구조가 비슷한 물질을 만들어 낸다. 이러한 식물성 아스피린을 식물들이 생산하여 저장하는 이유는 자신의 병을 예방하거나 치료하기 위해서이다. 식물체가 바이러스나 병균의 침입을 받으면 이를 막기 위해 여러 가지 반응을 일으키는데 이때 아스피린이 중요한 역할을 한다. 또한 적의 침입을 받은 식물은 방향성 아스피린을 방출하여 주변 식물에 신호를 전달하기도 한다.

그러나 자연 상태에서 자라고 있는 식물은 이런 방법으로 병충해의 침입을 막아낼 수 있지만 재배된 식물들은 방어 기능이 약하다. 인간이 식물을 경작할 때 많은 농약을 사용하여야 하는 이유는 식물이 비료나 제초제 등 각종 화학물질에 대한 타성이 생겼기 때문에 아스피린 같은 물질 등을 생산하는 능력이 저하된 것도 원인이 된다. 유기농법으로 키우면 자연 상태와 비슷한 조건이 형성되어 식물이 자체 방어력을 갖게 된다는 것이 그 증거이다.

이밖에도 식물은 다양한 향기를 내는데 그 목적은 번식을 위해 벌과 나비를 부르려는 것이지만 생존을 위한 방편인 점도 많다. 지구상에서 생물체가 태어난 이래 자신을 보호하고 종족을 번식하기 위한 노력은 눈물겹다. 이러한 생존 전략이 성공을 거

둔 생물체만이 결국 살아남는다는 것을 감안하면 인간도 꾸준
히 항원을 퇴치하기 위한 노력을 게을리 해서는 안 될 것이다.

광견병

● 광견병

전 장에서 항원이 들어오면 사람의 몸에서 항체가 생겨 그것을 퇴치한다고 설명하였다. 그러나 인간은 오묘하여 일단 침투한 질병에 대해 대항하는 방법으로 면역이라는 특이한 무기를 갖고 있다. 예를 들면 홍역, 수두, 이하선염은 한번 앓고 나면 일생 동안 이 질병에 대한 면역을 갖게 된다.

이 질병들은 바이러스에 의해 생기는 것이다. 학자들은 신체가 어떻게 이들 바이러스와 싸우는지 알고자 했다. 그들의 관심거리는 이 바이러스가 다시 침입했을 때 어떤 방법으로 인체가 자신을 방어하는가를 파악하는 것이다. 이런 의문에 대한 해명이 바로 현대 의학이 발전하게 되는 원동력이다.

사실상 면역법은 매우 오래 전부터 잘 알려져 있는 질병 예방법이었다. 질병의 원인이 바이러스라는 것을 알기 전에 우연한 방법에 의해 대응책이 먼저 발견되었던 것이다.

지난 한 세기 동안 인류의 수명이 크게 늘어난 것은 사망률, 특히 여러 가지 전염병에 의한 사망률이 줄어들었기 때문이다. '자식 반타작이면 그나마 다행'이라는 말도 있었다. 자식을 낳아 절반만이라도 장성할 때까지 살아남으면 복이라는 뜻이다. 그만큼 과거에는 어린 나이에 전염병에 걸려 죽는 일이 많았는데 그런 사망률을 획기적으로 줄인 것은 전염병에 대한 특효약이 개발되었기보다는 면역법이 인간에게 알려졌기 때문이다.

면역법은 인간들이 질병의 원인에 대해서 정확한 정보가 없는 상태에서 많은 인간들을 구했다.

면역법에 관해 이야기하기 위해서는 제너(Edward Jenner)를 거론하지 않을 수 없다.

18세기 말엽까지 천연두는 가장 무서운 질병 중의 하나였다. 천연두로 사망하는 사람도 많았지만 앓고 난 사람들의 모습이 매우 흉해졌기 때문이다. 천연두를 경미하게 앓은 사람은 피부에 얕은 흠이 생겼지만 심하게 이 병을 앓은 사람은 얼굴 전체에 흉터가 남아 일생 동안 많은 고통을 받았다. 많은 사람들이 얼굴에 천연두 흉터를 갖고 있었고 또 앓지 않은 사람도 언젠가 자신에게 천연두가 다가올지 모른다는 두려움에 떨면서 살아야 했다.

그러나 천연두가 유럽 전체에 창궐해도 영국의 글로스터셔 지방 주민들은 천연두를 두려워하지 않았다. 그들은 천연두를 피할 수 있는 나름대로의 처방을 갖고 있었다. 그 방법은 소와 사람에게까지 병을 일으키는 우두에 걸리면 천연두에 걸리지 않는다는 것이다. 우두는 암소의 유방에 생기는 병으로 소의 젖을 짜는 사람에게 잘 옮는다. 그러나 우두는 인간에게 치명적이지 않은 데다가 물집이나 흔적이 거의 나타나지 않으므로 천연두에 비하면 그야말로 병이라고 할 수도 없었다.

제너가 이런 사실을 알게 된 것은 그가 15세이던 1766년에 어느 외과의사 밑에서 수습을 받고 있을 때였다. 우유 짜는 한 여자가 진찰을 받으러 왔는데 마침 천연두 이야기로 화제가 돌아가자 그녀는 자신이 우두에 걸린 적이 있으므로 천연두에는 절대로 걸리지 않는다고 말했다.

그 후 제너는 의학을 공부하고 자신의 고향인 버클리로 돌아

제너는 우유를 짜는 여자의 손에 생긴 우두 물집을 8세의 제임스에게 접종하여 천연두에 면역을 갖게 하였다. 천연두 백신을 얻기 위해 우두에 걸린 송아지로부터 고름을 채취하고 있다.

와 병원을 개업했는데, 15세 때 들었던 이야기를 주위 사람들에게 이야기했더니 거의 모든 사람들이 자신들도 그런 경험을 갖고 있다고 말했다. 자신이 살고 있는 지방의 민간 요법이 여러 사람들로부터 효과가 있다는 것을 알아차린 제너는 주민들의 말에 일리가 있을지도 모른다고 생각했다. 특히 우유 짜는 여자들의 경우 손에는 우두가 걸려 있었으나 얼굴이 곰보인 여자는 한 사람도 없었다. 우두와 천연두는 비슷하여 우두로 만들어진 방어체계가 천연두를 막아낼 수 있을지 모른다는 생각을 한 것은 타당한 논리였다.

제너가 자신의 생각을 구체화하기 위해 자신의 아들에게 처음으로 천연두 백신을 실험했다는 것은 너무나 잘 알려진 이야기이다. 그러나 실제로 제너가 그런 모험을 했는지는 의심스럽다는 의견도 많이 있다. 여하튼 그는 1796년에 매우 중요한 실험을 했다. 우선 8세의 제임스라는 아이에게 우유를 짜는 여자의 손에 생긴 우두 물집을 이용하여 우두를 접종했다. 그 두 달 후에 제너는 제임스에게 천연두를 접종하였다. 결론은 누구나 알고 있는 바와 같이 그 아이는 천연두에 걸리지 않았다. 면역이 된 것이다.

제너의 예방 접종은 전 유럽에 급속도로 퍼졌다. 역사상 이처럼 급속히 그리고 널리 퍼진 의학적 혁명은 없었을 것이다. 많은 사람들이 그 당시에 노벨상이 있었다면 제너가 당해 년도에 곧바로 수상하였을 것으로 생각하겠지만 당시에 일어난 상황을 비추어보면 오히려 노벨상을 타지 못했을 가능성이 더 많다. 그것은 그에 대한 학계에서의 반응이 신통치 않았기 때문이다. 그는 런던 왕립 의과대학의 교수로 추천되는 것조차 거절당했는데 그 이유는 그가 시골 의사이므로 히포크라테스에 정통하지 않을 것이라는 선입견 때문이었다.

더구나 제너의 종두법은 처음에는 많은 사람들로부터 공격을 받았다. 소는 하등한 피조물이기 때문에 그 생명 과정은 사람과 전혀 다르다고 주장하는 사람도 있었고, 신성한 인간의 몸 속에 짐승이 갖고 있던 물질을 주입하는 것은 신성모독이라는 비난도 있었다. 의학에 종사하는 사람들조차도 짐승의 물질을 인체 안에 주입하면 나중에 여러 가지 무서운 부작용을 초래할 것이라고 경고하였다. 그러나 우리 인간들은 수천 년 동안 동물의 고기를 먹었고, 우유도 마셨지만 동물이 된 사람도 없었고 부작용이 없었음은 물론이다.

제너는 '내가 사용한 방법에 의해 천연두가 절멸하는 날이 반드시 올 것'이라고 예언하고 사망하였고 이 예언은 1977년 세계 보건기구(WHO)가 '천연두는 지구상에서 절멸되었다'고 선언함으로써 증명되었다.

사실 면역법을 처음 사용한 사람은 제너가 아니다. 기원전 120년, 소아시아에 위치한 폰토스의 왕은 적으로부터 독살 당할까봐 끊임없이 두려워하였다. 그는 이러한 공포로부터 벗어나기 위해 해독제를 찾았고 죄수들에게 독약을 이용한 실험을 했다. 그는 죄수로부터 얻은 물질을 조금씩 양을 늘려가며 직접 섭취해도 문제가 생기지 않는다는 것을 증명함으로써 본의 아니게 최초로 면역법을 사용하게 되었다. 중국의 황제들 역시 수은을 조금씩 마셔 독살에 대비했다.

천연두에 대한 예방 접종은 중국의 사천성 남부에서 시작되었다. 10세기 후반에 왕단(王旦)은 자신의 맏아들이 천연두로 죽자 상금을 내걸고 중국 전역에서 치료법을 찾았는데 한 선인(仙人)이 찾아와서 예방법을 가르쳐 주었다. 그가 알려준 방법은 천연두를 앓았지만 죽지 않았거나 가볍게 앓고 있는 사람들의 피부에 난 종기딱지를 모았다가 한 달간 병에 밀폐한 후 이를 꺼내 가루로 만들어 콧속에 집어넣는 것이었다.

그러나 이 방법은 놀라운 예방 능력을 보이기는 했으나 가끔 천연두에 걸리는 경우가 발생하여 일반인들에게 급속도로 확산되지는 못했다. 그럼에도 불구하고 이 방법은 오늘날 사용되고 있는 각종 백신의 원리와 근본적으로 다른 점은 없다.

이러한 중국의 종두법은 인도를 거쳐 터키에까지 전파되었다. 터키 사람들은 천연두를 약하게 앓은 사람의 천연두 물집에서 액을 취해 피부에 상처를 낸 다음 이 액을 발랐다. 가끔 부작용이 있었지만 대체로 효과가 좋았다. 1716년에 터키에 주재하고 있던 영국 대사의 아내인 메리 몬테규는 이 비법을 자신의 아이들에게 실시하여 아무 탈 없이 천연두를 피할 수 있었다.

그녀는 천연두 때문에 얼굴이 얽은 많은 여자들 중에 하나였다. 그녀는 터키에서 습득한 기술을 영국 런던에서 실행하였고 그녀의 조언대로 접종을 한 사람들의 사망자 수는 접종을 받지 않은 사람의 사망자 수의 10분의 1에 불과했다.

이러한 접종은 아프리카의 부족들 사이에서도 시술되었다. 아프리카 부족의 의사는 천연두에 감염된 사람의 부스럼에서 나온 액체를 미감염자에게 접종하거나 접종을 받은 사람의 팔에서 뽑은 액을 다른 사람의 팔에 접종했다. 이 방법은 미국의 노예 무역을 통해 17세기 초에 미국에 알려졌다. 청교도인 코튼 매서는 그의 아프리카 노예 중 한 명이 아프리카에서 천연두를 맞은 것을 발견하고 그가 살고 있는 매사추세츠에 그 시술법을 소개했다.

한편 천연두는 최초의 생물학 무기로 사용되기도 했다. 유럽에서 넘어간 미국인들은 인디언들이 천연두에 감염되면 치명적이라는 것을 발견했다. 또한 천연두 환자가 쓰던 물건에는 상당 기간 동안 천연두균이 살 수 있다는 것도 알았다. 백인이 신대륙으로 건너올 때까지 인디언들은 천연두라는 병의 존재를 알지 못했다. 백인들은 인디언들과 만나거나 접촉하면 일부러 천연두균이 있는 수건이나 물건들을 제공하여 그들이 감염되도록 했으며 이 때문에 일부 지역에서는 인디언 부족 전체가 전멸하기도 했다.

매사추세츠에 살고 있던 원주민은 극히 짧은 기간 동안에 3만의 인구가 300명으로 줄어들었고 초원에 살던 종족 중 사망자 수는 수주일 안에 만 명을 넘어섰다고 한다. 이와 같이 백인들은 새로운 침략자로서 무기도 강했지만 그보다 더 무서운 역병을 도입함으로써 원주민들을 무력화시켰다. 백인들의 입장에

미친 개에게 물린 메스테르가 최초로 광견병 백신을 맞고 있는 것을 지켜보고 있는 파스퇴르(안경 쓴 사람)와 자신이 개발한 백신을 투여한 토끼의 상태를 살펴보고 있는 파스퇴르

서 볼 때, 인디언들을 자연적으로 제거하는 데 그처럼 좋은 방법은 없었을 것이다.

사정이 이렇고 보면 종두법을 최초로 개발한 것으로 알려진 제너를 엄밀한 의미에서는 최초의 백신 제조자라고는 할 수 없다. 그러나 인간을 대상으로 실험할 때의 위험을 알고서도 실험을 실시함으로써 종두법, 즉 예방 백신을 과학적으로 탄생케 한 공로는 분명히 그에게 돌아가야 할 것이다.

제너의 성공은 학자들의 주의를 끌었고 그와 같은 혁명적인 방법을 발견하려고 수많은 학자들이 노력했다. 그러나 어떤 진전도 없이 파스퇴르가 등장할 때까지 100여 년을 기다려야 했다.

파스퇴르(Louis Pasteur)는 닭의 콜레라균을 연구하면서 균을 농축시켜 닭의 피하에 주사하여 하루 안에 죽을 정도로 강하게 만들었다. 그런데 우연히 1주일이 지난 배양액을 사용했더니 이때는 닭이 약간 앓은 뒤에 곧 회복되었다. 그는 이 과정을 면밀히 연구하여 약해진 세균으로 감염시키면 독성이 완전한 세균에 대해 방어력을 갖게 된다는 것을 발견했다.

파스퇴르는 콜레라에 대한 인공적인 '우두'를 만든 셈이었다. 파스퇴르는 이것에 그치지 않고 병균을 약하게 하는 또 다른 방법을 개발했다. 가령 탄저병 균을 높은 온도에서 배양하면 약화된 균주를 얻을 수 있는데 이 균주를 사용하면 동물이 탄저병에 면역을 얻을 수 있음을 알았다. 그는 동일한 방법으로 그 당시 공포의 병이었던 광견병에 대한 백신도 만들었으며 세계적인 명성을 얻었다.[1]

광견병 백신은 1885년에 8살 난 메스테르라는 소년에게 처음으로 접종되었고 그 소년은 생명을 건질 수 있었다. 이 소년은 1940년에 독일이 프랑스를 점령할 때 파스퇴르 연구소의 수위로 근무하고 있었는데 나치가 공들여 만들어 놓은 파스퇴르의 지하 묘실을 열라고 명령하자 자살하였다.

한편 파스퇴르는 '과학에는 국경이 없다. 그러나 과학자에게는 조국이 있다'라는 말로 과학자들의 애국심을 고취한 것으로도 유명하다. 프러시아 전쟁이 발발하자 그는 아들과 함께 곧바로 지원병을 자청하여 그가 말뿐인 애국자가 아님을 증명했다. 물론 48세의 나이 때문에 아들만 입대하였지만, 그 후 아들의 전사 통지서를 받고도 연구를 계속했다는 일화도 있다.

파스퇴르의 여러 가지 발견은 현대 의학의 이론적인 개념이나 응용 면에서 많은 영향을 미쳤다. 파스퇴르의 아이디어에서 힌트를 얻은 독일의 베링(Emil Adolf von Behring)은 아무리 약

---

1) '백신(vaccine)'이란 약해진 병균을 뜻하며 'vacca'는 라틴어로 소를 뜻한다. 이것은 제너의 업적인 우두 접종법을 기념하기 위해서 붙여진 이름이다.

한 병원균이라도 인간에게 직접 주사하는 것은 위험하다고 생각을 했다. 더불어 병균이 인체에 일단 침투하면 인체는 항체를 만들어 대항하는데 병균이 이를 극복할 때에만 질병이 일어난다는 가설을 세웠다. 이것은 병균이 인체에서 만드는 항체에 저항하는 물질을 만들기 때문으로, 그는 병균이 만드는 저항 물질을 추출하여 주사하면 동일한 효과를 얻을 수 있다는 데까지 생각을 발전시켰다.

그 당시에는 어린아이들 사이에 번지는 디프테리아가 무서운 전염병이었으므로 그는 자신의 이론대로 혈청 요법을 개발했다. 그의 생각은 옳았고 혈청에서 저항 물질을 발견하여 디프테리아에 걸린 소년에게 주입하자 효과는 곧바로 나타났다. 이 방법은 즉시 채택되어 디프테리아로 인한 사망률이 급격히 떨어지는 계기가 되었다. 베링은 이 저항물질을 '항독소'라고 명명하였다.

병에 걸린 환자로부터 채취한 항체를 가지고 있는 혈청을 주사함으로써 질병을 치료하는 방법을 혈청 요법이라고 하는데 이러한 면역 현상을 이용한 예방 접종을 다음과 같이 풀이할 수 있다.

질병의 병원체인 세균에 의해 화학적 유독 물질인 독소가 만들어지고 그것이 질병의 1차적 원인이 된다. 한편 항원에 감염된 생물체는 항원과 그 독소에 대항하기 위해 항독소를 만들어 낸다. 그래서 죽은 세균을 몸에 주사하면 가벼운 증상을 일으켜 항독소의 생성을 자극하고, 그 결과 추후의 감염에 저항할 수 있게 되는 것이다.

베링은 1901년에 코흐를 제치고 제1회 노벨 생리·의학상을 수상한다. 그에 대한 노벨상 수여 이유는 다음과 같다.

"혈청 요법에 대한 그의 연구, 특히 디프테리아에 대한 혈청 요법의 적

용은 의료 과학에서 신천지를 개척한 것이고 인간의 질병과 죽음을 이
길 수 있는 강력한 무기를 의사들에게 제공했다."

한마디로 베링이 면역학의 창시자라고 불려도 좋을 정도의
업적을 세웠다는 뜻이다. 그의 업적은 혈청에서의 항독소의 존
재를 규명하고 면역혈청으로 예방과 치료 효과를 얻을 수 있는
일련의 작업을 완성시킨 것이다.

베링과 함께 일한 에를리히는 항독소의 적정량을 계산하였고
혈청 요법에 대한 연구를 계속했다. 그는 추후 살바르산 606호
를 발견하여 1908년에 노벨 생리·의학상을 받았다는 것은 이
미 설명하였다.

혈청이 이렇게 좋은 결과를 얻자 학자들은 혈청의 근원을 캐
기 시작했다. 여기에서 성과를 얻은 사람이 벨기에의 세균학자
보르데(Jules Bordet)였다. 그는 혈청은 상호 관련 있는 여러 가
지 효소로 구성된 복잡한 체계임을 밝혔다. 이 연구로 보르데는
1919년에 노벨 생리·의학상을 받았다.

이제 백신에 대해 보다 자세하게 알아보자.

백신이란 일종의 '가짜' 병균이다. 죽거나 기능이 약해진 병
균, 또는 그 몸의 일부분이기 때문에 병균으로서의 자격은 엄밀
하게 말하여 미달이다. 그러나 이 병균을 몸에 접종하면 몸은
'가짜' 병균을 '진짜'로 알고 방어 체계를 가동시킨다. 그 덕에
나중에 '진짜' 병균이 몸에 침투해도 이와 대등하게 맞서 싸우
는 것이다. 이것을 '약독화 백신' 또는 '생(生)백신'이라고 한다.

그러나 생백신의 경우, 병균의 독성을 없앴다고 해서 그 병균
의 생명이 완전히 끊어진 것은 아니다. 그렇기 때문에 어느 순
간 병균이 맹독성을 다시 얻지 않으리란 보장이 없는 것이다.

그래서 등장한 것이 '사(死)백신' 요법이다. 생백신이 위험하다면 아예 병균을 죽여서 백신을 만들면 안전하다는 것이다. 실제로 독감, 콜레라, 백일해, 그리고 광견병 백신은 이런 형태로 만들어지고 있다.

미국과 독일의 경우 소아마비용 백신은 사백신을 활용하는데 그것은 생백신의 부작용 때문이다. 미국의 경우도 초기에는 생백신을 이용해 소아마비를 예방했는데 생백신을 맞은 아이들에게 1년에 5~6건 정도의 부작용이 나타났었다.

그러나 사백신은 생명력이 사라진 병균을 백신으로 만들기 때문에 면역력이 생백신보다 떨어진다는 단점이 있다. 그래서 사백신을 사용할 경우 별도의 면역 증강제를 함께 투여해야 한다. 또 면역 효과가 나오기까지 상대적으로 오랜 시간이 걸리는 것도 단점이다.

학자들은 여기에서 중단하지 않는다. 생백신, 사백신보다 더 안전한 백신의 개발에 게을리 하지 않았는데, 그것이 바로 단백질 백신이다. 병균의 유전자를 떼어 내어 실험실에서 대량으로 복제한 후 이들로부터 만들어지는 단백질을 백신으로 이용한다는 개념이다. 병균이 몸 속에서 단백질을 만들어 내며 활동한다는 것에 착안한 것이다. 현재 사용되는 B형 간염 백신이 바로 단백질로 만든 것이다.

그러나 단백질 백신은 안전성은 제일 높지만 면역 효과는 떨어진다. 즉 병균에 대한 항체는 만들어 내지만, 세포 속에 숨어 있는 병균을 파괴하지는 못하는 단점을 갖고 있다. 많은 학자들이 단백질 백신의 효능을 높이기 위해 연구하고 있음은 물론이다.

일반적으로 신생아에서 노인까지 누구나 10종 이상 백신이

소아마비 백신을 접종받고 있는 인도의 어린아이

세계 각국은 국가 주도의 전략적인 백신 접종 사업을 통해 디프테리아, 파상풍, 천연두, 소아마비, 홍역 등을 유명무실한 질병으로 만들었다.(『과학동아』 2000년 3월호에서 인용)

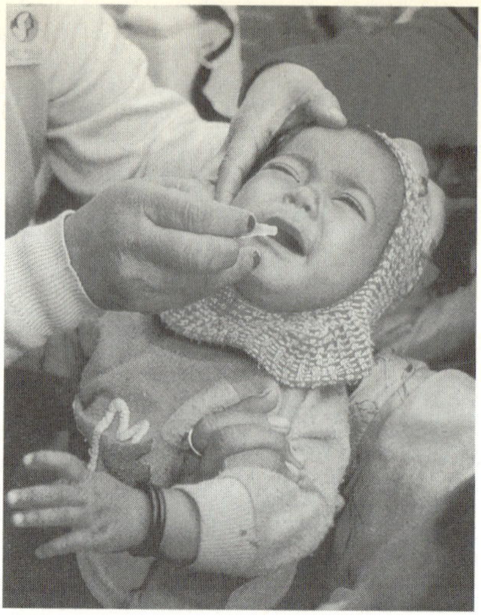

투여된다. 우리 나라를 비롯한 세계 각국에서는 '표준백신접종지침' 등을 제정해 백신 접종 확대에 노력한 결과, 각종 전염병에 걸릴 확률은 20세기 초에 비해 90% 이상 감소했고 디프테리아, 파상풍, 천연두, 소아마비, 홍역, 유행성이하선염, 풍진 등을 유명무실한 질병으로 만들었다. 소아마비의 경우, 미국에서 1950년대엔 한 해 평균 1만 6천여 명이 발병했으나 1955년쯤부터 백신이 보급되어 60년대엔 1,000명 이하로 줄더니 1998년에는 단 한 명도 발병하지 않았다. 홍역도 1960년까지 매년 50만여 명이 발생하여 그 중 400여 명이 사망했지만 1998년에는 겨우 89명이 발병했을 뿐이다.

진통제

● 진통제

　죽음을 앞둔 환자를 살리기 위해 당대 최고의 의사들이 모두 모였다. 의사들이 모든 지혜를 짜내어 의논한 결과 수술하는 것만이 환자의 생명을 연장시킬 수 있는 유일한 방법이었다.

　의사들은 환자의 혈관을 절개하여 열두 시간 동안 80~90 온스의 피를 뽑아 낸 후 입과 주사를 통하여 환자에게 독성이 매우 강한 수은 화합물을 대량 투입하였다. 그 다음에는 발한과 구토를 유발하는 토주석(吐酒石)을 투입한 후 물집을 유발하는 자극성이 강한 찜질약을 신체 여러 곳에 발랐다. 그 후 식초 증기를 들이마시도록 했더니 환자는 말을 하려고 애쓰면서 조용히 죽게 해달라는 의사를 표시했다.

　그의 소원대로 환자는 얼마 후에 죽었다. 그 당시 최고 수준의 의료 기술이 현대 의학으로 볼 때는 환자의 죽음을 재촉한 것이다. 1799년에 사망한 이 환자는 미국의 초대 대통령 조지 워싱턴이었다.

　이러한 불명예스러운 시대를 거쳐 인류의 수명은 20세기에 급격히 늘어났다. 20세기 초까지만 해도 60살을 넘기기 어려웠기 때문에 환갑이 매우 중요한 행사였지만 현재는 70살을 먹은 사람도 젊은이로 칠 정도가 되었다. 이렇게 인류의 수명이 크게 늘어난 데에는 전반적인 의식주 생활의 향상도 한 원인이지만 현대 의학의 발전이 가장 큰 기여를 했다는 것은 누구나 인정하고 있다.

의학이 오늘날 같은 모습으로 크게 발전한 것은 해부학적, 생리학적, 병리학적 지식의 향상과 거기에 바탕을 둔 외과 기술의 발달 때문이다. 그 중에서도 외과 기술의 발전은 매우 늦게 이루어졌는데 그것은 외과 수술을 위해서는 몇 가지 해결되어야 할 문제점이 있었기 때문이다.

해결되어야 할 문제점의 첫째는 마취술의 개발과 발전이며 두 번째는 수술 부위에 생기는 염증을 방지하는 것이었다. 그것 때문에 크게 고생하거나 심지어는 죽는 일이 비일비재했기 때문이다. 세 번째 장벽은 수술로 인한 출혈을 멈추게 하는 일이었다. 아무리 실력이 있고 솜씨 좋은 외과의사라 하더라도 수술을 할 때 출혈은 거의 필연적이었다. 사소한 출혈이야 문제가 없지만 어느 정도 이상이 되면 환자는 쇼크 상태에 빠지게 되고 심지어는 생명까지 위협을 받게 되므로 과거의 수술은 단편적일 수밖에 없었다.

여기에서는 마취에 대해 설명하고 출혈에 따른 수혈에 대해서는 다음 장에서 살펴보자.

안전하고 효과적인 마취제가 발명되기 전에는 대규모 수술은 상상도 할 수 없었다. 술과 아편 등을 진통제로 사용하기도 했지만 그것으로는 까다롭고 시간이 오래 걸리는 수술을 할 수는 없었다. 그러므로 아무리 왕후장상이라도 수술을 할 때는 정말로 잔인한 방법을 사용하지 않으면 안 되었다. 수술대 위에 환자를 올려놓고 밧줄로 꽁꽁 묶은 다음 보조원이 환자를 붙잡은 사이에 의사가 톱이나 칼로 환부인 다리나 팔을 절단하는 것이 고작이었다. 수술이 끝난 후에는 벌겋게 달구어진 인두로 환부를 지져 피를 멎게 하고 세균이 침범하지 못하게 했다. 고대의

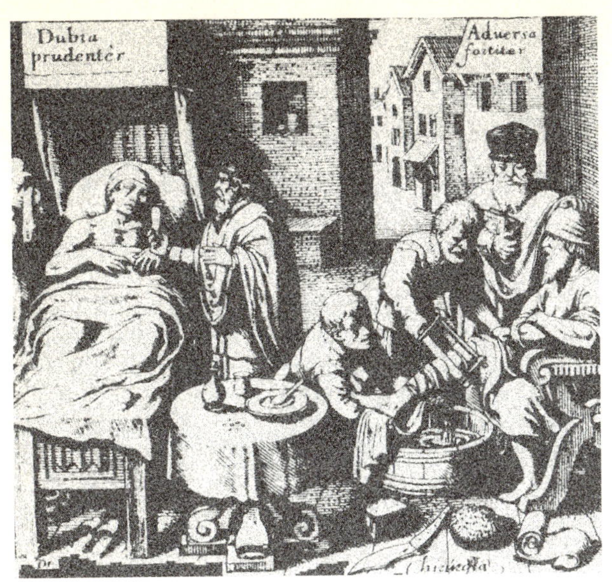

수술 장면을 그린 그림이나 사진을 보면 수술대 옆
에 화로에 뜨거운 불과 인두가 꽂혀 있는 모습을
볼 수 있는데 그것의 용도는 출혈을 멎게 하는 것
이었다.

그 고통이 어느 정도였는지는 상상에 맡긴다. 실
제로 수술 후의 후유증보다도 수술 당시에 사망하
는 사람이 많았을 정도였다. 현재는 양다리의 절단
수술도 마취제를 사용하여 통증 없이 수술할 수 있
으며 장기 이식도 가능한 것을 생각하면 과학이 얼
마나 발전했는지를 알 수 있다. 각 병원마다 마취
를 전공한 전문 의사가 있어, 환자의 환부에 따라
마취를 시키며 집도 의사는 편안한 마음으로 수술
에 임하는 것이다.

1772년에 프리스틀리(Josph Priestley)는 아산화질소(N₂O)라는 무독성 기체가 묘한 효과를 갖고 있다는 것을 발견했다. 이것을 흡입한 사람은 노래를 부르거나 싸움을 하거나 웃는 등 광태를 보였다. 그래서 아산화질소를 속칭 '웃음 가스'라고도 부르기도 했다. 영국의 데이비는 아산화질소를 좀더 오래 흡입하면 일시적으로 의식을 잃는다는 사실을 발견했다. 데이비는 아산화질소를 외과 수술에 사용할 수 있을지도 모른다고 생각했으나 그 역시 마취제로 사용하는 방법을 강구하지 않고 오락을 위한 용도로만 사용하였다.

1842년에 미국의 롱은 이를 뽑는 동안 환자로 하여금 잠을 자도록 하는 데 에테르를 사용했으며 1844년에 치과의사인 웰즈도 아산화질소를 흡인한 후 자신의 충치를 뽑도록 부탁했는데, 그가 의식을 잃은 동안에 수술이 진행되었고 의식을 회복했을 때 통증을 느끼지 않았다. 1846년에 모톤은 아산화질소보다는 에테르가 보다 효과적이라는 말을 듣고 에테르 마취약을 사용해서 통증 없이 환자의 치아를 뽑았다. 이때 모톤이 사용한 휘발성 액체의 정식 화학 명칭은 디에틸에테르이다. 이것은 분류상 에테르로 알려져 있는 일군의 동족 화합물 중에서도 가장 많이 사용되는 것으로 일반적으로 '에테르'라고 말했을 때는 디에틸에테르를 뜻한다. 마취제인 아산화질소나 에테르처럼 인류에게 기여한 물질은 많지 않다.

외과의사인 심프슨은 에테르를 이용하여 여자들이 고통 없이 분만할 수 있는 방법을 연구하였지만 많은 부작용이 있음을 발견하였다. 이때 등장한 것이 클로로폼이다. 동물 실험을 통해 클로로폼이 마취효과가 있으며 무통분만에 이용될 수 있음이 발견되었다.

그러나 일부 성직자들은 마취제를 사용하여 신에 의해 인간

에게 가해지는 고통을 피하고자 하는 것은 신성모독이라고 여겼다. 당시 많은 사람들은 신은 인간이 때에 따라서 고통을 받도록 의도했을 것이며 그렇지 않다면 신은 인간을 지금과는 다른 존재로 만들었을 것이라고 믿었다. 특히 인간이 태어날 때 꼭 받아야 할 분만의 고통을 없애는 것을 성서의 근본에도 위배된다고 크게 공격하였다.[1] 이와 같은 종교계의 강력한 반대에 부딪혀 클로로폼은 보급이 되지 않다가 1853년에 영국의 빅토리아 여왕이 여덟 번째 왕자인 레오폴드 왕자를 분만할 때 클로로폼을 사용하였다. 그 후 1857년에 베아트리스 공주를 낳을 때 다시 클로로폼을 사용하면서 공개적으로 사용되기 시작했다.

---

1) 구양성경 창세기 3장에는 '네가 수고하고 자식을 낳을 것이며……'라는 구절이 있다.

현대 마취에서 가장 많이 사용하는 방법 중의 하나인 기관에 관을 넣어 기도를 유지하는 전신마취는 제1차 세계대전 직후에 비로소 시작됐다. 전신마취가 현실적으로 가능해지자 마취 분야는 급속도로 발전을 거듭했다.

그럼에도 불구하고 그 당시의 의사들은 환자들이 어느 정도 고통을 감내해야 한다고 생각했고 특히 어린아이들에 대한 강력한 진통제 사용을 기피했다. 어린아이에게 진통제 사용을 허용할 때 각별한 주의를 기울였고 유아의 경우에는 아예 진통을 위한 어떤 처방도 내리지 않는 것이 관례였다.

그러나 현재는 많은 의사들이 환자들에게 진통제를 투여하는 데 보다 적극적인 입장을 취하고 있다. 그것은 통증에 대한 이해가 높아지고 통증을 줄이기 위한 새로운 기술들이 개발되었기 때문이다.

한편 마취제의 사용에도 몇 가지의 단점이 있다. 특히 중요하게 거론되는 것이 마취제의 중독성이다.

마취제로는 이미 말한 아산화질소나 에테르, 그리고 클로로폼 외에도 여러 가지가 있는데 그 중에서 가장 유명한 것이 아편이다. 아편은 양귀비꽃에서 나오는데, 말리거나 가루로 만들어 담배처럼 피우거나 씹으면 여러 가지 효과가 나타난다. 아편의 파생물인 모르핀과 코데인의 가장 잘 알려진 효과는 진통제로서의 탁월한 성능이다.

그러나 모르핀는 탁월한 진통제로서의 효과가 있음에도 중독될 우려가 있으며 진통제가 환자들의 호흡 속도를 위험할 정도로 낮출 수 있다는 우려 때문에 모르핀의 사용은 철저하게 제한되었다. 게다가 모르핀은 통증을 없애는 것뿐만 아니라 행복감을 부르고 때로는 깊이 잠을 자게 하기도 한다.

문제는 이 행복감에 한 번 취해 본 사람들은 그것을 다시 경험해 보고 싶은 유혹을 강하게 갖게 된다는 점이다. 게다가 모르핀을 계속 복용하다 보면 몸이 약물의 효과에 습관화 되기 때문에 전에 느꼈던 기분의 변화를 일으키기 위해 점점 다량의 약물이 필요해진다.

모르핀 상용자는 계속 긴장과 불안에서 벗어나려고 하지만 신체가 그 약물에 대한 내성을 갖고 있으므로 점점 다량의 약물을 요구한다. 모르핀 중독자는 정상인의 경우 치사량이 되는 모르핀도 예사로 먹는다. 중독자는 신체적으로나 심리적으로도 약물에 의존하게 되고, 마침내 마약을 끊어야겠다는 생각조차 공포감으로 변하여 약물 복용을 하지 않으면 안 되는 것이다. 이런 부작용은 결국 범죄와 연결되기 쉽기 때문에 각국에서 철저하게 규제하는 것이다.

한편 아편 외에 마취제로서 잘 알려져 있는 것 중의 하나로 코카나무 잎에서 나오는 코카인이 있다. 코카인은 질소가 포함된 천연 생성물인 알칼로이드로서 적은 양으로도 사람에게 생리적인 영향을 미치는 특성을 갖고 있다. 알칼로이드는 복용량에 따라 사람을 치료할 수도 있고 죽게 할 수도 있는데 알칼로이드로 죽은 사람 중에서 가장 유명한 사람은 소크라테스이다. 그는 헴록이라는 풀에서 뽑은 코닌 때문에 죽었다.

알칼로이드의 한 종류인 코카인은 의사들에게 매우 강한 흥미를 불러 일으켰다. 남미의 인디언들은 코카나무 잎을 씹으면 피로가 풀리고 기분이 좋아진다는 것을 알고 있었고, 백인들은 이것을 곧바로 유럽으로 도입하였다. 그러나 코카인은 단순하게 기분을 좋게 하는 물질만은 아니다. 의사들은 코카인이 신체의 통증을 일시적 또는 국부적으로 없애준다는 것을 발견했다.

1884년에 미국의 콜러는 코카인을 눈 주위의 점막 안에 넣어 진통제로 사용할 수 있음을 발견했다. 또한 코카인은 고통 없이 치아를 뽑는 데 이용되기도 했다.

코카인의 특징은 에테르와 같은 일반 마취제와는 달리 무의식 상태가 되지 않고 감각의 상실 없이도 고통을 감소시키는 국소마취제라는 것이다. 그러나 코카인은 장점도 있지만 부작용도 만만치 않은데 그것은 다른 마취제보다 쉽게 중독에 걸린다는 점이다.

또한 코카인은 혈관을 좁히는 효과가 있다. 때문에 심장혈관계에 영향을 주어 심장 박동이 빨라지고 혈압이 갑자기 높아진다. 또한 코카인은 잠재적으로 치명적인 심장 박동 리듬을 가져올 수 있다. 이런 효과들은 모두 심장이 근육세포에 영양을 공급하기 위해서 산소가 풍부한 혈액을 더 많이 요구한다. 따라서 코카인은 지방질이 많은 퇴적물로 관상동맥이 좁아진 사람들에게 매우 위험하다.

그러나 마약 성분을 가진 진통제를 특수 환자에게 사용하고 있는 것은 여러 가지 의미가 있다. 이런 진통제는 주로 고통이 심한 암 등 말기 환자나 중상을 입은 환자에게 사용하는데, 진통제가 환자가 의식이 있는 상태에서 고통을 줄여주기 때문에 환자가 사망에 대비하여 여러 가지 업무를 처리하게 할 수 있기 때문이다.

또한 일부 학자들은 중독성과 마취제로서의 효과를 혼동해서는 안 된다고 주장하고 있다. 통증 치료를 위해 투여되는 마약 성분의 진통제는 일시적으로만 신체의 마약 의존성을 낳을 뿐이며 중독성이 심하지 않다는 것이다. 수주일 동안 모르핀 투여를 받은 암환자들도 통증이 완화되자마자 즉시 약을 끊을 수 있었다는 것이다.

이러한 양면성을 갖고 있는 특별한 물질을 학자들이 연구하지 않을 리 만무하다.

코카인은 1902년에 노벨 화학상을 수상한 피셔(Hermann Emil Fischer)가 처음으로 실험실에서 합성하였고 후에 대량으로 제조되었다. 특히 그는 바르비투르산염 유도체를 합성하였는데 그것은 환자의 불안을 진정시키는 약물로 포수(抱水)클로랄이나 브롬화물보다 효과가 뛰어나 동물의 마취제로도 쓰였다. 또한 그는 페닐에서 심장마비에 아주 중요하고 지금도 간질을 진정시키는 데 사용하는 페노바르비탈을 추출하였다.2)

엽록소를 연구하여 1915년에 노벨 화학상을 받은 빌슈테터(Richard Martin Willstäter)도 1923년에 코카인과 같은 성질의 물질을 합성했다. 부작용이 거의 없고 안정되고 합성하기 쉬운 이 간단한 분자는 자연계에는 존재하지 않는 것이었다. 이것을 '프로카인'이라고 하는데 상품명인 '노보카인'으로 더 잘 알려져 있다.

영국의 화학자 로빈슨(Sir Robert Robinson)은 천연 물질의 합성, 특히 계통적으로 알칼로이드의 구조를 밝혔다. 그는 1925년에는 모르핀, 제2차 세계대전이 일어날 때까지는 안도자멘(anthoxamin)과 안도시아멘(anthocyamin), 스테로이드 합성에 관해 연구하였다. 또한 전쟁이 끝난 후인 1946년에는 알카로이드 스트리키닌, 브루신의 구조를 밝혔고 1947년에 노벨 화학상을 받았다.

---

2) 이외에도 그는 특정 효소가 특정한 기능을 한다는 자물쇠-열쇠 접근법을 내놓아 효소화학을 위한 초석을 닦아 놓았다. 산업계에서는 피셔의 연구 결과의 중요성을 파악하고 그를 영입하려고 많은 공을 들였는데 그는 그런 제의를 모두 거절하였다.

그러나 가장 보편적이고 오랫동안 애용되어 온 진통제는 알코올이다. 과일즙이나 곡물을 발효시키는 방법은 선사 시대에도 알려져 있었고, 증류를 통해 자연적인 발효주보다 더 강한 술을 만들 수 있다. 그러나 알코올은 모르핀처럼 중독을 유발하며 그 양에 따라 큰 해가 될 수 있음에도 불구하고 마약처럼 규제하기 어렵다. 실제로 미국에서 1920년부터 1933년까지 실시된 금주법은 커다란 실패로 끝을 맺었다.

알코올처럼 인간에게 가장 친근한 물질은 없을 것이다. 사람들은 기쁜 일이 있을 때에도 술을 마시며 슬픈 일이 생길 때에도 술을 마신다. 이러한 알코올에 대해 학자들이 주목하지 않을 리 없었고, 이미 설명했지만 오일러-켈핀(Hans Karl August Simon von Euler-Chelpin)과 하든(Sir Arthur Harden)은 알코올의 발효에 관한 연구로 1929년에 노벨 화학상을 수상했다.

알코올과 같은 물질을 연구하여 노벨상을 수상했다는 것을 이제 이상하게 생각하는 독자들은 없을 것으로 생각한다. 인간에게 가장 친근한 물질이라는 뜻은 인간에게 가장 큰 영향을 미치고 있는 물질이라는 뜻이다. 그러한 물질을 연구하는 것이야말로 인간을 보다 정확하게 연구할 수 있는 계기가 되는 것은 자명한 사실이다.

술을 의미하는 라틴어의 'Aqua Vitae'는 '생명의 물'이라는 뜻이다. 한방(韓方)에서도 술은 백약 가운데 으뜸으로 꼽고 있다. 그러나 술은 만병통치약이 아니고 효과를 볼 수 있는 사람들도 체질적으로 제한되어 있다고 한다. 독한 술이라고 모두 몸에 해로운 것은 아니듯이 약한 술이라고 모두 몸에 이롭지 않다는 것은 잘 알고 있을 것이다.

알코올을 마약과 같은 차원에서 다루지 못하는 이유는, 알코

올이 신체에 미치는 영향이나 알코올 중독이 되는
것은 개인의 성격에도 관계가 있기 때문이다. 술에
취하는 정도도 사람에 따라 다르다. 술, 즉 알코올
을 금방 산화시켜 이산화탄소와 물로 바꾸는 데
소질이 있는 사람이 바로 '타고난' 술꾼이다. 이들
의 간에는 알코올산화효소가 많다. 술을 마시면 얼
굴이 빨갛게 되는 까닭은 알코올이 혈관의 신경을
자극하여 혈관을 확장시키기 때문이다. 또한 얼굴
이 화끈거리는 것은 실제로 체온이 상승하는 것이
아니라 다만 그렇게 느끼는 것일 뿐이다. 음주량이
많아지면 알코올은 완전히 산화되지 않고 중간 물
질인 아세트알데히드의 형태로 남게 된다. 이것이
바로 음주 후의 두통과 숙취의 원인 물질이다.

　상습적인 음주는 간의 지방이 굳어지는 간경변을 일으키며 또 간의 기능이 떨어져 혈관과 심장 등에 지방이 축적되기도 한다. 한국인의 체질을 연구한 바에 의하면 한국인은 대체로 1일에 25% 도수, 360ml의 용량을 갖는 소주 한 병 정도를 소화시킬 수 있다고 한다. 이는 12~15%의 청주로 따지면 대체로 600~700ml가 되며 막걸리의 경우 1000~1500ml가 된다. 이 정도를 초과하여 술을 마신다면 초과한 주량만큼 더 많은 휴식이 필요하다. 의학적으로 알코올중독이란 급성중독 상태를 가리키며 만성중독 상태는 알코올의존증이라고 부른다. 요컨대 알코올의존증이란 술을 무절제하게 마시는 데서 오는 병이다.

　알코올과는 약간 다르기는 하지만 마약도 인간이 어떻게 이용하느냐에 따라 평가가 달라질 수 있다. 현재도 남아메리카에서는 마약을 시장에서 마음대로 사고 팔고 있지만 그곳에서 마약으로 인한 부작용은 그다지 크지 않다는 지적이 있다. 유럽의 일부 국가에서도 마약을 공인된 경우에 한하여 자유롭게 구입할 수 있도록 하고 있다. 마약을 엄격히 규제하기 때문에 가격이 비싸지고 그 비싼 마약을 사기 위해 범죄를 저지르므로, 마약의 가격을 떨어뜨리는 것이 범죄를 줄이는 데 도움이 된다는 것이다.

　이와 같이 양쪽 면을 갖고 있는 마취제는 한 편으로는 의학기술에 획기적인 발전을 이루게 하는 원동력이 되었고 인류의 은인으로서 오늘날에도 크고 작은 수술에 널리 이용되고 있다. 반면에 수많은 사람들이 마취의 환상에 빠져 악의 구렁텅이에서 살고 있다. 같은 물질을 선용하고 악용하고는 인간에게 달려 있다. 그것 역시 인간이 오묘한 동물이라는 것을 뜻하는 것이다. 학자들이 인간을 연구할 때마다 골머리 아파하는 것은 이해할만한 일이다.

진토닉

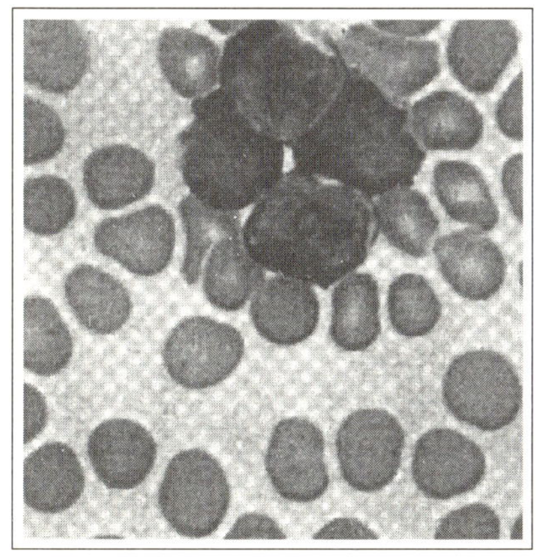

● 진토닉

　유기화학 분야에서 괄목한 만한 성장을 하고 있는 분야는 천연 생성물을 화학적으로 합성하는 의약 분야이다. 자연계에 존재하는 이스트, 곰팡이, 버섯, 버드나무 등 우리 주위에서 흔히 볼 수 있는 생명체로부터 인류는 비타민, 페니실린, 무수카린, 아스피린 등의 유기화합물을 얻었다. 이러한 물질들이 구조적으로 어떻게 만들어졌으며 이들로부터 만들어지는 유도체는 어떤 것이 있는지, 또한 이들이 생체 내에 흡수됐을 때 어떻게 해야 부작용을 최소로 할 수 있는지 등이 모두 유기화학의 연구 대상이다.

　유기화합물은 매우 다양한데 그것은 탄소의 특성 때문이다. 공유결합을 하고 있는 탄소는 삼차원의 정사면체, 이차원의 삼각형, 선형 등 다양한 결합을 만든다. 탄소는 자신뿐 아니라 산소, 질소, 황, 할로겐 원자들 그리고 더 나아가 금속 원소들과 다양한 반응을 통해 수많은 종류의 유기화합물을 만들어 낸다. 이러한 탄소의 다양성 때문에 현재까지 30만 개 이상의 유기 반응과 약 2천만 개에 이르는 유기화합물이 지상에 나타났다.

　현재는 유기화학 분야가 매우 활성화되어 있지만 원래 유기화학은 매우 복잡한 학문이다. 수많은 반응에 대한 폭넓은 지식을 필요로 할 뿐만 아니라 합성 단계마다 새로운 이론과 분석 장비를 사용해 그 구조를 확인해야 하기 때문에 연구원들이 선

뜻 손을 대려고 하지 않는 분야였다.

그러나 1940년대에 하버드 대학의 우드워드(Robert Burns Woodward)가 키니네의 합성을 보고하면서 유기화학은 새로운 차원으로 들어선다. 키니네는 말라리아의 장에서도 설명했지만 진토닉을 마시거나 보드카토닉을 마시는 사람들에게는 친근한 화합물이다. 키니네는 그 중요도 때문에 학자들이 오래 전부터 합성에 몰두했으나 모두 실패하고 우드워드가 드디어 키니네를 실험실에서 합성한 것이다. 그 후 그는 콜레스테롤계 화합물의 합성에 이어서 알칼로이드인 리서그산 합성에 매달렸다. 리서그산의 아미드 유도체가 유명한 LSD이다. LSD는 천연 추출 물질인데 라이 보리(호밀)에 생기는 깜부기병의 곰팡이에서 추출한다. LSD는 의학에서 지혈용 및 편두통의 치료에 제한적으로 사용되고 있지만 계속 복용할 경우 환각 작용이 심해지기 때문에 금지품목으로 규제되고 있다.

우드워드는 식물의 광합성에 작용하는 클로로필 알파의 합성에 도전하여 1960년에 포피린 유도체로부터 클로로필의 합성에 성공했다. 1965년에는 그때까지의 업적으로 노벨 화학상을 수상하였지만 그의 연구는 노벨상 수상 이후에도 더욱 진전되 비타민 B_{12} 합성에 성공한다. 비타민 B_{12} 합성을 계기로 비로소 실질적으로 천연물의 화학적 구조를 규명하고 반응성을 연구하는 체계가 과학적으로 확립된다.

한편 우드워드는 비타민 B_{12}를 합성하는 과정에서 생성된 화합물을 이용하여 호프만(Roald Hoffmann)과 함께 반응물과 생성물 사이의 반응 과정을 지배하는 전자 오비탈 구조와 대칭성의 관계를 알아냈다. 이것이 '우드워드-호프만 오비탈 대칭 법칙'이다.

이 이론은 천연물 합성에서 합성과 화학적 구조를 규명하는 것뿐만 아니라 반응성도 함께 연구해야 한다는 것을 알려준 것으로 이전에는 설명할 수 없었던 수많은 입체 화학적 반응을 설명할 수 있게 되었다.

그와 함께 연구했던 호프만과 후꾸이 겐이찌(福井謙一)는 1981년에 노벨 화학상을 수상했는데 학자들은 우드워드가 3년만 더 살았다면 틀림없이 두 번째 노벨상을 수상했을 것으로 생각하고 있다.

우드워드가 합성에 성공한 대표적인 화합물은 키니네, 콜레스테롤, 코티존, 리서그산, 세팔로스포린 C, 비타민 B_{12} 등이며 그가 구조를 해결한 천연 항생제만 해도 페니실린, 스트리키닌, 테라마이신, 오레오마이신, 세빈, 매그나마이신, 올리도 마이신 등 수없이 많다. 복어의 난소와 간에 존재하는 독소인 테트로도 톡신 등도 밝혔고, 스테로이드가 중간체 스쿠알렌으로부터 생합성됨을 근거로 원자들이 전위돼 생합성된다는 가설을 제시하기도 했다.[1]

우드워드는 노벨상을 수상한 사람 중에서 아인슈타인과 같은 천재로 유명하다. 그는 1933년에 16세의 나이로 하버드 대학교 화학과에 입학했으나 실험과 도서실 공부에만 열중하고 강의에 참석하지 않자 교수들이 출석 미달을 근거로 시험을 잘 보았음에도 학점을 주지 않았다. 나이도 어린 데다가 학교 교수들을 무시하는 듯한 그의 행동은 자존심이 강한 하버드 대학교 교수들의 따돌림을 받았고, 결국 1935년에 2학년 1학기를 마치고 학교에서 쫓겨났다. 그러나 그는 그 해에 놀랍게도 3학년으로 재입학한 후 1년만에 2년간의 수업을 모두 마치고 19세의 나이로 대학을 졸업했다.

그 후 간단하게 여성 호르몬인 외스트론을 합성할 수 있는 방법을 제시하여 교수들을 놀라게 한 후 1년 만인 20세에 박사 학위를 받았다. 당시 우드워드의 주임교수는 노리스였는데 그는 우드워드의 재질을 인정하여 대학교에서 천재에게 줄 수 있는 모든 방법을 동원하여 지원한 것이다. 그는 졸업하자마자 곧바로 하버드 대학에 특채된 후, 1950년에 33세의 나이로 정교수가 되었고 결국 노벨상을 받음으로써 노리스 교수의 은혜에 보답했다.

우드워드가 한 연구의 중요성은 천연물의 합성이다. 다시 말하면 자연적으로만 만들어지던 화학물질을 실험실에서 합성하는 데 성공했다는 뜻이다. 그것은 자연을 통제하여 유용함을 얻

---

1) 이 가설을 연구한 블로흐(Konrad Emil Bloch)는 1964년에 노벨 생리·의학상을 수상했다.

는다는 근대 과학의 가장 기본적인 접근 방법이었다.

그의 연구가 전 세계 산업계로부터 주목을 받았던 가장 큰 이유는 연구 자체가 학문적으로 뛰어났기도 하지만 산업체에 곧바로 응용될 수 있었기 때문이다. 그의 주제는 당시 세계적인 거대 제약회사로부터 항상 주목을 받았고 연구비 걱정을 하지 않아도 되었다.

우드워드 이후 그의 성과에 고무된 유기화학자들은 이제 새로운 물질을 발명하는 데 도전하는 것에 주저하지 않는다. 간단한 단계의 천연물 합성에서 좀더 복잡하고 정교한 천연물의 합성으로 나아가 자연에 존재하지 않는 물질을 합성하는 과정으로 진행하는 유기합성의 발전 덕분에 게놈 프로젝트, 생물공학, 인공 지능 등과 같은 분야가 급속히 추진될 수 있었던 것이다.

1970년대에 들어서자 유기합성 분야에는 단순한 합성 목표에 의한 정복이라는 차원에서 벗어나 전략적 변환에 기초한 다단계의 논리적인 합성법이 도입됐다. 이것은 유기합성이 더욱 정교해지고 새로운 순수 화합물의 합성법이 도입되기 시작했다는 뜻이다. 1990년대에는 컴퓨터로 합성 경로를 탐색하여 인위적으로 새로운 형태의 화합물을 디자인하고 합성하는 단계까지 이르렀다.

이러한 유기화학의 발전은 20세기 후반부터 아주 다양한 질병에 적용되는 약물들이 개발된 계기가 되었다. 그러나 의학 분야에서 수많은 개발품들이 쏟아져 나왔지만 엘리온(Gertrude Elion)처럼 두드러진 성과를 이룬 사람은 없을 것이다.

영국의 웰컴 사에서 근무하던 엘리온은 무계획적으로 불치병의 특효약을 찾던 오래된 관행에 대수술을 가했다. 우연하게 특효약을 발견하는 것에서 탈피하여 계획적으로 수많은 화학 물

질을 조사함으로써 각종 질병에 알맞은 새로운 약
품을 찾아 내는 합리적인 연구 방법을 수립한 것이
다.

엘리온은 세균의 대사 작용을 방해하는 물질이
야말로 특효약이 될 수 있다는 생각했다. 물론 세
균의 대사 작용을 방해하는 방법은 도마크(Gerhard
Domagk)가 설파제인 프론토실을 합성할 때 알려져
있었다. 플레밍(Sir Alexander Fleming)이 발견한 페
니실린도 광범위한 박테리아의 대사 작용을 억제
하는 것이지만 그녀는 보다 체계적으로 연구에 임
했다는 것이다.

그러한 이유로 엘리온은 핵산을 철저히 연구했
다. 당시에는 핵산이 유전암호를 담고 있는 DNA와
RNA로 이해되지 않았고 다만 성장과 번식에 꼭
필요한 분자 구조로 여겨졌다. 1948년에 그녀와 히

칭스(George Herbert Hitchings)는 핵산을 이루는 두 가지 기본 단위인 아데닌과 구아닌을 갖고 있는 푸린기에서 디아노푸린이라는 푸린 물질을 찾아냈다. 이 물질은 백혈병의 진행을 억제하기는 했지만 독성이 너무나 강했으므로 엘리온은 6-메르캅토푸린(MP)이라는 물질을 합성하였다. 이것의 효과는 탁월하여 급성 임파성의 경우 약 90%의 치료율을 보였다. 그 후 엘리온은 화학적으로 MP와 상관관계가 있는 6-티오구아닌도 합성했다.

백혈구의 성장 대사를 방해하는 이 약품들은 그 후 의학 분야에서 예상하지 못한 획기적인 성과를 갖고 왔다. 즉 엘리온이 보다 보완한 알로푸리놀이 장기 이식에 나타나는 거부 반응을 제어할 수 있었기 때문이다. 이것은 신체의 숙주와 이식 조직 사이의 반응을 무력화시키는 것으로 항암 효과는 없지만 응혈을 치료하고 신장 결석을 방지하는 데 효과가 있었다. 알로푸리놀이 개발됨으로써 현재는 간단한 장기 이식으로 생각되고 있는 신장 이식이 비로소 가능하게 되었다.

엘리온의 연구 의욕은 엄청나 유기화학을 이용하여 치료약을 개발하는 연구에서 손을 떼지 않았다. 1960년대만 해도 항바이러스제가 널리 개발되어 예방접종으로 천연두, 광견병, 소아마비를 예방할 수 있었지만 감기에서부터 홍역, 인플루엔자, 간염에 이르는 기존 바이러스성 질병들의 치료는 답보 상태였다.

그녀는 독약을 치료약으로 사용하는 연구 방법인 독약 전략으로 항바이러스 화합물인 아시클로비르가 포진이나 수막염을 일으키는 헤르페스 바이러스의 정상적인 성장을 방해한다는 것을 발견했다. 헤르페스 바이러스는 세포에 침투하여 번식에 이용하는 효소를 생산할 때 DNA의 구성 성분인 뉴클레오티드를 만들기 위해 아시클로비르를 취하는데 공교롭게도 이 아시클로비르가 바로 헤르페스 바이러스에게 치명적이라는 것을 발견한 것이다. 그녀에 의해 항바이러스제도 선택적으로 이용될 수 있다는 것이 증명된 것이다. 그녀는 1988년에 히칭스, 제임스 블랙(James Whyte Black)과 함께 노벨 생리·의학상을 받았다.

이제 언론 매체와 영화에서 자주 등장하는 백혈병에 대해 알아보자. 백혈병이란 혈액에 생기는 암이다. 혈액 중에는 적혈구와 백혈구가 있는데 백혈구는 인체라는 국가를 지키는 군인과 같다. 외적(外敵)이 침입하면 제일 먼저 출동하여 이들과 싸워 자신도 죽고 외적도 무찔러 없애는 것이 백혈구의 소임이다. 그런데 이 백혈구가 미쳐버려 외적을 무찌르는 것이 아니라 그 반대로 자신의 동료와 자기 나라를 닥치는 대로 파괴한 후 자신들만의 무법 집단을 구성하면 백혈병에 걸리는 것이다.

문제는 암세포가 불법으로 거점을 건설하고 나면, 본국의 모든 생체 기능은 이 반란군 거점을 먹여 살리기 위해 대사변조(代謝變調)를 초래한다는 것이다. 이것은 정부군이 반란군에 합세해서 자신의 몸인 국가를 넘어뜨리는 격이다.

한 사람이 갖고 있는 백혈구는 1mm^{3}에 평균 6,700개이지만 5천에서 1만 개까지는 정상으로 간주한다. 그러나 급성 백혈병의 경우는 1만에서 3만, 만성 백혈병의 경우는 5만 이상을 가지고 있으며 반대로 백혈구가 적어지는 경우도 있다.

백혈병 치료 방법은 제2차 세계대전에서 우연이 발견되었다. 그것은 인체에 치명적인 마스터드 가스 때문이다. 마스터드 가스는 살을 썩게 하는 독가스로 워낙 치명적이었으므로 전쟁 중에는 사용되지 않았지만 독일을 포함한 주축국이 선제 공격에 사용할 경우에 대비하여 연합군 측도 전선에 배치해 두고 있었다. 마침 마스터드 가스를 실은 연합군 측의 선박이 이탈리아의 한

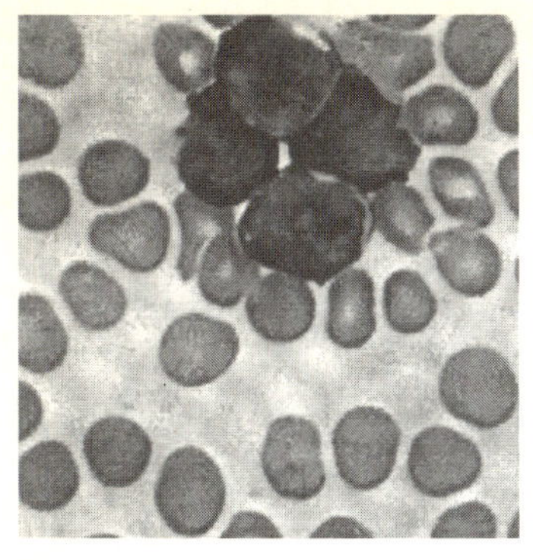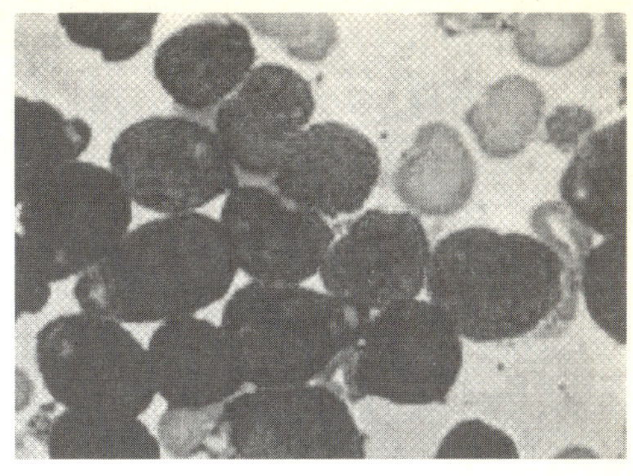

혈액에 생기는 암인 백혈병은 치명
적인 병으로 알려져 있는 것과는
달리 암 중에서도 비교적 치료하기
에 쉬운 것에 속한다.

항구에서 폭격 당했는데 이 독가스가 해상으로 번
지자 많은 병사들이 바다로 뛰어들었다. 그들은 구
조되어 마스터드 가스의 영향에 대한 정밀 검사를
받았는데, 대부분이 혈액 장애를 일으켜 백혈구가
위험할 정도로 감소된 것이 발견되었다.

백혈구가 과잉 생산되는 백혈병에서는 백혈구의
감소는 환자의 상태가 개선되는 것을 의미하기 때
문에 마스터드 가스는 백혈병 환자에게 시험되었
다. 이것이 예상치 못한 효과를 보았고, 독약이 약
으로 사용될 수 있다는 실예가 되었고, 수많은 학
자들이 독약을 치료약으로 사용하는 방법을 연구
하게 되었다. 엘리온이 사용한 독약 전략도 이 마
스터드 가스에서 유래한다.

한편 백혈병은 그리 치명적인 병이 아님에도 불
구하고 대중에게는 불치의 병으로 와전이 되어 있
다. TV나 언론 매체에서는 항상 백혈병이 치명적
인 병으로 나오지만 백혈병은 암 중에서도 비교적
치료하기 쉬운 것에 속한다. 백혈병에 걸려 죽음에

임박한 환자가 골수 이식을 받고 극적으로 살아났다는 보도는
역으로 말하면 적절하게 치료를 받기만 하면 완치 효과가 좋다
는 것을 증명하는 예가 되는 것이다.

혈액형

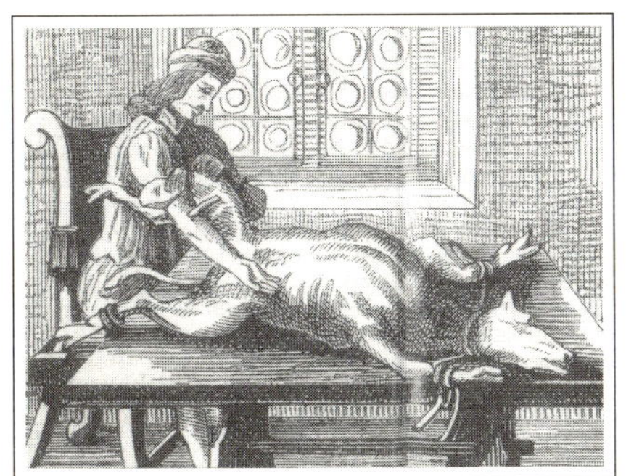

● 혈액형

영화에서 붉은 색은 대체로 죽음을 상징한다. 그것은 인간이 붉은 색의 피를 많이 흘리면 죽게 된다는 사실에서 기인한다. 피를 많이 흘리면 다른 사람의 피를 수혈해 주면 된다는 것은 현대인들에게는 당연한 것이지만, 과거의 사람들은 출혈 환자의 생명을 구하기 위해 혈액을 공급한다는 생각은 상상조차 하지 못했다.

그러나 인류사에는 항상 선구자가 있기 마련이다. 혈액이 생명 유지에 필수적이라는 생각은 동서고금을 통해 보편적이었지만 혈관을 통해 혈액을 외부에서 공급하는 일, 즉 수혈은 영국의 윌리엄 하비가 혈액 순환 현상을 증명하면서부터 생각되었다. 당시에도 다른 동물의 혈액을 사용할 수 있다는 생각은 품고 있었지만 여러 가지 사회 여건상 다른 사람의 피를 사용할 수 있다는 생각은 하지 못했다.

1652년에 영국인 의사 프란시스 홋다는 닭의 피를 사람에게 수혈했지만 실패했다. 루이 14세의 시의인 존 데니스는 출혈로 죽어 가는 개에게 다른 개의 혈액을 주입하여 사망을 방지했고 1667년에는 사람에게 송아지 혈액 250cc 정도를 수혈했다. 그 당시의 수혈에 관한 기록은 다음과 같다.

"혈액이 환자에게 수혈되기 시작하자 환자는 자신의 팔을 따라 열이 느

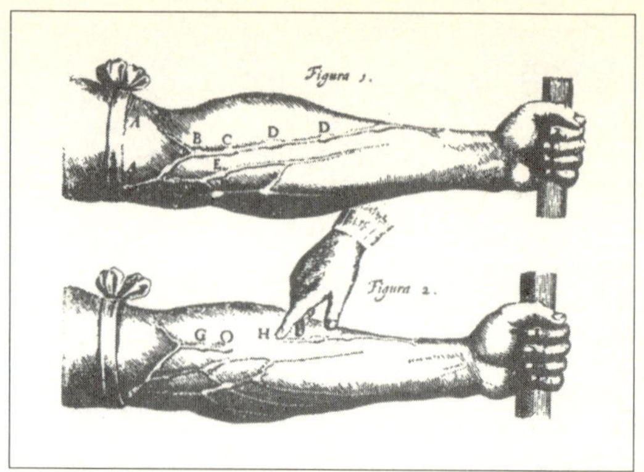

혈액 순환 현상을 증명한 윌리엄 하비는 혈관을 통해 혈액을 외부에서 공급하는 것이 가능하다고 생각했다. 오른쪽 그림은 하비의 《심장과 혈액의 운동》에 실린 삽화이다.

껴진다고 말했다. 환자의 맥박이 증가하였으며 이마에서는 땀이 흘렀다. 맥박의 변화가 심했고 환자는 신장 부위와 위 부위에 심한 통증을 호소했고 질식할 것 같다고 이야기했다. 환자를 눕히자 잠이 들었는데 다음날 아침까지 깨지 않았다. 다음날 그가 일어난 후 소변을 보았는데 그 색깔은 굴뚝 검댕이 섞인 것처럼 검었다."

이 환자의 상태는 전형적인 심한 용혈성 수혈부작용에 해당하는데 다행히도 이 환자는 사망하지 않았다. 데니스는 이에 고무되어 다른 환자에게 양의 피를 수혈했는데 이때는 부작용이 생겨 곧바로 사망하고 말았다. 이후 인간에 대한 수혈은 150년간 금지되었다.

그러나 공식적인 수혈은 이보다 훨씬 전인 1492년에 이루어졌다. 당시 병에 걸린 교황 이노센트 7세를 치료하기 위해 세 명의 젊은이의 혈액을 뽑아 수혈했는데 교황을 포함한 네 사람 모두 사망하였다. 교황은 혈액형이 같지 않은 혈액을 수혈 받아

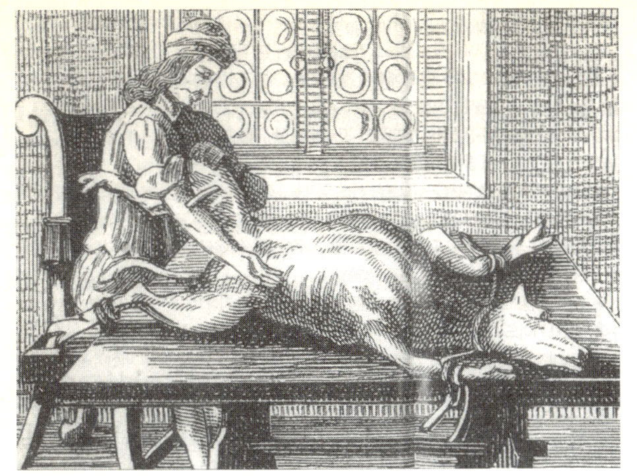

17세기 후반까지만 해도 동물의 피를 인간에게 수혈하려던 시도가 많이 있었다. 19세기 초가 되어서야 비로소 영국의 의사인 브란델에 의해 동종 동물 사이에서만 수혈이 가능하다는 것이 밝혀졌다.(『과학동아』 1998년 10월호에서 인용)

생긴 용혈성 수혈 부작용으로 사망하였을 것이며 세 젊은이는 피를 너무 많이 뽑아 혈액 부족으로 사망했을 것으로 추측된다.

여하튼 오랜 공백 뒤에 영국의 산부인과 의사인 브란델은 19세기 초에 한 가지 중요한 법칙을 발견했다. 즉 종이 다른 동물 사이의 수혈은 여러 가지 부작용을 일으키기 때문에 수혈은 동종 동물 사이에만 행해야 된다는 것이다. 그는 동물의 피가 아닌 사람의 혈액을 채혈해 환자에게 수혈을 시도했다. 그러나 환자들은 일시적으로 증세가 좋아지기는 했지만 사망하는 경우가 잇달았다. 그는 그러한 실패가 잘못된 수혈에서 기인한 것이 아니라 환자들의 상태가 워낙 나빴기 때문이라고 여겨 계속 임상 실험을 반복했고 환자에 따라 좋은 효과를 보이거나 나빠지거나 했다.

1870년 보불전쟁에서 의사들은 본격적으로 수혈

을 시도했다. 이때도 많은 부상자의 생명을 건질 수 있었지만 부작용으로 인한 사망자 역시 속출했다. 수혈을 성공적으로 실시하기 위해서는 해결해야 할 몇 가지 문제가 있었다.

첫 번째 문제는 환자에 따라 혈액이 응고하는 것을 어떻게 막을 것인가 하는 것이었다. 때문에 학자들은 적절한 응고 방지물질을 찾으려고 노력했고 1910년대에 비로소 구연산나트륨을 응고 방지제로 사용함으로써 어느 정도 해결을 볼 수 있었다.

두 번째 문제가 가장 중요한 것인데 그것은 '부적합한' 혈액 사이에 생기는 응집 현상이었다. 1899년에 샤틀록은 서로 다른 사람의 혈액을 섞었을 때 적혈구가 응집 반응을 일으키거나 파괴되는 용혈 현상1)이 생긴다는 사실을 발견했다. 적혈구의 응집 현상이 수혈 중에 발생한다면 이는 곧바로 위험 신호이며 이 응집된 적혈구가 주요 혈관의 혈액 순환을 막으면 그 환자는 사망하게 되는 것이다.

수혈 부작용을 일으키는 응집 반응의 정체와 그 원인을 규명한 사람은 란트슈타이너(Karl Landsteiner)이다. 그는 샤틀록이 보고한 것을 스스로 실험해 보면서 어떤 사람에게서 얻은 혈청을 다른 사람의 혈액에 첨가했을 때에 적혈구끼리 서로 엉켜 크고 작은 응혈괴(凝血塊)가 형성된다는 사실을 관찰했다. 또한 그는 서로 다른 사람의 혈액을 섞을 때 항상 응혈괴가 생기는 것은 아니라는 중요한 사실을 발견했다. 어떤 혈액들 사이에는 응혈괴가 생기고 또 어떤 혈액들 사이에는 그것이 생기지 않는다는 사실을 란트슈타이너는 놓치지 않았다.

마침내 그는 사람의 혈액을 몇 가지 유형으로 나눌 수 있다는

---

1) 적혈구의 세포막이 파괴돼 그 안의 헤모글로빈이 흘러나오는 현상

란튜슈타이너는 수혈 부작용을 일으키는 적혈구의 응집 반응의 정체와 원인을 규명함으로써 ABO식 혈액형을 발견하였다. 그는 이 연구 업적으로 1930년에 노벨 생리·의학상을 수상하였다.(『과학동아』 1998년 10월호에서 인용)

가설을 세웠고 1901년에 응집성의 차이에 따라 세 가지 혈액형, 즉 A형, B형, C형으로 구분할 수 있다는 결론에 도달했다. C형은 추후에 O형으로 바뀌었으며 1902년에 폰데카스텔로와 스털리가 네 번째 혈액형, 즉 AB형을 발견하였다. 곧이어 특수한 혈액형인 MN형, Rh형도 발견되었다. 혈액의 응집이 어떤 질병의 작용 때문이 아니라 정상적인 화학 반응이라는 사실이 발견된 것이다.

란트슈타이너는 A형은 B형에 대항하는 항체를 갖고 있어서 A형인 사람에게 B형이나 AB형의 혈액을 수혈하면 그 항체가 B형의 적혈구를 공격한다고 발표했다. 즉 A와 B형은 서로 상극이고 AB형인 사람은 A나 B형으로부터 모두 피를 받아들일 수는 있으나 AB형인 사람에게만 피를 줄 수 있다. 혈액형으로만 볼 때 AB형은 욕심쟁이인 반면 O형은 O형의 피만 받을 수 있지만 어떤 혈액형에게나 피를 줄 수 있으므로 가장 마음씨가 좋은 자선가이다.

혈액형에 따라 이와 같은 차이가 나는 것은 적혈구의 막표면에 부착된 당(糖)의 말단 분자가 다르기 때문이다. A형 사람에게는 아세틸갈락토사민(acetylgalactosamine), B형에서는 갈락토사민(galactosamine)이 붙어 있다. 바로 이 항원이 혈장 중에 있는 항체와 항원-항체 반응을 일으켜 응고되기 때문에 수혈이 불가능하게 되는 것이다.

A형은 적혈구막에 A항원, 혈장에 항B항체를 갖고 있으며, B형은 B항원과 항A항체를 가지고 있다. 또한 AB형은 두 항원을 다 가지고 있으나 항체를 하나도 가지고 있지 않으며, 반대로 O형은 항원은 없으나 두 항체를 모두 가지고 있다. 따라서 O형인 사람에게 다른 혈액형을 수혈하면 부작용이 생겨 생명을 잃게 된다.

그러나 란트슈타이너가 혈액형을 발견함으로써 적합한 혈액만을 수혈에 사용할 수 있다는 원칙이 세워졌고 안전한 수혈이 가능해졌다. 그로써 수많은 사람이 생명을 구할 수 있었음은 물론이다. 실제로 제1차 세계대전 중에 2천1백만 명에 이르는 부상자들이 란트슈타이너가 발견한 혈액형 구분 방법으로 손쉽게 수혈받을 수 있었다. 현재도 세계의 모든 사람들이 주민등록증이나 신상 명세서에 자신의 혈액형을 꼭 기록하며 군인의 군표에도 혈액형 기입은 필수적이다.

그러나 가장 중요한 것은 전 장에서 설명한 바와 같이 환자들을 치료할 때에 필수적으로 대두되는 출혈 문제를 수혈로 극복하여 외과의사들이 더욱 과감한 수술을 할 수 있게 됨으로써 외과의 발전이 가속화되었다는 점이다.

란트슈타이너가 처음 혈액형을 발견하였을 때는 그것이 유전된다는 사실을 몰랐다. 그러나 곧바로 멘델의 유전 법칙을 혈액형에 적용할 수 있다는 것이 알려졌다. A형 물질은 A형 유전자, B형 물질은 B형 유전자에 의해 만들어진다. A형과 B형 유전자는 동등하게 발현되어 자신과 같은 형의 물질을 만든다. 이에 비해 O형 유전자는 A형과 B형 유전자 모두에 대해서 열성이므로 부모 모두에게서 모두 O형 유전자를 받아야 혈액형이 O형이 된다. 이러한 구조 때문에 A형의 아버지와 A형의 어머니로부터 태어난 아이는 A형 아니면 O형이다.

이것이 이제까지 친자 확인할 때, 혈액형이 결정적인 증거로서 인정받은 이유이다. 그런데 이러한 절대적인 믿음이 근래에 깨지는 사건이 일어났다. 1997년 8월에 일본에서 O형의 아버지와 B형의 어머니 사이에서 태어난 아이의 혈액형이 A형이라는 말도 안 되는 사실이 발견된 것이다. 이것은 일본에서 매우 큰 문제가 되었었는데 결국 DNA 감정을 거쳐 아이는 부모의 주장대로 친자식이 틀림없다는 것이 밝혀졌다. 한편 어머니가 AB형이고 아버지가 O형이었는데 AB형의 자식이 태어난 적도 있다.

10만 개나 되는 유전자는 당초부터 절대로 흔들리지 않는 부동의 구조가 아니며 세포가 분열할 때 유전자 사이에 변환이 일어날 수 있다는 것을 보여준 것이다. 그러나 친자 감정의 마지막 보루였던 혈액형 감정이 무너졌다고 안타까워 할 필요는 없다. 이제는 혈액형에만 의지하던 시대를 지났으며 이미 상술한 DNA 감정을 거치면 되기 때문이다.

혈액형은 인종을 구별하는 데도 좋은 단서가 된다. 미국 인디언의 경우 어떤 부족은 거의 O형이며 다른 부족은 A형이 많은 O형이었고 B형과 AB형은 없었다. B형과 AB형의 인디언은 유럽인 조상을 갖고 있는 혼혈인 경우이다. 오스트레일리아 원주민도 O형과 A형이 많고 B형은 없다.

인종이 많이 섞인 유럽과 아시아에서도 이런 특징이 나타난다. 런던 인구의 70%가 O, 26%는 A형이며, B형은 5%뿐이다. 반면에 러시아의 하르코프에서는 O형이 60%, A형이 25%, B형이 15%이다. 일반적으로 B형 유전자는 유럽에서 동쪽으로 갈수록 증가하여 중앙 아시아에서는 40%나 된다. 한국과 일본의 경우 A형이 가장 많으며 그 다음이 O형, B형, AB형 순이다. 유럽인의 B형 유전자는 과거 15세기 훈족과 13세기의 몽고족의 침입을 나타내는 것으로 추측된다.

Rh 혈액형의 분포도 고대 인류의 이동 흔적을 보여준다.

Rh 혈액형의 유전자 중 7개는 Rh^+이고 1개는 Rh^-인데 Rh^-는 부모가 모두 Rh^-일 때만 유전된다. 미국의 경우 약 85%가 Rh^+이고 15%가 Rh^-이다. 또한 아시아 민족, 아프리카 흑인, 미국 인디언, 오스트레일리아 원주민 중에서 Rh^-는 거의 없다. 그런데 프랑스와 스페인의 바스크족은 약 60%가 Rh^-이고 40%가 Rh^+로 나타난다.

바스크족의 언어는 어떤 유럽 언어와도 무관한데 혈액형을 토대로 보면 바스크족은 선사 시대에 유럽으로 이주한 Rh^-형 혈액을 가진 종족의 후손이라는 결론을 내릴 수 있다. 초기 유럽에 정착한 바스크족을 Rh^+ 부족이 침입하여 산악 지대로 밀어냈다는 것이다. 바스크인들이 프랑스와 스페인을 상대로 독립 운동을 하는 것도 이해가 된다.

한편 혈액형과 성격을 연결짓는 견해도 많으나 대부분의 학자들은 둘 사이에 커다란 연관성은 없다고 지적한다. 그러나 혈액형과 특정 질병과의 상관성에 관해서는 많은 연구가 시도되고 있다. 대표적인 것으로 십이지장궤양은 O형에 많이 발병하고 위암은 A형인 사람에게 자주 발생한다. 피임약을 복용하는 여성 중 특히 A형인 사람에서 혈전색전증이 발생할 위험이 많으며 여성 B형과 AB형 소유자에게는 비뇨기감염이 흔한 것으로 알려져 있다. 그러나 이것은 혈액형과 질병과의 관계에 대한 상대적인 위험도를 말하는 것이므로 그것이 곧바로 어떤 질환과 직결한다는 것을 뜻하지 않으므로 불안한 마음을 가질 필요는 없다.

1930년에 노벨상 위원회는 안전한 수혈을 가능하게 한 공로로 란트슈타이너에게 노벨 생리·의학상을 수여했다. 그의 나이 62세 때였다. 그는 노벨상이 태어난 이래 노벨상의 제정 의도에 가장 적합한 수상자로 평가받고 있다. 어느 누구도 혈액형의 분류가 많은 사람의 생명을 구한 발견 중에 하나라는 데는 이견이 없을 것이다.

란트슈타이너가 혈액형을 발견했지만 이러한 사실을 특별히 복잡하거나 첨단적인 방법으로 알아낸 것은 아니다. 그는 샤틀록이 지나쳤던 현상을 무심코 넘기지 않고 그 의미를 진지하게 생각하여 대발견을 한 것이다. 학문 연구에 새로운 방법이나 첨단 도구가 꼭 필요한 경우도 있지만 연구자의 문제의식이 더욱 근본적인 요소라는 것을 더욱 확인해 준 좋은 예이다.

마지막으로 헌혈에 대해 설명한다.

혈액은 인간에게 가장 중요한 요소임에도 단 한 번 생성된 후 그 생명체가 죽을 때까지 계속 지속되는 눈이나 심장과는 다르게 혈액은 하루에 40㎖씩 새로 생성되고 있다. 적혈구의 수명은 120일로, 그 후에는 파괴되어 흡수되고 만다. 이것은 피를 어느 일정한 양만큼 뺀다고 해도 신체에 아무런 이상이 없고 오히려 조혈 기능을 왕성하게 해줄 뿐만 아니라, 새로운 피로 항상 유

지될 수 있다는 것을 뜻한다.

아무리 21세기를 바라보는 첨단 과학 시대라지만 아직 단 한 방울의 혈액도 인공적으로 생산할 수 없기 때문에 혈구와 혈장을 분리하여 필요한 성분을 냉동 저장하였다가 수혈에 사용하는 것이 현실이다. 그것도 일정한 저장기간이 지나면 폐기처분해야 한다. 헌혈은 인간만이 할 수 있는 다른 인간에 대한 봉사의 방법이다. 건강한 사람이라면 헌혈이 가장 과학적이고 손쉬운 인류애의 표현임을 기억할 필요가 있다.

조건반사

　야구 감독이 아무리 유능하더라도 시합에 임하기 전에 보편적인 자연 법칙에 기초해서 시합의 결과를 예측할 수는 없다. 오래 전에 필자가 응원하는 프로야구팀의 홈 경기를 직접 관전한 적이 있었는데 경기는 시종 일관 아슬아슬하게 진행되다가 9회 말, 노아웃, 만루 찬스에 3:2로 홈팀이 지고 있었다.

　당연한 이야기이지만 보통의 경우라면 우선 1점을 득점하여 동점을 만들고 다음에 역전의 기회를 노릴 것이다. 타자가 안타를 치거나 볼 넷을 얻으면 가장 좋겠지만 차선의 방법으로 타자가 희생 번트를 대거나 자신은 아웃이 되더라도 득점을 할 수 있도록 하는 작전이 자주 구사된다.

　그런데 문제는 타석에 나온 선수가 그 팀의 간판타자이며 그 해에 타율도 좋아 3할을 치는 4번 홈런 타자였다. 더구나 그 날 시합에서 그는 이미 2개의 안타를 때려 타격 감각도 좋았다.

　이때 대부분의 감독은 그 선수에게 작전을 내리지 않고 그의 능력을 믿는 방법을 택한다. 홈런타자인 그가 외야에 깊숙한 희생 플라이라도 친다면 1점을 득점할 수 있기 때문이다. 상대방 투수도 이미 그가 2개의 안타를 쳤으므로 적어도 삼진은 당하지 않을 것으로 생각하고 고민을 하지 않을 수 없었을 것이다. 수비팀도 4번 타자인 그가 번트를 대지는 않을 것으로 생각하고 정상적인 수비 진형을 펼치고 있었다.

그러나 감독은 놀랍게도 그에게 번트를 지시했다. 타자는 감독의 지시에 놀라 사인이 틀린 것이 아닌가 하고 확인까지 했으나 틀림없는 번트 사인이었다. 이때 타자가 감독의 지시를 따랐으면 문제가 없을 터인데도 그는 감독의 지시를 어기고 제1구가 직구 정중앙으로 들어오자 날카롭게 공격했다. 그러나 그의 공은 유격수에게 직선타로 잡혀 병살타가 되었고 다음 타자가 삼진을 당하여 결국 게임은 필자가 응원하는 홈팀의 패배로 끝났다.

이 경기 이후 그 선수는 감독의 신임을 받지 못하고 출장 기회조차 얻지 못하자, 얼마 후 은퇴하고 말았다. 그 후에 그 선수에게 직접 그때 어떤 이유로 감독의 지시를 어기고 공격했느냐고 물어 보았다. 그런데 선수의 대답은 필자를 놀라게 했다.

자신도 분명히 감독의 지시대로 번트를 대려고 생각하고 있었는데 투수가 던진 공이 자신이 가장 좋아하는 공이었다는 것이다. 공이 수박처럼 크게 보여 자신도 모르게 배트가 돌아갔는데 그만 병살타가 되었던 것이다. 평상시라면 10개 중에서 7, 8개는 안타가 되었을 것이라고 말하면서 자신의 의지와는 전혀 다르게 몸이 돌아갔으므로 감독에게 변명할 여지도 없었다고 했다.

인간을 포함한 동물들은 어떤 경우에는 기계적인 행동을 하기도 한다. 갓 출생한 갓난아이의 손바닥에 손가락을 대면, 갓난아이는 이를 강하게 움켜준다. 그리고 입술에 젖꼭지가 닿으면 강하게 빤다. 갓난아이의 이러한 행동은 인간의 본능으로, 넘어지거나 굶주림으로부터 자신을 방어하기 위한 방편으로 매우 중요한 것이다.

갓난아이가 인간의 말소리를 접하지 못하면 이후에 말하는 능력을 발달시키지 못하게 되거나 제한된 언어 능력을 갖게 된다. 영화나 소설의 주제로 자주 나오는 이야기 중의 하나가 풍족한 환경에 태어났지만 개인적으로 부모의 사랑을 받지 못해서 비정상적으로 자라는 어린아이에 대한 것이다. 중요한 성장 시기에 다른 아이들과 어울리는 경우가 거의 없었던 어린이는 어떤 행동 양식에 있어서 심각하게 왜곡된 성격을 갖게 된다.

그러나 대부분의 사람들은 이것을 특별한 경우로 치부하며 자라면서 정상적인 사람이 된다고 생각한다. 그러나 정말로 모든 것이 자신의 의지로 될 수 있는 것일까? 일반적으로 철학이나 이론적인 기반 위에서 인간이 자신의 의지를 마음껏 표현할 수 있다고 하지만 이에 반하는 것이 존재함은 물론이다. 이러한 연구가 인간에게 매우 중요한 역할을 한다는 것은 의심할 여지가 없지만 바로 이러한 다소 이해할 수 없는 행동에 관한 연구로 노벨상을 받은 사람이 있다면 많은 사람들이 놀랄 것이다.

매일 시간을 정해서 정규적으로 식사를 하는 사람이 식사를 거르면 속이 매우 쓰리게 되는데 그것은 식사 시간이 된 줄 알고 위에서 위액이 나오기 때문이다. 이러한 단순한 논리가 1904년에 이반 파블로프(Ivan Petrovich Pavlov)로 하여금 노벨 생리·의학상을 받게 한 것이다.

그는 뇌가 혈액 계통과 소화의 신체적 기능을 지배하는 방법을 연구했고 심장 운동에 대한 신경 기관의 조절 작용에 관한 연구로 박사 학위를 받았다. 그리고 심장 근육 운동으로 심실이 수축될 때 뿜어져 나오는 혈액의 양을 일정하게 하는 것은 자율 신경에 의해서 조절되기 때문이라는 사실도 처음으로 밝혀냈다.

파블로프는 개를 이용하여 심장의 신경 지배에 관해 연구했

실험용 개를 지켜보고 있는 파블로프

파블로프(중앙)는 먹이를 갖고 오는 사람의 방울 소리를 듣고 침을 흘리는 개를 연구함으로써 의지에 반하는 것, 즉 반사 작용이 존재한다는 것을 증명하였다.

다. 오늘날의 동물 애호가들이 알았다면 그의 연구실 앞에서 매일 플래카드를 들고 데모를 할 일이지만, 그는 개의 위에서 분비되는 위액을 추출하기 위해 개의 몸 밖에 있는 주머니와 위를 연결하는 기계적인 장치를 설치하였다. 개에게 음식을 먹이면 음식물이 식도를 통해서 위로 들어가지 않고 몸 밖으로 나왔는데도 약 5분 후에 위에서 위액이 흘러 나왔다.

한편 위에 연결되어 있는 미세 신경의 줄기를 잘라 내고 같은 방법의 실험을 하였더니 이번에는 위액이 전혀 분비되지 않았다. 파블로프는 위액은 위에 음식물이 들어 있기 때문에 분비되는 것이 아니라 식도의 신경 계통의 자극에 의해서 분비되는 것임을 밝혀냈다.

파블로프는 그의 연구를 계속하였다. 그가 먹이를 주면 개는 침을 흘리면서 먹이를 먹곤 했다. 그러던 중 그가 먹이를 줄 생각이 없이 개에게 다가갔는데도 개는 그의 얼굴만 보고 침을 흘리고 꼬리를 치면서 먹이를 재촉했다. 먹이를 주지 않는데도 개가 침을 흘리는 것을 보고 그는 이상하게 생각했다. 그러나 다시 한 번 먹이를 갖고 가지 않고 개에게 다가가자 개는 침을 흘리지 않았다.

파블로프는 그 이유를 그가 처음에는 방울을 차고 있었고 두 번째는 방울을 차지 않았기 때문이라고 생각했다. 당시 농가에서는 가축에게 먹이를 줄 때 방울을 울려서 가축들을 몰려들게 하는 것이 관습이었다. 그 사실을 염두에 둔 그가 먹이를 갖지 않고 방울을 차고 개에게 다가갔더니 개는 침을 흘리면서 먹이를 재촉했다. 개는 먹이를 먹기 전에 먹이를 갖고 오는 사람의 방울 소리를 듣고 침이 나오도록 조건이 붙어 버린 것이다.

그는 개가 고기를 먹을 때 타액을 분비하는 것은 무조건반사, 개가 고기를 보고 타액을 분비하는 것은 조건반사라고 불렀다. 파블로프는 조건반사가 개가 가지고 있는 어떤 경험 때문에 생기는 것이며 뇌와 큰 관련이 있다고 가정했다. 종소리와 함께 개의 뇌는 음식을 연상하게 되고 타액을 흘리게 되는 것이다. 그가 개의 대뇌피질 일부를 도려내는 수술을 하였더니 과연 타액은 분비되지 않았다.

물론 조건 반응도 지워질 수가 있다. 예를 들면 종소리를 들려 줄 때 먹이를 주는 대신 약한 전기 쇼크를 반복하면 개는 종소리가 나면 침을 흘리지 않고 몸을 움츠린다. 조건반사는 영구히 입력되는 사건이 아니라는 뜻이다. 이것을 조건반사의 '외제지(外制止)'라고 한다.

이와 반대의 현상도 발견되었다. 즉 무조건 자극(먹이)을 주지 않음으로써 사라졌던 조건반사(종소리에 의한 침의 분비)를, 주위를 산만하게 하는 자극을 주면 회복시킬 수 있다. 이 현상

야구 선수가 자신이 좋아하는 공에 무의식적으로 배트를 휘두르는 것도 조건반사의 한 형태일지 모른다.(사진은 이 책의 내용과 관련이 없음)

을 조건반사의 '탈제지(脫制止)'라 부른다. 조건반사를 가장 잘 이용하는 것이 상으로 먹이를 주어 멋진 재주를 부리게 하는 서커스의 동물 사육이다. 이 생각을 확대하여 조건반사를 써서 인간의 학문이나 품행을 육성할 수 있다고 하는 행동주의 심리학 이론을 세운 사람이 미국의 심리학자 J. 왓슨이다.

감독의 지시를 어기고 조건반사에 의해 배트를 휘둘렀던 선수도 이해가 되는 일이다. 투수가 던지는 좋은 공에 익숙해져 있기 때문에 자신도 모르게 몸이 돌아갔다는 것은 그가 인간이라는 것을 알려주는 단적인 증거이다. 그 선수는 지금도 야구계에 종사하고 있는데, 후배들에게 그 당시 자신의 행동을 후회하지는 않으며 그러한 좋은 공이 들어온다면 소신껏 배트를 휘두르라고 충고한다. 자신의 실패는 일종의 에피소드일 뿐 좋은 운동선수가 되기 위해서는 과거의 실패를 잊어야 한다는 것이다.

여기서 잠시 소화에 대해 알아보자. 인간이나 동물의 위 속에서 음식물이 소화된다는 것은 원시인도 알고 있었음이 틀림없다. 막 죽인 동물의 껍질을 벗기면서 그들은 틀림없이 위 속도 살펴보았을 것이기 때문이다. 그러나 소화가 어떻게 진행되는지 알려진 것은 훨씬 후의 일이다.

소화에 관한 가장 단순한 생각은 음식물의 변화가 열 작용에 의한 것이라고 생각하는 것이다. 그러나 체온이 높은 항온동물의 경우라도 위의 온도는 38~43도 이상이 되지 않는다. 이 정도로는 소화에 불충분하며 소화는 특수한 효소를 포함한 소화액에 의해 이뤄진다.

인간이나 동물들의 소화 기관은 일종의 복잡한 화학 실험실로 일단 소화기관에 들어온 음식물은 잘게 부수어지고 각종의 소화액과 혼합되면서 한 기관에서 다른 기관으로 순서대로 넘어간다. 음식물은 정확히 그것을 가공하기에 필요한 시간 동안만 해당 기관에 머무는데 그때마다 소화 공정에 적합한 특수한 물질이 나와 음식물이 있는 기관으로 흘러 들어간다. 소화가 진행됨에 따라 복잡한 화학물질은 보다 간단한 화학물질로 분해되면서 몸으로 흡수된다.[1) 마지막으로 소화할 수 없는 불필요한 것과 체내에서 이용할 수 없는 것은 체외로 배출된다.

한편 소화에 대한 연구는 놀라운 사실을 밝혔다. 즉 장의 벽에 닿은 음식물 표면이 음식물 내부보다 현저히 빠르게 소화된다는 것이다. 이것은 프라이팬으로 음식물을 볶을 때와 비슷한

---

1) 단백질은 아미노산으로 분해되며 지방은 글리세린과 지방산으로, 탄수화물은 단당류로 분해된다.

원리이다. 즉 프라이팬에 직접 닿은 음식물은 매우 빠르게 볶아지는데 이는 프라이팬의 온도가 음식물의 내부보다 매우 온도가 높기 때문이다. 그러나 다른 부분보다 전혀 온도가 높지 않은 장의 벽은 어떻게 소화를 촉진시키는가가 의문이었다.

소화를 돕는 것은 장벽의 구조였다. 장의 상피세포(上皮細胞) 표면에는 눈에 보이지 않을 정도로 미세한 융모 돌기가 있는데 각 세포에는 이 같은 돌기가 약 3천 개 정도 존재한다. 이 때문에 장의 총면적이 매우 넓어 지는데 이 넓은 표면에 대량의 소화효소가 흡착되어 있어 이 효소가 화학반응을 촉진하는 촉매의 역할을 담당하는 것이다. 효소는 반응에 참가하는 물질과 화학적 작용을 하는데 이 반응이 끝나면 다시 원래의 화학 조성으로 돌아가 또 다시 분비된다. 소량의 촉매로도 화학반응 속도가 매우 빨라지는 것은 이 때문이다.

다시 파블로프의 조건반사로 돌아가자.

인간의 뇌는 자연이 지구상에 만들어 낸 것 중 가장 놀랍고도 정교한 산물이므로 20세기의 과학자들조차 뇌의 복잡함에 어쩔 줄을 모르고 있었다. 뇌 기능을 연구한 이래 처음으로 큰 성과를 거둔 사람은 파블로프이다. 그가 연구에 성공했던 이유는 간단한 생리학적 행위이면서 동시에 심리적 행위이기도 한 현상을 처음부터 연구 대상으로 삼았기 때문이다. 그는 반사를 나타내는 뇌는 고도로 진화된 고등동물에서만 볼 수 있다고 생각했다.

파블로프의 말을 빌리자면 사고활동이라는 거대한 건물을 이루고 있는 하나의 벽돌이 조건반사이다. 사고활동의 근저를 이루는 것이 조건반사(혹은 일시적 결함)의 계(系), 즉 극히 단순한 생체 반응으로 인간의 뇌가 사고활동을 가능케 하는 중심에는 조건반사계가 있다는 것이다.

몸의 어떤 세포, 특히 단세포생물은 이전에 자극을 받은 흔적을 계속 가지고 있으면서 먼저 번 행동의 반응에 따라 자신의 반응을 변화시킨다. 즉 일시적 결합을 만들어 내는 능력을 어느 정도 가지고 있는 것이다. 그러한 기능은 신경 세포에서 가장 뚜렷하게 나타나며 그것의 출현 자체가 신경계의 특징이 된다. 조건반사는 중요한 사건과 중요하지 않은 사건이 시간적으로 동시에 일어날 경우에 형성된다.

개에게 먹이를 주기 전에 언제나 그릇을 탁탁 두드리는 소리를 듣게 한다면 얼마 되지 않아 개에게 조건반사가 일어난다. 즉 탁탁 소리를 들은 개는 이전에 먹이를 줄 때만 흘렸던 침의 분비 등과 같은 반응을 나타낸다. 조건반사는 주위 현실에 관한 기본적 지식의 발현으로 개가 두 현상의 상호관계를 알아차렸다는 것을 의미한다. 즉 조건반사에 자극을 주는 그릇소리는 이차적 자극 신호같이 되어 개는 음식물을 먹으면서 나타나는 생체의 모든 반응을 일으키게 되는 것이다.

이것은 개나 사람에게만 일어나는 일이 아니다. 지구상의 동물은 주위 세계를 연구해서 일생을 통해 새로운 지식을 쌓아갈 수 있는 놀라운 적응 능력을 갖추고 있다. 이 적응 능력은 일부 감각 기관의 기능과 관계가 있는데, 이 감각 기관의 구조는 장시간 지속되는 자극에는 쉽게 익숙해져 반응하지 않는 대신 새로운 자극에는 매우 민감하게 반응한다.

외출 후 집으로 돌아왔을 때 여건에 따라 상당히 강렬하고 불쾌한 냄새를 느낄 때가 있지만 몇 분만 지나면 냄새를 느끼지 못하게 된다. 우리의 코가 냄새에 익숙해져 뇌에 적당한 정보를 전하지 못하기 때문이다. 그러나 잠시 밖에 나갔다가 다시 돌아오면 냄새는 다시 코를 찌른다.

외국에서 살다 귀국한 사람들이 자주 이야기하는 것 중의 하나가 한국인들이 잘 먹는 김치와 된장에 대한 것이다. 된장찌개를 끓이다가 옆집의 고발로 곤욕을 치렀다거나 마른오징어를 굽다가 냄새 때문에 고발당했다는 것은 결코 과장은 아니다. 자신이 아파트에 들어갈 때는 김치 냄새나 마늘 냄새를 느끼지 못하는데 외국인들은 문을 열 때 얼굴을 찡그리는 것을 많이 보았다고도 한다. 이것은 우리의 몸이 김치 냄새에 익숙해 있어 느끼지를 못하지만 외국인들은 곧바로 알아차리기 때문이다. 외국사람들이 맡아보지 못한 냄새는 그들에게 익숙하지 않으므로 불쾌하게 생각하는 것은 당연한 이야기이다.

이런 조건반사의 힘은 예상하지 못한 부분에서도 나타난다. 몸의 일부 기능, 예를 들자면 심장 박동, 혈압, 내장 기관의 수축 같은 것은 본질적으로 자율신경계의 조절 하에 있으므로 의식적인 조절의 범위를 넘는 것으로 생각되어 왔다.

그러나 최근 학자들은 요가로 단련된 사람들이 일반 사람들과 신체적으로 색다른 행동, 즉 이상한 형태로 물구나무서기를 하거나 명상을 하는 것 등에 주목하고 있다. 요가로 몸을 단련한 사람들을 대상으로 정밀 실험을 한 결과, 그들은 자신의 가슴 근육을 조절하면서 심장 박동에 영향을 미칠 수 있다는 것이 발견되었기 때문이다. 이것은 엄지손가락으로 손목의 동맥을 눌러 혈류를 막는 것이나 다를 것이 없다. 보통 사람들도 손쉽게 느끼는 것으로 불안한 상태를 상상함으로써 심장 박동을 더 빠르게 할 수도 있다.

1960년에 미국의 심리학자 밀러는 이에 대한 연구를 시도했다. 그는 쥐가 어떤 이유로든 자신의 혈압을 높이거나 심장 박

동수를 증가 혹은 감소시키면 쥐에게 보상을 주었다. 마침내 쥐
는 보상을 받기 위해 자율신경계의 영향을 받는 변화를 자발적
으로 만드는 법을 배웠다.

좀더 체계적인 실험을 인간에게 한 결과, 사람들도 평소에는
몰랐던 성질, 즉 혈압, 심장 박동 속도, 체온 등을 알게 되면 자
발적인 노력으로 그 값을 변화시킬 수 있음이 밝혀졌다. 이 과
정을 '생체 송환 작용'이라고 하는데 이것은 고질적인 인체의
각종 대사 질환을 고치는 데 효율적이 될지도 모른다고 여겨진
다.

물론 아직 정확한 것은 아무 것도 없다. 그러나 세계적으로
동양의 신비스러운 치료 방법을 연구하는 학자들이 많이 있는
데 동양의학을 명쾌하게 규명하는 연구하는 것도 언젠가 노벨
상을 받을 수 있다는 것이 결코 꿈은 아니다.

● 참고문헌

◆ 『21세기 과학의 쟁점』, 임경순, 사이언스북스, 2000

◆ 『39가지 과학 충격』, 김준민, 지성사, 1997

◆ 『갈릴레오 갈릴레이는 '그래도 지구는 돈다'고 말하지 않았다』, 게르하르트 프라우제, 한길사, 1994

◆ 『거꾸로 읽는 교과서』, 교과모임연합, 푸른나무, 1989

◆ 『건강과 바다』, 김기태, 양문, 1999

◆ 『과학, 인간을 만나다』, 헨버리 브라운, 한길사, 1994

◆ 『과학사 X파일』, 최성우, 사이언스북스, 1999

◆ 『과학사의 뒷얘기』, A. 섯클리프 외, 전파과학사, 1996

◆ 『과학으로 풀어보는 건강에세이』, 김영식 외, 도서출판 동아, 1990

◆ 『과학은 모든 의문에 답할 수 있는가』, 존 브록만 외, 두산동아, 1996

◆ 『과학의 세계, 미지의 세계』, 아이작 아시모프, 고려원미디어, 1994

◆ 『과학이야기』, 곽영직, 사민서각, 1997

◆ 『과학인명사전』, 뉴톤 편집부, 계몽사, 1995

◆ 『과학자는 왜 선취권을 노리는가』, 고야마 게이타, 전파과학사, 1991

◆ 『과학자의 개척자들』, 로버트 웨버, 전파과학사, 1993

◆ 『구조지질학 용어집』, 장태우, 도서출판 춘광, 1997

◆ 『그들은 누구인가』, 윤한채, 명지출판사, 1998

◆ 『기계의 발명』, 편집부, 홍신문화사, 1994

◆ 『김치도 과학이에요?』, 정동찬, 한림출판사, 1998

◆ 『나는 생각한다 고로 실수한다』, 장 피에르, 문예출판사, 1995

◆ 『노벨 화학수상자』, 양정성, 경남대학교 출판부, 1998

◆ 『노벨상 따라잡기』, 과학동아 편집부, 아카데미서적, 1999

◆ 『노벨상 이야기』, 박병소, 범한서적주식회사, 1998

◆ 『노벨상으로 말하는 20세기 물리학』, 고야마 게이타, 전파과학사, 1994

◆ 『노벨상의 발상』, 미우라 겐이치, 전파과학사, 1995

◆ 『노벨상의 빛과 그늘』, 과학 아사히, 전파과학사, 1995

◆ 『놀라운 발견들』, 프랭크 애셜, 한울, 1996

◆ 『닭이냐 달걀이냐』, 로버트 샤피로, 책세상, 1990

◆ 『도대체 에너지란 무엇일까?』, 한국브리태니커회사, 1988

◆ 『라이프 인간과 과학 시리즈』, 존 R. 윌슨, 타임라이프북스, 1985

◆ 『문명의 불을 밝힌 과학의 선구자들』, 이세용, 겸지사, 1993

◆ 『물질과 생명』, 강영선 외, 향문사, 1992

◆ 『바이오테크놀러지의 세계』, 와타나베 이타루, DNA 연구소, 1995

◆ 『배꼽티를 입은 문화』, 챨스 패너티, 자작나무, 1995

◆ 『백만인의 유전학』, 존. J. 프리드, 중앙일보 중앙신서, 1978

◆ 『보이지 않는 권력자』, 이재설, 사이언스북스, 1999

◆ 『분자생물학 입문』, 김은수, 전파과학사, 1994

◆ 『분자생물학 탄생』, 야나기자와 게이꼬, 겸지사, 1998

◆ 『사람의 유전과 환경』, 정영호, 아카데미서적, 1992

◆ 『사이언티스트 100』, 존 시몬스, 세종서적, 1997

◆ 『상식밖의 세계사』, 안효상, 새길, 1994

◆ 『새로운 생물학』, 노다 하루히코 외, 전파과학사, 1992

◆ 『새로운 유기화학』, 사키키와 노리유키, 전파과학사, 1994

◆ 『생각하는 생물』, 프랭크 H.헤프너, 도솔, 1993

◆ 『생리학 에세이』, B.F. 세르게이에쁘, 도서출판 나라사랑, 1991

◆ 『생명의 기원에 관한 일곱가지 단서』, 그래이엄 케언스 스미스, 동아출판사, 1991

◆ 『생명이란 무엇인가』, 린 마굴리스 외, 지호, 1999

◆ 『생물공학 이야기』, 유영제 외, 고려원미디어, 1996

◆『생물들의 신비한 초능력』, 리츠네스키, 청아출판사, 1997

◆『생태학이란 무엇인가?』, M. 뀌젱, 현대과학신서, 1975

◆『서양과학사』, 오진곤, 전파과학사, 1997

◆『서양문화의 수수께끼』, 찰스 패너티, 일출, 1997

◆『선구자들이 남긴 지질과학의 역사』, 김정률, 도서출판 춘광, 1997

◆『성의학자의 초과학 이야기』, 설현욱, 성아카데미, 1997

◆『세계과학백과대사전』, 광학사, 1989

◆『식물의 생명상』, 후루야 마사끼, 전파과학사, 1996

◆『신과학 바로 알기』, 강건일, 가람기획, 1999

◆『실험실 밖에서 만난 생물공학 이야기』, 유영제 외, 고려원미디어, 1995

◆『아. 좋은 생각 오른쪽 뇌』, 김종안, 길벗, 1993

◆『아누비스』, 이종호, 명진출판사, 1997

◆『아시모프의 과학 에세이』, 아이작 아시모프, 언어문화사, 1990

◆『아시모프의 생물학』, 아이작 아시모프, 웅진문화, 1992

◆『아시모프의 지구과학 화학』, 아이작 아시모프, 웅진문화, 1992

◆『아시모프의 천문학입문』, 아이작 아시모프, 전파과학사, 1994

◆『알고 싶은 과학의 세계』, 리처드 플레이스트, 문예출판사, 2000

◆『에세이 의료 한국사』, 허정, 한울, 1995

◆『역사로 읽는 우리 과학』, 과학사랑, 아침, 1994

◆『역사를 바꾼 씨앗 5가지』, 헨리 홉하우스, 세종서적, 1997

◆『우리 조상들은 얼마나 과학적으로 살았을까』, 황훈영, 청년사, 1999

◆『우리도 도전하자 노벨상』, 이시타 도리오, 겸지사, 1998

◆『우연과 행운의 과학적 발견이야기』, 로이스톤 M.로버츠, 도서출판 국제, 1997

◆『우주 오디세이』, 미즈타니 히토시, 신지평, 1994

◆『위대한 발명·발견 이야기』, 유한준, 대일출판사, 1994

◆『윙크하는 원숭이』, 오영근, 인간능력개발원, 1994

◆『유레카! 발명의 인간』, 이효준, 김영사, 1996

◆『유레카, 유레카』, 미카엘 매크론, 세종서적, 1999

◆『유전자 사냥꾼』, 제리 비숍 외, 동아출판사, 1995

◆『유전자 진단으로 무엇을 할 수 있을까』, 나라 노부오, 아카데미서적, 1999

◆『유전자가 세상을 바꾼다』, 김훈기, 궁리, 2000

◆『유전자의 분자생물학』, 제이 디 왓슨, 대광문화사, 1985

◆『의학사 산책』, J.H. 콤로, (주)미래사, 1995

◆『이것이 공해다』, 박창근, 동화기술, 1993

◆『이기적인 유전자』, 리처드 도킨스, 동아출판사, 1992

◆『인간 게놈 프로젝트』, 로버트 쿡 외, 민음사, 1994

◆『인간의 역사』, 미하일 일리인, 홍신문화사, 1994

◆『자연과 우주의 수수께끼』, 김제완 외, 서해문집, 1999

◆『자연의 탐구자들』, 정해상, 겸지사, 1989

◆『작은 아이디어로 삶을 변화시킨 발명이야기』, 아이라 플래토, 고려원미디어, 1994

◆『재미있는 생체공학 이야기』, 도비오까 겐, 인암문화사, 1992

◆『재미있는 원자분자 이야기』, 21세기 열린과학인 모임, 청암미디어, 1994

◆『중년의 건강과 성생활』, 이문호 외, 국제문화출판공사, 1991

◆『즐거운 과학산책』, 강건일, 학민사, 1996

◆『지구란 무엇인가』, 다케우치 히토시, 전파과학사, 1993

◆『지구의 마지막 선택』, S. 보일 외, 동아출판사, 1991

◆『질투하는 문명』, 와타히키 히로시, 자작나무, 1995

◆『첨단 자연과학』, 기초과학연구회, 형설출판사, 1991

◆『초보자를 위한 DNA』, 이스라엘 로젠필디 외, 오월, 1994

◆『카오스』, 제임스 글리크, 동문사, 1996

◆『카오스란 무엇인가』, 스티븐 켈러트, 범양사출판부, 1995

- 『태양전지란 무엇인가』, 구와노 유키노리, 아카데미서적, 1998
- 『테마가 있는 20가지 과학 이야기』, B.E.짐머맨 외, 세종서적, 1999
- 『푸른 행성 지구』, 김규환, 시그마플러스, 1998
- 『피라미드』, 이종호, 새로운 사람들+자작나무, 1999
- 『피라미드의 과학』, 이종호, 새로운 사람들, 1999
- 『한국인의 일생』, 월간조선 2000년 1월 별책부록, 조선일보사, 2000
- 『현대과학으로 다시 보는 세계의 불가사의 21가지』, 이종호, 새로운사람들, 1998
- 『현대과학으로 다시 보는 한국의 유산 21가지』, 이종호, 새로운사람들, 1999
- 『화석·지질학 이야기』, 장순근, 대원사, 1997
- 『과학동아』, 동아일보사
- 『월간과학』, 계몽사

노벨상이 만든 세상-생리 · 의학
Copyright ⓒ 이종호 2004

지은이 이종호
펴낸이 박진희
펴낸곳 나무의 꿈

초판 1쇄 인쇄 2004년 3월 20일
초판 1쇄 발행 2004년 3월 25일

등록 제 10-1812호 1999년 8월 19일
주소 서울시 마포구 상수동 171 1층
전화 02)332-4037~8 팩시밀리 02)332-4031

ISBN 89-91168-02-7(04400)
ISBN 89-91168-00-0(전3권)

값 10,000원